인테리어 디자인을 위한

실내건축재료

조준현 조민석

기문당

머 리 말

실내건축기술이 날로 발전되어감에 따라 실내건축재료도 더불어 발전되고 신재료도 많이 개발되어 사용되고 있다. 실내건축재료는 종류도 많고 그에 따른 특성과 색상 및 패턴 등이 다양하므로 인테리어 디자이너가 실내건축을 계획 · 설계함에 있어 다소나마 도움을 주고자 여러 자료를 정리하여 이 책을 엮어 보았다.

이 책은 실내건축재료의 각 재료에 대한 최신 문헌 및 여러 자료를 통해 주요내용을 간단 · 명료하게 서술하였고, 특히 관련된 사진 등을 많이 수록하여 이해하기 쉽게 저술하는데 노력하였다. 수록된 사진은 참고책자 또는 생산 · 판매업체의 제공자료에 의해 수록하게 되었는바 깊은 감사를 드린다. 그리고 대학 및 전문대학에서의 교재로서 뿐만 아니라 각종 자격시험 준비서, 인테리어 디자이너의 참고자료로 널리 활용될 수 있게 많은 자료를 수록하였다. 그러나 혹 미비하고 불충분한 점이 있다면, 차후에 수시로 수정 · 보완하여 보다 양질의 책이 되도록 노력을 기울일 것이며, 이 책이 다소나마 여러분에게 많은 도움이 되었으면 하는 바람이다.

끝으로 이 책을 집필함에 있어 좋은 내용과 자료를 제공해준 기관 및 건축자재생산 · 판매업체와 실내건축분야 학자들의 업적에 대하여 경의를 표하며, 이 책의 출판에 협력해주신 기문당의 강해작 사장님께 깊은 감사의 뜻을 표하는 바이다.

2020

저자

목 차

INTERIOR ARCHITECTURE MATERIALS

개 론

01

1.1 개요

건축물 building 의 실내공간 interior space 을 생활 목적에 따라 기능성 functionality 과 쾌적성 agreeableness 을 갖추도록 계획 · 설계 · 시공하는데 필요한 재료를 총칭하여 실내건축재료 interior architecture materials 라 할 수 있다. 또한 실내건축재료는 인간이 거처하고 사용하는 실내공간을 다음과 같은 요소를 조합하여 아름답고 기능적이며 쾌적한 환경의 공간으로 구성하기 위한 재료라고도 할 수 있다.

- 고정적 요소 : 천장, 벽, 바닥, 개구부, 계단 등
- 심미적 요소 : 색채, 문양, 형태, 질감, 조명 등

실내건축재료를 광의의 개념으로 보면 설비재료 equipment materials, 장식재료 decorative materials, 가구재료 furniture materials 등과 이에 이용되는 기재를 포함하여 간접적으로 사용되는 모든 재료가 포함된다고 볼 수 있다. 그러나 협의의 개념으로는 실내건축재료를 통상 실내건축에 직접적으로 사용되는 재료만을 의미하는 것으로 생각한다. 모든 건축재료가 시대의 변천에 따라 재래식 재료와는 비교할 수 없을 정도로 우수하고 다양한 재료와 신기술개발로 신재료가 생산되어 사용되고 있다.

이와 더불어 실내건축재료도 실내공간을 구성하는데 적합하고 우수한 성능과 다양한 문양, 형태, 질감을 갖는 새로운 재료가 많이 개발되어 시중에 판매되고 있는 실정이다.

1.2 실내건축재료의 분류

실내건축재료의 종류가 많아 여러 가지로 분류할 수 있으나 일반적으로 다음과 같이 분류하며, 이렇게 분류된 재료를 적당히 조합하여 사용하는 경우가 많고 또한 이러한 방법이 실용적이다.

■ 생산방법에 의한 분류

- 천연재료 : 목재, 석재, 점토, 골재 등
- 인공재료 : 인조목, 인조석, 금속재, 시멘트, 콘크리트, 석유화학제품, 요업제품 등

■ 화학적 조성에 의한 분류

- 무기재료 : 금속재료(철강, 알루미늄, 동, 아연, 합금류 등), 비금속재료(석재, 벽돌, 유리, 도자기류, 석회, 시멘트 등)
- 유기재료 : 천연재료, 합성수지재료(플라스틱재, 도료, 접착재 등)

■ 용도에 의한 분류

- 구조재료 : 목구조용 재료(목재), 조적구조용 재료(석재, 벽돌, 블록 등), 철근콘크리트구조용 재료(철근, 콘크리트)
- 수장재료 : 내외장 마감재료(타일, 유리, 도료, 보드류, 금속판, 섬유판, 석고판 등), 차단재료(복층유리, 유리섬유, 암면, 아스팔트, 실링재 등), 채광재료(유리, 창호지 등), 창호재료(목제창호, 금속제창호, 플라스틱제창호, 셔터 등)
- 설비재료 : 급 · 배수재료, 냉 · 난방재료, 전기재료 등
- 기타재료 : 장식재료, 접착재료, 가구재료, 주방재료, 긴결재료 등

■ 기능 · 성능에 의한 분류

- 방화 및 내화재료 : 석재, 벽돌, 유리, 철강, 시멘트, 콘크리트, 모르타르, 플라스터 등
- 방수 및 방습재료 : 아스팔트방수재료, 시멘트방수재료, 시트방수재료, 도막방수재료 등
- 단열 및 보온재료 : 유리섬유, 발포폴리스티렌보온재, 암면, 폴리우레탄폼, 질석, 코르크판, 광재면 등
- 음향재료 : 흡음재료(판 및 막상흡음재료, 다공질흡음재료, 유공흡음재료), 차음재료(알루미늄판, 철판, 아연판, 석고보드, 유리판 등)

- 표면보호재료 : 벽돌, 타일, 금속판, 도장재료, 미장재료, 플라스틱판, 도배지, 카펫 등
- 접착재료 : 접착제, 퍼티, 코킹재, 실링재 등

■ 부위에 의한 분류

- 천장재료 : 합판, 플라스틱보드, 석고보드, 하드보드, 연질섬유판, 암면흡음판, 흡음텍스, 도배지 등
- 바닥재료 : 목재제품(플로어링보드, 쪽매판, 무늬목마루판 등), 요업제품(보통벽돌, 도기질타일, 테라코타 등), 석재제품(대리석, 화강암, 안산암 등의 석재판, 인조석판, 테라조판 등), 연질제품(아스팔트타일, 비닐타일 및 시트, 리놀륨타일 및 시트 등), 바름제품(시멘트모르타르, 인조석바름, 테라조바름, 합성수지플라스터, 단열모르타르 등), 깔기제품(카펫, 장판지 등)
- 내벽재료 : 붙임벽재(합판, 섬유판, 합성수지판, 목모시멘트판, 금속판, 타일, 석재판, 흡음판, 단열재 등), 판벽재(판재, 목재루버, 목재장식벽재, 무늬목재, 징두리널 등), 바름벽재(시멘트모르타르, 석고플라스터, 회반죽, 수지플라스터, 인조석바름재, 황토바름재 등), 특수벽재(경량칸막이, 특수재료인 보온 · 방음 · 방화 · 방습 · 방사선 차단 등의 성능을 가진 재료 등), 기타 재료(도장재료, 접착제, 벽지 등)
- 개구부 재료 : 목제인 경우(각재, 판재, 합판, 집성재, 섬유판, 판유리 등), 금속제인 경우(스틸새시, 스테인리스강판, 알루미늄합금 압출형재, 판유리 등), 합성수지제인 경우(합성수지 압출성형재, 합성수지도료 등)

■ 공시구분에 의한 분류

- 목공사용 재료 • 석공사용 재료 • 타일 및 테라코타 공사용 재료
- 도장공사용 재료 • 유리공사용 재료 • 금속공사용 재료

• 벽돌 및 블록공사용 재료 • 방수공사용 재료 • 미장공사용 재료
• 창호공사용 재료 • 플라스틱공사용 재료 • 수장공사용 재료
• 설비공사용 재료

1.3 실내건축재료의 요구성능 및 조건

실내건축 interior architecture 에 사용되는 재료로서 사용되는 장소, 즉 천장, 바닥, 벽 등의 사용 부위에 따라 요구되는 성능 및 조건이 다르다. 또한 사용 부위의 성능에 적합한 재료를 사용했더라도 그 성능을 모두 만족시키는 것은 어려우므로 대부분 다른 재료와 조합 mixing proportion 하여 사용함으로써 그 성능의 부족분을 보완하는 것이 최선의 방법이다. 한 예로서 외벽의 안쪽에 발포폴리스티렌 foam polystyrene 보온재 heat insulating materials 를 붙일 경우 벽의 단열성을 더욱 높이기 위해 유리섬유 glass fiber 또는 암면제품 rock wool goods 등 단열재를 추가 시공하는 경우를 들 수 있다.

또한 화장실 바닥 등에 타일 tile 을 시공할 경우 타일 붙이기 전에 방수 및 습기방지를 위해 방수모르타르 water proofing mortar 등 방수재료 water proof materials 를 바르는 경우이다. 따라서 실내건축재료를 사용하는 부위, 즉 천장, 바닥, 벽의 요구성능 request performance 및 조건을 충분히 알아둠으로써 실내건축재료를 선택 사용하는데 많은 도움이 된다.

(1) 내벽재료의 일반적 요구성능 및 조건

내벽재료 interior wall materials 는 종류가 많고 질감 · 색상 · 모양 등이 중요시되고 재료의 종류에 따라 내벽재료로서의 요구성능 및 조건이 각각 다르지만 공통적인 사항을 들면 다음과 같다.

① 외부 충격에 견디는 견고성과 소요강도를 가질 것(사람이나 물건의 충격을 받을 우려가 있는 실의 벽)
② 방화성 또는 내화성이 우수할 것. 특히 연소시 유독가스 발생이 적을 것
③ 재료 자체가 균열 · 들뜸 · 벗겨짐 · 변형 · 처짐 등의 결함이 없는 양질의 것으로서 균질한 품질을 가질 것

④ 내구성(내수 · 내습 · 내열 · 내약품성 등)이 클 것
⑤ 색상 및 질감이 뛰어나고 아름다운 모양과 문양을 가질 것
⑥ 잘 오염되지 않고 변색 · 퇴색되지 않을 것
⑦ 흡음성 또는 차음성이 있을 것(특히 강당 · 음악당 등의 벽재료)
⑧ 시공성과 경제성을 가지고 있고 보수하기에도 편리할 것

(2) 천장재료의 일반적 요구성능 및 조건

천장재료ceiling materials는 모양, 색깔 및 무늬가 아름답고 난연성, 흡음성 및 단열성이 우수해야 좋은 재료라 할 수 있다. 천장재료의 종류에 따라 각각 요구성능 및 조건은 다르지만 공통적인 사항을 들면 다음과 같다.

① 아름다운 모양 · 색깔 및 무늬를 가지고 있을 것
② 방화성 또는 내화성이 우수할 것
③ 단열성이 있을 것(특히 건축물의 최상층에 사용하는 천장재료)
④ 흡음성 또는 차음성이 있을 것(특히 강당, 음악당 등의 천장재료)
⑤ 균열 · 들뜸 · 벗겨짐 · 변형 · 처짐 등의 결함이 없는 것으로서 균질한 품질을 가질 것
⑥ 잘 오염되지 않고 변색 · 퇴색되지 않으며 내구성이 클 것
⑦ 시공성과 경제성이 있고 보수하기에도 편리할 것

(3) 바닥재료의 일반적 요구성능 및 조건

바닥은 인간의 신체와 항상 접하고 있는 부분으로서 요구되는 성능 및 조건도 인간의 움직임과 관련된 것이 많다. 따라서 입식인지, 좌식인지의 생활 방식이나 실내에 이루어지는 활동의 종류에 따라 바닥재료 floor materials의 성능 및 조건도 달라지고 그에 따른 재료의 종류도 달라지게 된다.

바닥재료의 성능은 바닥판 자체로서의 성능과 표면마감재료의 성능으로 이루어진다. 바닥판은 주어진 하중조건에 대응하는 충분한 강도와 강성을 가져야 함은 물론 단열성 · 차음성 · 방수성을 지녀야 한다. 표면마감재료는 우선 적당한 마찰저항을 늘 수 있다. 비교적 평활한 표면은 좋으나 지나치게 미끄러운 것은 피로를 가중시킨다. 또한 청소성 · 내마모성 · 내열성 · 난연성 ·

흡음성 · 빛의 반사성 등도 표면마감재료에 필요한 성능이지만 이들은 서로 상반되는 경우가 많다.

바닥재료의 요구성능 및 조건은 각각의 사용목적에 따라 다르지만 공통적인 사항을 들면 다음과 같다.

① 외부로부터의 작용에 저항하는 내력 · 내충격성 · 내긁힘성, 내마모성, 내열성, 내한성을 가지고 있을 것
② 물과 습기에 의한 변형 및 변질이 생기므로 내수 및 내습성이 있을 것
③ 방화성 또는 내화성이 우수할 것. 특히 연소시 유독가스 발생이 적을 것
④ 일광 또는 공기에 의한 변형이 되지 않는 내후성이 있을 것
⑤ 균류 · 충류에 의한 내부식성, 약품류에 의한 내약품성, 먼지에 의한 내오염성이 우수할 것
⑥ 적당한 빛에 의한 반사성과 눈부심을 발생하지 않을 정도의 광택성을 가질 것
⑦ 음에 의한 차음성, 흡음성과 보행시 발생 음에 대한 저항성이 있을 것
⑧ 접촉에 의해 단단하고 약함, 차갑고 더운 것 등 촉감이 적당히 느낄 수 있는 감촉성이 좋을 것
⑨ 색채 · 모양 · 질감 · 형태 · 크기 등 미관상 의장성이 좋을 것
⑩ 보행시나 주행시 미끄러짐이 발생하지 않을 정도의 방활성이 있을 것
⑪ 시공성과 경제성이 있고 보수하기에도 편리할 것

위와 같은 요구성능 및 조건을 모두 만족시키는 재료는 존재하지 않을 뿐만 아니라 만족시킬 수도 없다. 따라서 각 부위의 기능에 맞는 요구성능 및 조건을 설정한 다음 주요 성능 및 조건 순위별로 검토하여 이에 적합한 실내건축재료를 선정한다.

1.4 실내건축재료의 특성

(1) 재료 자체의 내부적 성질에 관련된 특성

① 역학적 성질과 관련 : 탄성, 소성, 점성, 강도, 경도, 인성, 취성, 연성, 전성

② 물리적 성질과 관련 : 비중, 함수율, 열전도율, 투과율, 반사율, 흡음률

(2) 외부작용에 관련된 특성

① 외력과 관련 : 내분포압성, 내국부압성, 내충격성, 내긁힘성, 내마모성

② 물과 관련 : 방수성, 방습성, 내수성, 내습성, 수밀성

③ 불과 관련 : 내화성, 방화성, 난연성, 내열성

④ 일광 · 공기와 관련 : 내구성, 내후성, 내식성, 내한성, 변색성

⑤ 균류 · 충류와 관련 : 내부식성, 내충해성, 내균성

⑥ 약품과 관련 : 내화학약품성

⑦ 먼지와 관련 : 내오염성, 청소성

(3) 거주와 관련된 특성

① 빛과 관련 : 반사성, 투과성, 광택성

② 열과 관련 : 단열성, 보온성

③ 음과 관련 : 차음성, 흡음성, 발음성

④ 공기와 관련 : 기밀성, 통기성

(4) 감각과 관련된 특성

① 접촉 및 시각과 관련 : 감촉성, 의장성

② 보행과 관련 : 방활성

(5) 시공 · 경제와 관련된 특성 : 시공성, 생산성, 경제성

INTERIOR ARCHITECTURE MATERIALS

목 재

02

2.1 개요

목재timber, lumber, wood는 옛날부터 중요한 건축재료로서 다양하게 사용되어 왔다. 그러나 현대건축에서는 강재 및 콘크리트 등이 주 사용재료가 되면서부터 구조재료로서의 쓰임은 점차 감소되어가고 있는 반면, 수장재료로서의 역할은 증대되어가고 있다.

수장재lumber for fixture 는 나뭇결이 좋으며 무늬가 곱고 뒤틀림이 적으면서 내마모성abrasion resistace이 큰 나무를 제재하여 사용하는데 장식용재, 창호재 및 가구재로 많이 사용되고 있다.

목재의 장점을 들면 가볍고 비중이 적은데 비해 압축강도 및 인장강도가 크고 가공성 processability 이 좋으며, 열전도율이 낮아 보온heat insulation · 방한 cold protection · 방서성 hot protectiveness 이 뛰어나고, 음의 흡수 및 차단성 interruption property 이 클 뿐만 아니라 흡수조절 능력도 우수하다.

또한 온도에 대한 신축이 적고 탄성 elasticity · 인성 toughness 이 크며, 충격 · 진동 등의 흡수성 water absorptivness 이 크고, 외관이 아름답고 자원이 광범위하여 공급이 풍부하다. 단점으로는 가연성 combustibility, 부식성 corrosiveness, 수분에 의한 변형과 팽창 · 수축이 크며, 재질 및 섬유방향에 따라 강도가 다르고, 크기에 제한받으므로 장대 big and long 의 재료를 얻기 어렵다는 것을 들 수 있다.

2.2 목재의 분류

(1) 수종에 의한 분류

침엽수재	◉ 침엽수재 needle-leaved tree timber, coniferous timber 는 침엽수로 된 목재를 말한다. 침엽수(針葉樹)는 잎이 바늘모양으로 된 나무로서 소나무, 해송, 삼송나무, 전나무, 낙엽송, 리기다소나무, 잣나무 등이 있다. ◉ 벌목 후의 건조가 빠르며 가공하기가 쉽고 비중에 비해 강도가 크기 때문에 주로 구조재로 쓰인다.
활엽수재	◉ 활엽수재 broad-leaved tree timber 는 활엽수로 된 목재를 말한다. 활엽수(活葉樹)는 잎이 넓고 편편한 모양으로된 나무로서 너도밤나무, 느티나무, 오동나무, 단풍나무, 참나무, 벚나무, 은행나무 등이 있다. ◉ 침엽수에 비해 비교적 경질이고 건조에 상당한 시일이 걸리며 건조시 단단해지며 건조 전에는 재질이 연하여 가공하기가 쉽다. 또한 다양한 나뭇결도 갖고 있기 때문에 주로 수장재 및 가구재로 쓰인다.

(2) 재질에 의한 분류

연재	◉ 연재 soft wood 는 대부분이 침엽수에 속하는 연한 목재로서 소나무, 전나무, 낙엽송, 적송, 미송, 잣나무 등이다. ◉ 연재는 수장재 및 가구재로 많이 사용된다.
경재	◉ 경재 hard wood 는 대부분이 활엽수에 속하는 단단한 목재로서 참나무, 벚나무, 단풍나무, 오동나무, 느티나무, 너도밤나무 등이 있다. ◉ 경재는 구조재 및 창호재로 많이 사용된다.

(3) 용도에 의한 분류

구조재	◉ 구조재 structural lumber 는 강도 및 내구성 durability 이 큰 수종 kind of trees 으로 침엽수에 많은 목재이다. 소나무, 낙엽송, 잣나무, 전나무, 해송, 편백 등이 쓰인다. ◉ 구조재는 목조의 뼈대 frame 등에 주로 쓰인다.
수장재	◉ 수장재 lumber for fixture 는 나뭇결이 좋고 무늬가 고우면서 뒤틀림 warping 이 적은 수종으로 침엽수로는 적송, 홍송, 낙엽송 등이 있고 활엽수로는 느티나무, 단풍나무, 박달나무, 참나무, 오동나무 등이 있다. 외국산 목재로는 나왕 lauan, 미송 oregon, 티크 teak, 마호가니 mahogany, 자단 red sandal wood, 흑단 ebony, 아피톤 apitong 등이 쓰인다. ◉ 수장재는 치장재 facing lumber, 창호재 및 가구재로 많이 쓰인다. 실내건축공사에서 사용되는 목재는 대부분 수장재이다. 수장재를 치장용재 facing goods, 장식용재 decorative goods, 화장용재 dressing goods 라고도 한다.

(4) 건조에 의한 분류

자연건조재	◉ 자연건조재 natural seasoning lumber 는 직사 · 일광을 피해 공기의 유통이 좋은 곳에 쌓아두어 자연적으로 건조시킨 목재이다.
인공건조재	◉ 인공건조재 artificial seasoning lumber 는 건조한 실내에서 온도와 습도의 조절에 의해 인공적으로 건조시킨 목재이다. 실내건축에 사용되는 목재는 대부분 인조건조재에 해당된다고 볼 수 있다.

목재 구조재

목재 수장재

2.3 목재의 조직

조직개요	◉ 목재의 단면을 보면 수피, 목질부, 수심 세 부분으로 되어 있으며, 목질부가 대부분이다. ◉ 목재의 조직을 이해하는 것은 목재의 성질 파악과 재종 timber species 을 식별하는데 유리하다. ◉ 수피 bark 는 제일 바깥에 있는 껍질 부분에 해당하는 것으로서 외면에 죽은 조직, 즉 외피조직을 말하며, 오래된 나무일수록 두껍다. 수피를 겉껍질인 외피 outer bark 와 속껍질인 내피 inner bark 로 구분하기도 한다. ◉ 수심 pith, heart 은 나무 중심에 해당하는 솜 같은 연한 부분으로서, 목재의 횡단면에 나타난 동심원형 concentric round shape 의 중심이다. ◉ 목질부 xylem, wood parts 는 나무의 안쪽에 해당하는 형성층 cambium 으로서 가장 중요한 조직이며, 목재조직의 대부분을 차지한다. 목질부를 횡단면 transverse section 으로 보면 수선 및 나이테로 나타나며, 심재와 변재로 구분한다. 또한 종단면 longitudinal section 으로 보면 나뭇결이 나타난다.
수선	◉ 수선 medullary rays 은 수심에서 방사형 radial shape or system 으로 발달한 것, 즉 나이테를 횡단하여 수심에서 방사형으로 배열된 세포의 줄이 수선이다. ◉ 수선은 침엽수와 활엽수가 다르게 나타나며, 목재 중에 가장 큰 수선이 있는 것은 참나무, 떡갈나무 등이다.
나이테	◉ 나무가 성장하는 과정 중 봄에서 여름에 성장한 목질부는 연약하면서 가볍고 색도 연한 담색 light color 으로 나타나고, 가을에서 겨울 사이에 성장한 목질부는 치밀하면서 단단하고 색도 짙은 암색 dark color 으로 나타난다. 따라서 춘하절에 성장한 목질부를 춘재 spring wood, early wood 라 하고, 추동절에 성장한 목질부를 추재 autumn wood, late wood 라 한다. 춘재와 추재가 교대로 하여 수심을 중심으로 동심원형의 무늬가 생긴다. 이렇게 춘재와 추재가 합쳐진 한 쌍의 폭으로 나타난 무늬를 나이테 annual rings, growth rings 이라 하고, 이를 연륜(年輪)이라고도 한다. 즉 1년 동안 성장하여 형성된 층을 말한다. ◉ 나이테는 나무의 성장 년수, 남북의 방위, 나무의 영양상태, 나무의 강도, 기온의 변화 등을 보여주기도 한다. 나이테의 명료성 clearness 은 수종에 따라 다르며 기후에 따라 좌우된다. 일반적으로 사계절이 확실한 지방에서 성장한 것은 나이테가 뚜렷하고, 기후의 변화가 적은 지방에서 성장한 것은 나이테가 비교적 뚜렷하지 않다. • 나이테가 뚜렷한 나무 : 느티나무, 밤나무, 참나무, 갈나무 등 • 나이테가 뚜렷하지 않는 나무 : 단풍나무, 팽나무, 나왕, 티크, 마호가니 등
심재와 변재	◉ 심재 heart wood 는 목질부 중 수심 부근에 있는 부분을 말한다. 재질은 단단하고 변형이 적으며 내후성 weatherability 내구성이 있고 습기에 잘 견디며 부패가 덜되고 탄력성 flexibility 이 있고 색깔이 짙으므로 목재로서 이용 가치가 크다. ◉ 변재 sap wood 는 목질부 중 심재 외측과 수피 내측 사이, 즉 수피 가까이에 있는 부분을 말한다. 재질은 심재보다 비중이 적고 강도가 약하며 내구성도 떨어진다. 또한 흡수성 water absorptiveness 이 커서 건조될 때 수축 · 변형이 심하고 색깔은 비교적 엷다. 가소성 plasticity 이 풍부하여 곡형용 curved shapeuse 으로 적당하다.

나뭇결

- 목재의 면을 깎았을 때 여러 가지 무늬 figure 가 나타나는데, 이것을 나뭇결 wood grain 이라 하고 목리(木理)라고도 한다. 나뭇결은 널결, 곧은결, 무늿결, 엇결로 구분하며, 곧고 등간격으로 된 것이 외관도 좋고 강도도 크다. 치장재, 가구재로서 외관이 아름답다는 것은 나뭇결이 좋다는 것을 의미한다.
- 널결 flat grain 은 나이테에 평행방향으로 켠 목재면에 나타난 곡선형(물결모양)의 나뭇결을 말한 것으로, 결이 거칠고 불규칙하게 나타난다. 널결이 나타난 목재를 널결재(板目材, 板理材)라고 한다. 곧은결보다 변형 deformation 이 크고 마모율 ratio of abrasion 도 크다. 주로 장식재로 쓰인다.
- 곧은결 straight grain, edge grain 은 나이테에 직각방향으로 켠 목재면에 나타나는 평행선상의 나뭇결을 말한 것으로, 널결에 비해 외관이 아름답고 수축 · 변형이 적으며 마모율도 적다. 곧은결이 나타난 목재를 곧은결재(柾目材, 柾理材)라 한다. 주로 창호재, 장식재, 가구재로 사용한다.
- 엇결 diagonal grain, ros grain 은 나무섬유 fiber of wood 가 꼬여 나뭇결이 어긋나게 나타난 상태의 것을 말한 것으로 엇결이 나타난 목재를 엇결재(曲木理材)라 한다.
- 무늿결(curly grain)은 나뭇결이 여러 가지 원인으로 불규칙적이며, 소용돌이 모양으로 복잡하게 되면서 아름다운 무늬를 나타내는 상태의 나뭇결을 말한 것으로, 무늿결이 나타난 목재를 무늿결재(紋理材)라 한다. 주로 장식재로 쓰인다.

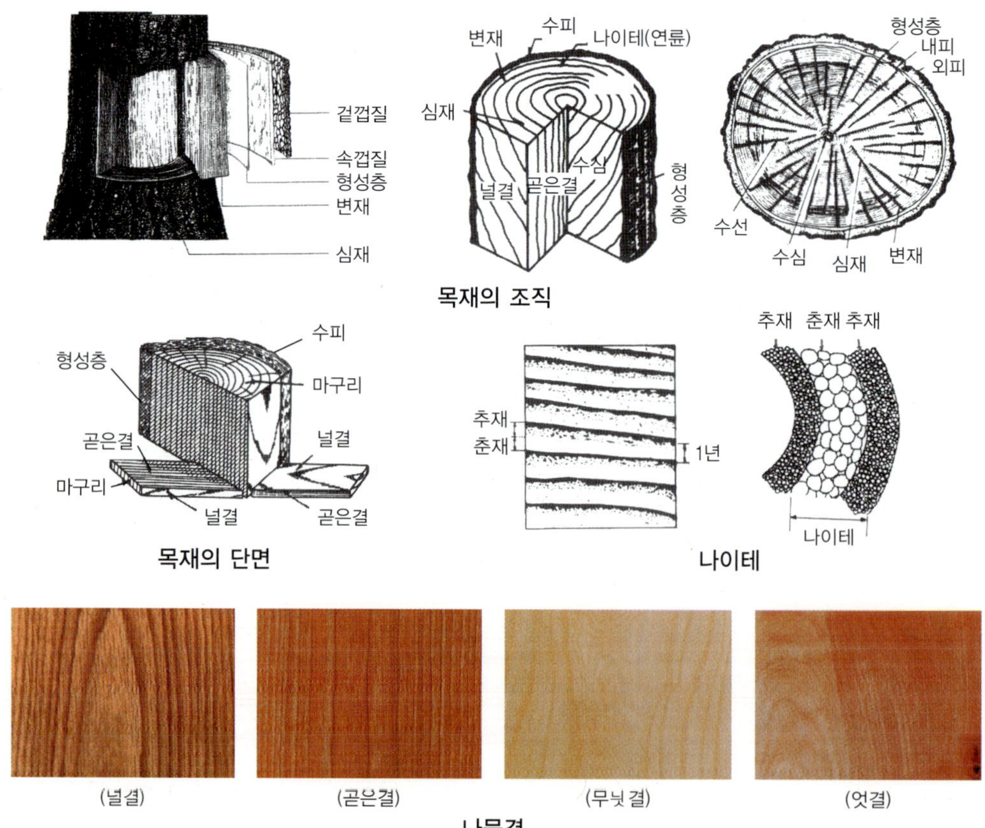

목재의 조직

목재의 단면

나이테

(널결) (곧은결) (무늿결) (엇결)

나뭇결

2.4 목재의 성질

일반사항	◉ 목재는 수종에 따라 재질이 현저하게 다를 뿐만 아니라 같은 수종이라도 산지, 기후, 성장상태, 수령 age of tree 에 따라 그 재질 quality of lumber 이 다르다. ◉ 목재를 사용할 때는 목재 본래의 성질을 알고 그 특성을 살려서 사용하는 것이 좋다.
외관적 성질 (색깔, 광택, 향기, 나뭇결 등)	◉ 목재는 여러 가지 색깔 및 광택과 특유의 향기와 맛을 가지고 있으며, 아름다운 나뭇결을 가지고 있으므로 이러한 외관적 특성이 잘 나타난 수종을 골라 치장재, 창호재 또는 가구재로 많이 사용하고 있다. ◉ 목재의 색깔은 세포막 벽 cellular wall 에 포함되어 있는 색소 pigment 의 차이에 따라 달라지며, 수종에 따라 거의 일정하므로 색깔은 수종을 구별하는데 도움이 된다. 일반적으로 같은 목재라도 변재는 백색이거나 담색이고 심재는 갈색이지만 벚나무와 같이 변재와 심재의 차이가 명확하지 않는 수종도 많다. ◉ 목재의 광택은 목재면을 대패질하거나 연마 polishing 하면 일반적으로 나타나는 현상으로서, 그 아름다운 광택의 정도는 절단면 cutting surface 의 방향에 따라 차이가 많이 난다. 광택은 곧은결면 straight grain surface 이 가장 아름답고 널결면 flat grain surface 이 다음이며, 마구리면 header surface 이 가장 떨어진다. 일반적으로 재질이 치밀하고 단단할수록, 수선이 많을수록, 심재가 변재보다, 활엽수가 침엽수보다 광택이 좋다. ◉ 목재의 향기와 맛은 건조하기 전에는 강하지만 건조함에 따라 줄어든다. 향기는 수종에 따라 다르므로 목재를 구별하는데 참고가 된다. 향기와 맛은 밀접한 관계가 있다. ◉ 목재의 나뭇결은 목재의 외관적 상태를 말하는 것으로서 외관상 중요할 뿐만 아니라 건조수축 drying shrinkage 에 의한 변형에도 관계가 깊기 때문에 매우 중요하다. 치장재 및 가구재로 사용되는 목재는 색깔, 광택도 중요하지만 나뭇결이 얼마나 아름다운가에 따라 그 가치가 좌우된다. ◉ 나뭇결에는 널결, 곧은결, 무늬결, 엇결의 종류가 있는데, 일반적으로 외관이 아름답고 수축변형 shrinkage deformation 및 마모율이 적은 곧은결의 목재를 실내목공사에 많이 사용하고 있다.
물리적 성질 (비중, 함수율)	◉ 목재의 물리적 성질로서 대표적인 것은 비중 specific gravity 과 함수율 water content 을 들 수 있다. 비중과 함수율에 따라 그 목재의 강도와 수축 및 팽창의 영향을 받게 된다. ◉ 목재의 비중은 목재를 구성하고 있는 세포막의 두께와 목재 속의 수분 moisture 에 따라 다르고, 수분은 공극 void 속에 있으므로 목재 안에 있는 공극의 다소에 따라 비중도 다르다. 따라서 목재의 비중은 목재가 품고 있는 수분의 양에 따라 단위용적중량 unit volume weight 으로 표시하게 된다. ◉ 목재의 비중은 목재 성분 중 수분을 공기 중에서 제거한 상태의 비중인 기건비중 air-dried specific gravity 으로 0.3~0.9 정도이다. 목재가 공극을 포함하지 않은 실제 부분의 비중인 진비중 true specific gravity 은 수종 및 수령에 관계없이 1.54 정도이다. 한편 동일한 종류의 목재라도 나이테, 밀도 density, 생육지 bring-up land, 수령 또는 심재와 변재에 따라 비중이 다소 다르다는 것이다. ◉ 목재의 비중은 강도와 밀접한 관계가 있다. 따라서 비중을 측정하면 목재의 강도를 어느 정도 추정할 수 있다. 일반적으로 비중이 큰 목재일수록 강도는 커진다. 반면 수축이 커지고 기계가공성 mechanical manufacturingness 이 떨어지며 뒤틀림의 양이 많아진다. ◉ 목재의 함수율은 목재가 수분을 포함하고 있는 상태, 즉 건조 전의 중량을 목재 절대건조 중량 absolute-dried weight 에 대한 백분율로 표시한 것이다.

물리적 성질 (비중, 함수율)	$$함수율 = \frac{(건조\ 전의\ 중량) - (절대건조\ 중량)}{(절대건조\ 중량)} \times 100\ (\%)$$ 여기서 절대건조 중량은 100~105℃의 온도에서 일정량이 될 때까지 건조시의 중량을 말한다. ◉ 목재의 함수율에 따라 생재 green wood 와 기건재 air-dried wood 로 구별할 수 있다. 생재는 벌채한 직후의 목재로서 함수율은 60~100% 정도이고, 기건재는 생재를 대기 중에서 건조시킨 목재로서 함수율이 12~18% 정도이다. 목재의 함수율이 0%인 상태를 전건재 absolute-dried wood 라 한다. ◉ 실내건축에서 주로 사용되고 있는 수장재, 창호재 및 가구재용 목재의 함수율은 15% 이하, 구조재는 20% 이하, 마감재는 13% 이하이다. ◉ 목재가 건조하면 먼저 유리수 free water 가 증발하고 세포수 cell water 가 남으며, 그 다음에 계속 건조하면 세포수가 증발한다. 이 양자의 한계점을 섬유포화점 fiber saturation point 이라 하는데, 이때의 함수율은 30% 정도이다. 목재는 이 섬유포화점을 경계로 하여 수축 · 팽창 등의 재질변화 change of lumber quality 가 달라진다. 즉 섬유포화점 이하의 함수율 감소 · 증가에 따라 수축 · 팽창하고 섬유포화점 이상의 함수율 변화에서는 수축 · 팽창이 일어나지 않는다. ◉ 동일 나뭇결에서도 변재는 심재보다 수축이 크고, 비중이 적은 목재일수록 수축 · 팽창의 변형은 적다. 목재의 수축 크기는 널결방향 flat grain direction 이 가장 크고, 곧은결방향 straight grain direction, 섬유방향 fiber direction 순이다.
역학적 성질 (강도, 경도)	◉ 목재는 일반적으로 비중이 클수록 강도가 크고, 함수율이 클수록 강도 strength 는 작으며, 건조된 목재일수록 강도는 크다. 그러나 섬유포화점을 넘으면 강도는 일정해진다. 섬유포화점 이하로 건조되면 강도는 증대되어 함수율이 15%일 때 강도는 생재의 약 2배, 함수율이 5%일 때의 강도는 생재의 약 3배에 이른다. ◉ 목재는 섬유방향에 따라 강도가 다르다. 이를 이방성 anisotropy 이라 하며, 섬유방향에 평행하게 힘을 가한 것이 가장 강하고 이와 직각인 것이 가장 약하다. ◉ 목재 강도 중에서는 일반적으로 인장강도 tensile strength 가 가장 크고 전단강도 shearing strength 는 가장 약해서 목재의 접합부가 파괴되기 쉬운 것도 전단강도가 작기 때문이다. ◉ 목재 섬유 평행방향의 인장강도는 여러 강도 중에서 가장 크지만 목재를 인장재 tension member 로 쓸 때 이음부가 취약하고 마디 또는 섬유의 비틀림 영향이 크기 때문에 목재를 인장재로 사용하는 경우는 드물다. ◉ 목재는 기둥으로 사용되는 경우가 많은데, 이 때 목재는 섬유 fiber 의 평행방향으로 압축력 compressive force 을 받게 된다. 이때의 압축강도 compressive strength 는 크고 섬유의 직각방향 압축강도는 낮다. 목재의 압축강도는 옹이 knot 가 있으면 감소하고, 죽은옹이 dead knot 가 생옹이 live knot 보다 감소율이 크며, 지름이 클수록 감소율도 크다. 사각형 단면 기둥의 경우 기건상태 또는 이 이상 함수율의 기둥에서 어느 비탈면에 따라 파괴가 일어난다. 비탈면은 나뭇결 측에서는 섬유에 직각으로 엇결측에서는 45~60° 의 경사를 나타내는 경우가 많다. ◉ 목재를 휨재 bending member 로 사용하는 경우가 많으므로 휨강도 bending strength 는 역학적 성질 중에서 가장 중요한 것의 하나이다. 목재가 휠 때는 압축 · 인장 · 전단력이 동시에 일어난다. 휨강도는 옹이가 클수록 감소가 크다. 목재의 휨에 저항하는 휨강도의 크기는 압축강도의 약 1.75배 정도이다. 휨하중 bending load 에 의한 파괴현상 failure appearance 은 압축면이 좌굴 buckling 하여 파괴되고, 이 반대측에서는 인장되며 중간층은 전단력 shearing force 이 생긴다.

역학적 성질 (강도, 경도)	◉ 목재의 경도 hardening 는 마멸 attrition 에 대한 목재 내부저항 interal resistance 을 말한 것으로서 바닥에 사용되는 마감용 목재에 대해서는 특히 고려되어야 한다. ◉ 마구리면 header surface 이 경도가 가장 높고 곧은결면과 널결면은 별로 차이가 없다. 일반적으로 비중이 큰 목재가 경도가 높고 마구리의 경도는 곧은결의 약 3배 정도이다.
열에 대한 성질 (열전도율, 열)	◉ 목재는 조직 가운데 공간이 있기 때문에 열의 전도가 더디다. 열전도율은 비중이 크고 함수율이 증가함에 따라 증가한다. 열전도율이 낮은 것은 세포의 공극에 의한 것으로서 다공질 porosity 의 목재, 즉 겉보기비중 apparent specific gravity 이 작은 목재일수록 열전도율은 적다. ◉ 목재를 100℃ 이상으로 가열하면 목질부 조직의 성분이 분해되기 시작한다. 250~260℃가 되면 인화 ignition 되며, 275℃ 전후로는 분해가 현저히 진행되고, 400~450℃에 달하면 자연발화 spontaneous combustion 가 된다. 100℃ 이하의 낮은 온도에서 장시간 계속하여 가열하면 재질이 변화되어 흡습성 water absorptiveness 및 신축성 expansiveness 이 감소되는 경향이 있다.

(소나무) (참나무) (벚나무) (버드나무) (주엽나무)

(호두나무) (팽나무) (물푸레나무) (단풍나무) (감나무)

(목련나무) (느릅나무) (너도밤나무) (포플러나무) (물푸레나무)

(무화과나무) (백합나무) (오리나무) (커피나무) (미루나무)

일반목재의 수종별 색깔 및 나뭇결

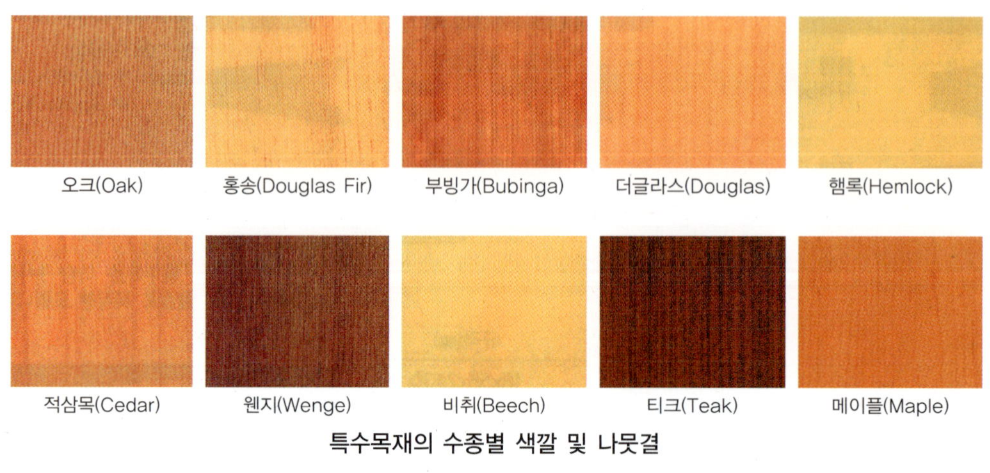

특수목재의 수종별 색깔 및 나뭇결

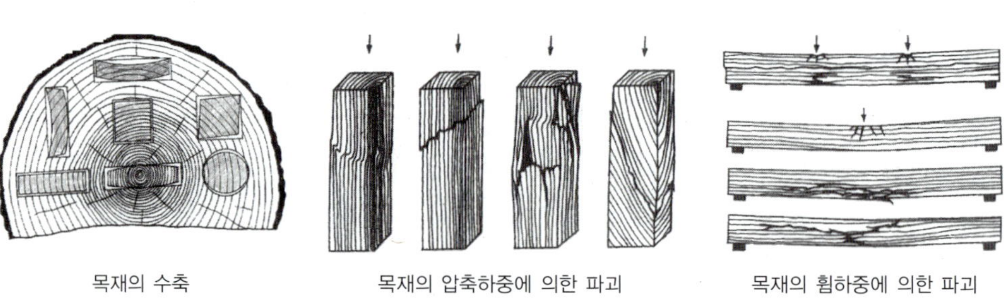

목재의 수축 및 하중에 의한 파괴현상

2.5 목재의 흠

일반사항	◉ 목재의 흠 defect 이란 목재의 품질에 대한 결점을 나타내는 것으로서, 옹이, 갈라짐, 틀린결, 흠결, 거친결, 껍질박이, 지선, 송진구멍, 혹 등 여러 가지가 있다. ◉ 목재의 흠은 외관을 손상시킬 뿐만 아니라 강도 및 내구성 durability 을 떨어지게 하여 목재의 이용가치를 낮게 한다. 그러나 실내건축에 사용하는 목재로서 강도와 같은 품질에 관계없이 외관 external appearance 에 대해서만 특이하게 강조하는 부분에서는 옹이, 틀린결, 흠결, 거친결 등의 흠을 살려서 제재 sawing 한 목재는 오히려 더 좋은 이용가치를 줄 수 있다.
옹이, 갈라짐	◉ 옹이 knot 는 나무의 가지가 줄기의 조직에 말려들어간 것으로서, 생옹이와 죽은옹이가 있다. 옹이가 있는 목재는 인장 및 휨강도를 저하시키고, 가공하기에 좋지 않고, 외관도 손상시킨다. 특히 죽은옹이가 빠져서 구멍이 생겨 강도에 영향을 준다. ◉ 갈라짐 crack 은 불균일한 건조 및 수축에 의하여 생긴 것으로 노목 old tree 에서 흔히 볼 수 있다. 갈리지는 형상 및 위치에 따라 심재성형 heart woody star form 갈라짐, 변재성형 sap woody star form 갈라짐, 심재원형 heart woody round form 갈라짐 등이 있다.

틀린결, 흠결, 거친결	◉ 틀린결 twisted grain 은 나뭇결이 목재 마구리에서 마구리 header, end grain 까지 이어지지 못하고 끊긴 것으로 끊긴결이라고도 한다. 꼬인 나무를 제재하면 나타난다. 강도가 떨어지고 뒤틀리거나 부러지기 쉽다. ◉ 흠결 upset, rupture 은 나뭇결이 고르지 못한 것으로 나무가 자라는 동안에 부러지거나 상한 것에 의해 생긴 것이다. 내구적이지 못하다. ◉ 거친결 coarse grain 은 연륜 간격이 지나치게 넓은 것으로 너무 빠른 성장에 기인한 것이다. 강도가 떨어지고 내구적이지 못하다.
껍질박이, 지선	◉ 껍질박이 bark pocket 는 수목이 성장도중 세로방향의 외상으로 수피가 말려들어간 것으로 입피(入皮)라고도 하며, 이용가치를 저하시키고 사용상 지장을 준다. ◉ 지선 sebaceous gland 은 목질부 내에서 수지 resin 가 계속 흘러나오는 선이 생겨 건조 후에도 수지가 계속 흘러나오므로 가공도 불편하고 목재 사용에도 지장을 준다.
송진구멍, 혹	◉ 송진구멍 resin pocket 은 목질 wood-base 의 틈서리에 송진 pine resin 이 모인 것으로 소나무 pinetree, pine 에 많다. 목재를 뒤틀리기 쉽게 하고 가공하기에도 어렵게 한다. ◉ 혹 gall, burl 은 섬유가 집중되어 껍질 bark, rind 의 외부로 부풀어 나온 것으로 나무세포 cell of tree 가 꼬여있는 것을 말한다. 이 역시 목재를 뒤틀리기 쉽게 하고 가공하기에도 어렵게 한다.

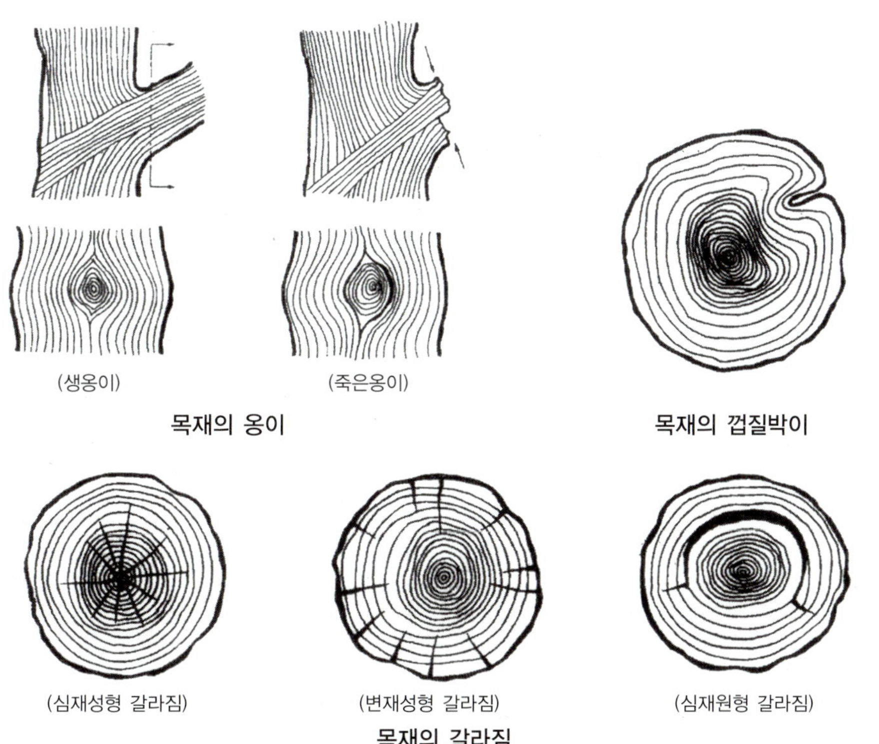

목재의 옹이

목재의 껍질박이

목재의 갈라짐

2.6 목재의 내구성

일반사항	◉ 목재의 내구성 durability 은 풍화작용 weathering 에 의한 마모, 균류 또는 박테리아에 의한 부패 putrefaction, 곤충류에 의한 충해 insect pests, 화재 등의 원인에 의해 감소된다. 따라서 이러한 원인을 제거하고 목재의 내구성을 증대시키는 방법을 강구하여야 한다. ◉ 목재의 내구성을 감소시키는 가장 큰 원인으로는 부패를 들 수 있는데, 이 부패로 인하여 목재 성분이 변질되어 비중이 감소되고 강도가 저하되면서 내구연한 durable term 을 단축시킨다.
부패와 부패 조건	◉ 목재의 부패는 균류 fungus 번식작용에 의한 경우가 많다. 균에서 분비되는 효소 enzyme 는 목재 섬유질을 용해 melting · 감소시키기 때문에 목재 강도는 저하되고 목질은 변질 degeneration · 분해 decomposion 된다. 부패 초기에는 단순히 변색 discolouration 되는 정도이지만 진행되어감에 따라 재질이 현저히 저하된다. 따라서 균류의 번식을 막으면 부패를 지연시켜 목재의 내구성을 높일 수 있다. ◉ 목재의 부패조건으로는 균류가 번식하기에 적당한 온도 · 습도 · 공기 및 양분이다. 따라서 그 중 하나라도 근절되거나 부적당하게 되면 부패균 saprogenous bacillus 의 번식은 불가능하게 된다. 부패균은 25~35℃에서 가장 활동이 왕성하고 4℃ 이하에서는 발육하지 못하며 55℃ 이상에서는 거의 사멸 extinction 한다. 그러므로 증기 건조된 목재는 살균 sterilization 된 것으로 볼 수 있다. 습도는 80% 정도가 부패균이 생육 bringing-up 하기에 가장 적당하며, 15% 이하로 건조하면 부패균 번식이 중단된다. 공기를 전부 배제시키면 부패균이 번식하지 못하고 부패되지 않는다. 즉 공기가 없는 수중에 완전히 잠겨 있는 목재는 부패하지 않는다. 목재는 단백질 albumen, 전분 starch 등의 양분 nourishment 을 많이 포함하고 있으므로 부패균이 번식하기에 좋은 조건을 가지고 있으므로 이를 차단하기 위한 방부처리 preservative treatment 를 하게 된다.
방부법 및 방부제	◉ 목재의 방부법 preservative method 은 균류에 대하여 양분을 부적절하게 처리하는 방법을 말한다. 방부법으로는 방부제 preservative agent 를 사용하여 목재 표면에 도포 application 하는 방법과 목재 중에 주입 pouring 하는 방법이 있다. 도포하는 방법이 가장 간단한 방법으로서 목재를 충분히 건조시킨 다음 균열이나 이음부 등에 솔로 방부제를 도포하는 방법이다. 이 방법 외에도 방부제 용액 preservative solution 을 목재에 침투시키는 주입법 impregnation method, 방부제 용액에 며칠 동안 침지시키는 침지법 steep method, 목재의 표면을 탄화시키는 탄화법 carbonize method, 햇볕을 쪼이는 일광법 sunlight method 등 여러 가지 방부법이 있다. ◉ 목재의 방부를 목적으로 보통 사용되고 있는 방부제로는 콜타르 coal tar, 아스팔트 asphalt, 크레오소트오일 creosote oil, P.C.P penta-chlorophenol, 무기염류 inorganicdye 인 황산구리 copper sulfate, 불화소다 fluorination soda, 염화아연 zinc chloride 등이 있다.

2.7 목재의 건조

일반사항	◉ 목재의 건조 seasoning 는 내부의 수분이 외부로 이동하여 표면에서 증발하는 것을 말한다. 제재된 목재는 사용하기 전에 반드시 건조시켜야 한다. 목재는 건조에 의해 내부의 수분이 빠져나가 함수율이 30% 이하로 건조되면 수축되어 균열이 생기거나 변형되지만, 부패나 부식으로부터 목재를 보존할 수 있어 내구성을 높이는 결과를 얻을 수 있다. ◉ 목재가 건조되는 과정에서 수분이 빠져나가는데 온도, 습도, 풍속 등이 영향을 미친다. 온도가 높고 풍속이 빠를수록 건조속도 drying rate 는 빠르고, 습도가 높을수록 건조속도는 늦다. 또한 기후 조건 외에도 목재의 비중이 클수록 건조속도는 늦어지고, 목재의 두께가 두꺼울수록 건조시간이 길어진다.
건조의 이점	◉ 목재의 강도를 높여주고 내구성을 증진시킨다. ◉ 목재를 부패균으로부터 부식을 방지해주고 벌레로 인한 피해를 예방해준다. ◉ 목재를 도장하는데 접착성 adnesiveness 및 도장성 coatedness 을 향상시켜 준다. ◉ 목재 사용 후의 수축 및 균열을 방지해 준다. ◉ 목재의 절단, 이음 및 맞춤 등의 가공성 processability 을 높여주고 정밀도를 기대할 수 있다. ◉ 목재의 중량을 경감해줌으로써 취급 및 운반을 용이하게 한다. ◉ 목재에 방부제 및 합성수지 synthetic resin 주입을 용이하게 한다.
건조방법	◉ 목재를 건조하는 방법에는 자연건조법과 인공건조법이 있다. 자연건조법 natural seasoning method 은 목재를 자연조건에서 건조하는 방법으로 공기건조법 air seasoning method 과 수침법 water seasoning method 두 가지로 대별한다. 자연건조법은 특별한 장치 필요 없이 일시에 많은 목재를 건조시킬 수 있는 이점이 있으나 건조시간이 길고, 넓은 장소가 필요하며, 변색 · 부패 등 손상을 입기 쉬운 단점이 있다. ◉ 자연건조법 중 공기건조법은 햇볕이나 눈 · 비가 직접 닿지 않고, 통풍이 잘되는 옥외나 옥내에서 건조시키는 가장 간단하고 경비가 적게 들며, 가장 일반적인 건조방법 seasoning method 이다. 지면에 직접 닿지 않도록 약 40~50cm 정도의 기초를 하여 바람의 방향과 직각이 되게 목재를 쌓아 놓는다. 건조기간은 두께 3cm 정도의 판재를 기준으로 침엽수는 2~6개월, 활엽수는 6~12개월이고, 큰 목재는 2년쯤 걸리기도 한다. 또한 잘 건조된 목재라 할지라도 실내에서 2주일 정도 두었다가 사용하는 것이 좋다. ◉ 자연건조법 중 수침법은 건조시키기 전에 예비처리로서 목재(생목)를 3~4주간 계속 흐르는 담수 fresh water 에 침지 soakage 시켜 수액 sap 을 수중에 용출 melted out 시키는 건조방법이다. 이 방법은 공기건조시간을 단축시키기 위해 이용한다. 재질이 부러지기 쉽게 할 뿐만 아니라 강도 저하를 가져오게 하는 반면, 수축에 의한 결점을 적게 해주는 장점도 있다. ◉ 인공건조법 artificial seasoning method 은 실내에서 온도와 습도의 조절에 의해 건조시키는 방법으로, 자연건조보다 목재의 수분을 빨리 제거하기 위한 적극적인 방법으로서 단시간에 건조시킬 수 있는 장점이 있는 반면, 시설비용이 많이 든다. 인공건조법에는 다음과 같은 방법 이외에 고주파건조 high frequence seasoning, 연소가스건조 combustion gas seasoning, 약품건조 chemical seasoning 등 여러 가지가 있다.

건조방법	• 증기건조 steam seasoning : 건조실에 가열된 증기로 목재의 수분을 제거하여 건조시키는 방법으로 가장 많이 사용되고 있다. • 송풍건조 blast seasoning : 가열된 공기를 송풍기로 건조실에 보내 목재를 가열 · 건조시키는 방법으로 얇은 판이나 삼나무 등 건조가 쉬운 것에 적당하다. • 훈연건조 smoke seasoning : 연소가마로 나무부스러기, 톱밥 등을 태운 연기를 건조실에 넣어 건조시키는 방법으로 목재 표면이 매연으로 변색되기 쉽고 화재의 우려가 있다. • 전열건조 electric heating seasoning : 전기를 열원으로 하여 건조시키는 방법으로 균질한 건조를 할 수 있는 이점이 있다. • 진공건조 vacuum seasoning : 목재를 금속재 용기에 넣고 밀폐한 후에 급속히 건조시키는 방법이다.

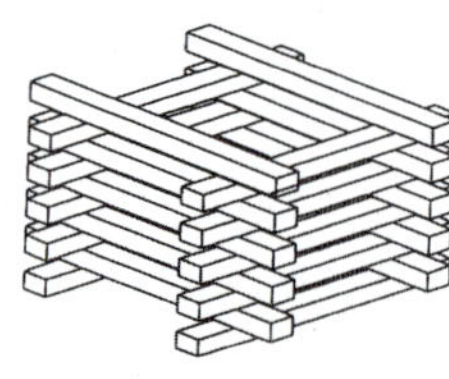
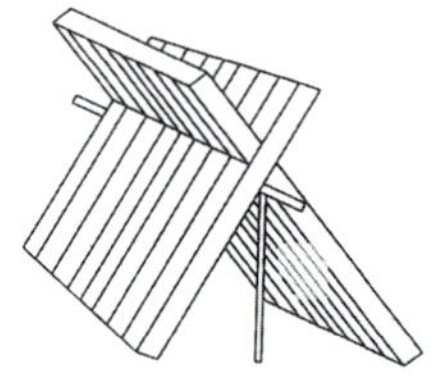
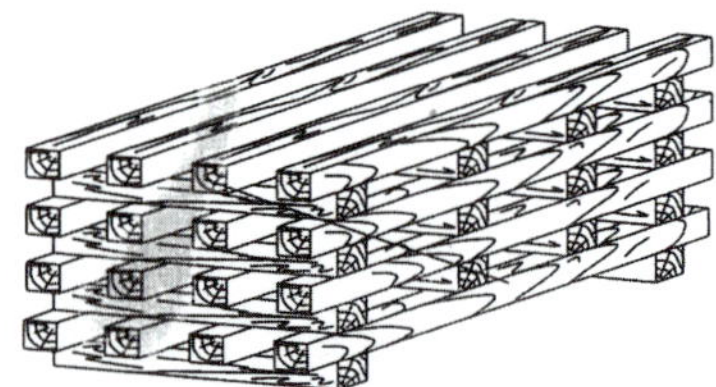

(목재의 자연건조)

(목재 : 생목)

(목재의 수침방법)

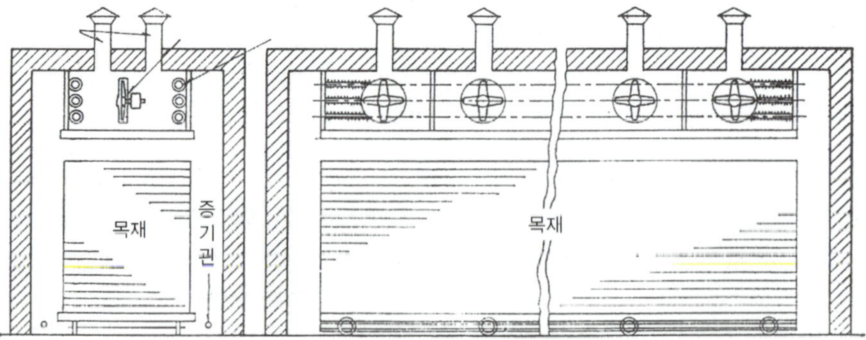

(목재의 인공건조 : 증기건조)

목재의 건조방법

2.8 목재의 제재 및 제재목

제재	◉ 목재의 제재 sawing, lumbering 란 원목을 제재소 saw mill 로 운반하여 필요한 치수와 형태대로 톱으로 자르거나 켜는 조작을 말한 것으로서, 제재한 목재를 제재목 sawing lumber, lumbering 이라 한다. 실내건축에서 원목 log, material wood 을 그대로 사용하는 경우도 있지만 대부분 제재목을 사용한다. ◉ 목재를 제재할 때는 최대한 취재율 connected ratio of material 을 높인다. 취재율은 침엽수에서는 원목의 약 60~75%이고 활엽수에서는 원목의 약 40~60% 정도로 본다. 또한 건조를 고려한 치수로 여유있게 제재해야 하며, 특히 수장재 및 가구재는 나뭇결과 무늬를 고려하여 제재한다.
제재목	◉ 제재목은 각재 rectangular timber, square timber 와 판재 board, plank 로 대별되고 구조재, 수장재, 창호재, 가구재 등으로 구분하기도 한다. ◉ 제재목의 나뭇결에 따라 곧은결재 quarter sawn timber, 널결재 flat grain timber, 무늬결재 curly grain timber, 엇결재 diagonal grain timber 로 구분한다.

(원목)

(제재공장)

(제재목)

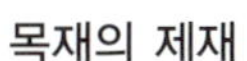
목재의 제재

목재의 제재목

곧은결 및 널결재 제재

2.9 목재의 식별 및 선택방법

목재의 식별 방법	◉ 목재의 종류는 여러 가지가 있다. 각 종류마다 색깔, 광택, 향기, 나뭇결 또는 비중 · 강도 · 경도 · 내구성 등의 여러 성질이 다르기 때문에 제재된 상태에서 어떤 목재인지 알아내기란 매우 어려운 일이다. ◉ 목재를 용도에 맞는 것을 선택 사용하는 방법으로서 다음과 같은 사항을 면밀히 관찰한 다음 목재의 종류별 특성 characteristic 에 대한 문헌자료 reference material 와 비교 · 검토로 식별하는 것이 가장 좋은 방법이다. • 경질 hardness 의 두께와 모양 • 나이테와 색깔 상태 • 향기의 유무 및 나뭇결 상태 • 무겁거나 가벼운 차이 정도 • 도관 vessel 형태와 수지구 resin canal, resin duct 유무 • 광택의 정도 및 단단한 정도 등
목재의 선택 방법	◉ 목재는 원목이 성장하는 과정에서부터 벌채, 운반, 건조, 제재에 이르기까지 장시간 동안 정상적인 과정을 거쳤을 때 얻어지는 것이므로 용도에 맞는 것을 선택하기란 매우 어려운 일이라 하겠다. ◉ 수장재로서 좋은 목재를 선택할 때는 다음과 같은 조건을 고려하는 것이 좋다. • 나뭇결이 좋고 무늬가 고울 것 • 건조가 잘된 것으로 옹이, 균열 등의 흠이 없을 것 • 균일한 색깔과 고유의 향기 및 광택이 있을 것 • 나이테가 원형에 가깝고 재질이 균일할 것 • 두드려 보아서 음이 맑을 것

2.10 목재의 규격 및 치수표시

목재의 규격	◉ 각재 rectangular timber, square timber 는 두께가 60mm 이상이고 너비는 두께의 3배 미만인 것으로서, 횡단면이 정방향인 정각재 square timber, 장방향인 평각재 flat timber 가 있다. 각재는 실내건축에서 주로 목조 벽틀 wall frame 및 칸막이 등과 같은 구조틀 structural frame 을 만드는 구조재로 사용되고, 창호틀 door and window frame 및 가구의 뼈대를 구성하는 데도 쓰인다. ◉ 판재 board, plank 는 두께 60mm 미만이고 너비는 두께의 3배 이상인 것으로서, 좁은 판재, 넓은 판재, 두꺼운 판재로 구분하기도 한다. 판재는 널재라고도 한다. 판재는 실내건축에서 주로 수장재, 창호재 및 가구재로 많이 쓰인다.
목재의 치수표시	◉ 제재치수 sawed timber size, dressed size 는 제재된 목재의 실제치수 actual size 를 말한 것으로 구조재와 수장재에 사용한다. 실제치수는 제재하기 전보다 톱날두께(1~3mm, 보통 2mm) 만큼 작아진다. ◉ 마무리치수 finished size 는 제재된 목재를 치수에 맞추어 깎고 다듬어 대패질 planing 로 마무리한 치수를 말한 것으로 창호재와 가구재에 사용하며, 마감치수라고도 한다.
목재의 정척 길이	◉ 정척물 standard size thing 은 목재의 길이가 규격에 맞게 일정하게 된 것을 말하며, 이에는 보통 1.8m, 2.7m, 3.6m의 3종이 있다. ◉ 장척물 long size thing 은 정척물보다 긴 것을 말하며, 보통 0.9m씩 길어진 것을 표준으로 한다. 장척물은 고가인 편이다. ◉ 단척물 short size thing 은 목재의 길이가 1.8m 미만인 것을 말하며, 길이 1.8m를 기준으로 30cm씩 짧다. 단척물은 저렴한 편이다. ◉ 난척물 disorderly size thing 은 정척물이 아닌 것을 말하며, 길이 1.8m를 기준으로 30cm씩 길다. 난척물은 일반적으로 구하기가 어렵다.
목재의 시장품 치수	◉ 판재의 두께는 3, 6, 9, 12, 15, 18mm 등이 사용되고, 크기는 3×6(900×1,800mm), 3×7(900×2,100mm), 4×8(1,200×2,400mm) 등이 많이 사용되고 있다. ◉ 각재의 치수는 30mm각(1치각), 45mm각(1치5푼각), 60mm각(2치각), 90mm각(3치각)이 많이 사용되고 있고, Two by Four라 하여 90mm×45mm 치수의 각재로 목조주택 wooden house, timber house 등에 사용되고 있다.
목재의 취급단위	◉ 목재는 미터법인 ㎥ 또는 l(1,000㎤) 등의 체적단위 volume unit 로 취급한다. 종래에는 1치각 12자 길이의 체적을 단위로 이를 1재(才)라고 하였다. 또한 1자각 10자 길이를 1석(石)으로 큰 단위를 쓰기도 하였다. 미국에서는 보드피트(board feet)라 하여 1인치 두께 1평방피트, 즉 1" 각 12' 길의 체적단위가 쓰이고 있다. ◉ 목재의 단위 표시 및 단위 간의 관계를 들면 다음과 같다. • 1㎥ = 1m×1m×1m = 100㎝×100㎝×100㎝ = 1,000,000㎤ 1㎥ = 299.475(才) ≒ 300才 = 438.596 B.F(Board Feet)

목재의 취급단위	• 1재(才) = 1치×1치×12자 = 1寸×1寸×12尺 1才 = 0.00324㎥ • 1석(石) = 1자×1자×10자 = 1尺×1尺×12尺 • 1보드피트(B.F) = 1인치×1인치×12피트 = 1" × 1" × 12' 1B.F = 0.00228㎥ = 0.703才

치수
(30mm각,
45mm각,
60mm각,
90mm각 등)

(각재)

치수
두께(3, 6, 9, 12, 15, 18mm 등)
크기(폭×길이 mm)

(판재)

목재(각재, 판재)

2.11 합판

일반사항	◉ 합판 plywood 은 목재의 얇은판인 단판 veneer 을 3, 5 , 7, 9겹 등의 홀수로 1매마다 섬유방향이 직교 orthogonal 하도록 접착제 adhesive 로 겹쳐서 붙여 만든 제품으로서, 베니어판 veneer board 또는 베니어합판 veneer plywood 이라고도 한다. ◉ 보통 베니어 veneer 는 단판을 말하고, 베니어판이라 하는 것은 베니어를 여러 장 붙여서 판으로 된 상태인 합판을 지칭한다.
단판 및 합판 제조	◉ 합판제작에 사용되는 단판은 아름다운 목재의 무늬를 다른 재질의 면에 붙여 쓰기 위해 목재를 톱 등으로 켜서 만든 얇은판(두께 5㎜ 이하)을 말한다. 단판 제작용으로 쓰이는 목재로는 수입재인 나왕이 많이 쓰이지만 소나무, 삼나무, 오동나무, 느티나무, 단풍나무, 참나무, 벚나무 등이 쓰인다. 단판 제작용 목재가 바로 합판제작에 사용되는 목재가 된다. ◉ 단판을 만드는 방법에는 회전절삭법 rotary cutting method, 톱절삭법 sawed cutting method, 직재법 sliced cutting method, 반원회전절삭법 half-round rotary cutting method 이 있다. 회전절삭법이 원목 낭비가 적고 넓은 단판을 얻을 수 있어 단판제조시 거의 이 방법을 이용한다. ◉ 합판은 홀수(3, 5, 7, 9 등)의 단판을 접착제로 붙여서 죄고, 건조실에서 기건상태에 이르기까지 건조시켜 필요한 치수로 일정하게 재단 cutting 하여 표면을 샌드페이퍼 sand paper 로 끝마감질함으로써 제품화한다. 합판의 품질은 단판의 재질과 접착제의 좋고 나쁨에 따라 결정된다.

합판의 특성 및 용도	◉ 합판의 특성을 들면 다음과 같다. • 함수율의 변화에 의한 신축 · 변형이 적고 방향성 directional 이 보완되어 방향에 따른 강도 등의 차이가 없다. • 원목판(통나무판)에 비해 얇은 판임에도 강도가 높다. • 곡면가공을 하여도 균열이 생기지 않는다. • 무늬가 일정하고 아름다운 무늬를 얻을 수 있다. • 원목판이 갖고 있는 목재의 흠을 제거 또는 보완할 수 있다. • 표면가공법 surface manufacturing method 으로 다양한 의장적 효과와 흡음효과를 낼 수 있다. • 원목판에 비해 폭이 넓은 판을 얻을 수 있고 규격화 standardization 되어 있어 사용하기에 편리하다. ◉ 합판은 주로 내장용으로 천장, 칸막이벽 또는 내벽, 바닥의 바탕재 priming material 와 마감재 finishing material 로 쓰인다. 거푸집재료 form material 도 사용되고 창호재로는 플러시 도어 flush door 의 표판 surface board 으로 쓰인다. 합판 자체만을 마감재로 쓰이는 경우는 드물고 합판 표면에 플라스틱 필름 또는 무늬목 wood veneer, pattern wood 등을 붙이거나 채색도장 colouring painting 하여 가공된 것을 많이 쓰고 있다.
합판의 종류	◉ 합판의 종류를 표면상태 surface state 또는 기능 function 에 따라 다음과 같이 분류한다. • 표면상태에 의한 분류 : 보통합판, 특수합판(무늬목 화장합판 등 치장합판, 허니코어 합판 등) • 기능에 의한 분류 : 방화합판, 방부합판, 방충합판 ◉ 보통합판 ordinary plywood 은 원목 재질 그대로 단판을 붙인 표면에 아무 것도 붙이지 않고 칠하지 않는 합판으로서 제조방법에 따라 일반, 무취, 방충, 난연합판 incombustible plywood 으로 구분되고 접착성에 따라 내수 water proof, 준내수 quasi-water proof, 비내수합판 non-water proof plywood 으로 구분하며, 판면의 품질 및 겉모양에 따라 1급과 2급의 2종류가 있다. ◉ 무늬목치장합판 sliced veneer fancy plywood 은 보통합판의 표면에 목질 특유의 미관을 살리기 위한 목적으로 괴목, 티크, 기타 결이 좋은 얇은 무늬목을 붙인 것으로서, 치장합판 fancy plywood, decorated plywood 의 일종이다. ◉ 멜라민화장합판 melamine decorated plywood 은 보통합판의 표면에 얇은 무늬목이나 프린트된 종이를 붙이고, 그 위에 다시 멜라민수지 melamine resin 를 입힌 치장합판이다. ◉ 폴리에스테르화장합판 polyester decorated plywood 은 표면은 멜라민화장합판과 같고 그 위에 폴리에스테르수지 polyester resin 를 입힌 치장합판이다. ◉ 염화비닐화장합판 polyvinyl chloride decorated plywood 은 치장합판의 표면에 염화비닐수지 polyvinyl resin 의 시트나 여러 가지 색상의 필름을 덧씌운 치장합판이다. ◉ 프린트합판 printed plywood 은 보통합판의 표면을 미관이 좋게 하기 위해 여러 가지 모양의 무늬를 인쇄물로 가공한 합판이다. ◉ 도장합판 painting plywood 은 보통합판의 표면에 투명도료 clear paint 를 입혀 광택을 낸 합판이다.

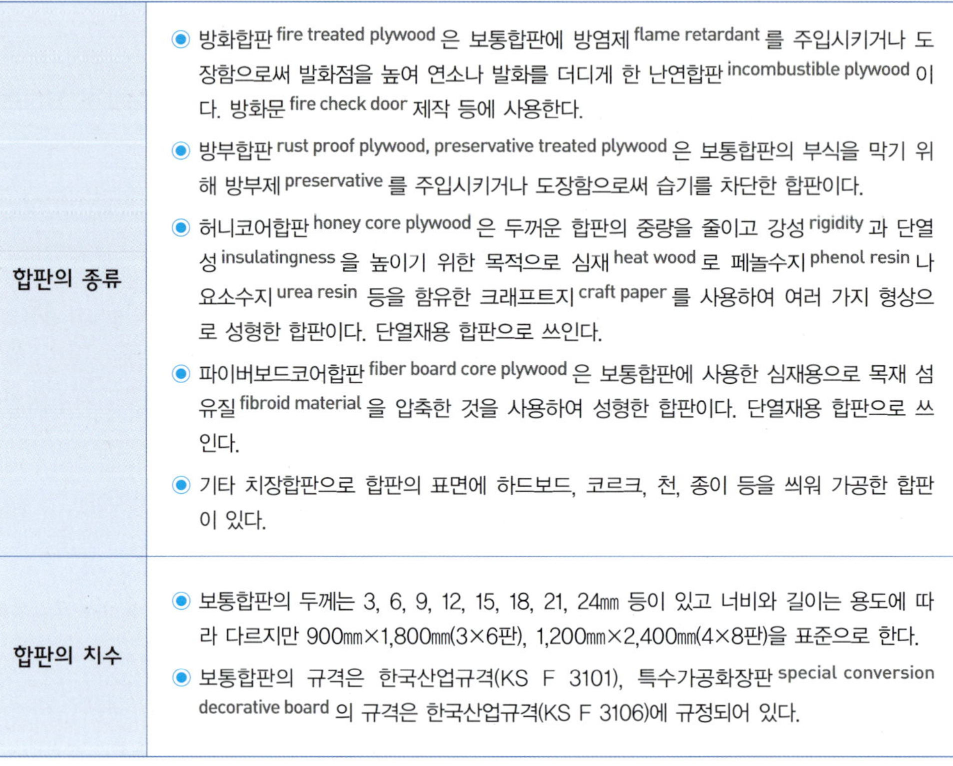

합판의 종류	◉ 방화합판 fire treated plywood 은 보통합판에 방염제 flame retardant 를 주입시키거나 도장함으로써 발화점을 높여 연소나 발화를 더디게 한 난연합판 incombustible plywood 이다. 방화문 fire check door 제작 등에 사용한다. ◉ 방부합판 rust proof plywood, preservative treated plywood 은 보통합판의 부식을 막기 위해 방부제 preservative 를 주입시키거나 도장함으로써 습기를 차단한 합판이다. ◉ 허니코어합판 honey core plywood 은 두꺼운 합판의 중량을 줄이고 강성 rigidity 과 단열성 insulatingness 을 높이기 위한 목적으로 심재 heat wood 로 페놀수지 phenol resin 나 요소수지 urea resin 등을 함유한 크래프트지 craft paper 를 사용하여 여러 가지 형상으로 성형한 합판이다. 단열재용 합판으로 쓰인다. ◉ 파이버보드코어합판 fiber board core plywood 은 보통합판에 사용한 심재용으로 목재 섬유질 fibroid material 을 압축한 것을 사용하여 성형한 합판이다. 단열재용 합판으로 쓰인다. ◉ 기타 치장합판으로 합판의 표면에 하드보드, 코르크, 천, 종이 등을 씌워 가공한 합판이 있다.
합판의 치수	◉ 보통합판의 두께는 3, 6, 9, 12, 15, 18, 21, 24㎜ 등이 있고 너비와 길이는 용도에 따라 다르지만 900㎜×1,800㎜(3×6판), 1,200㎜×2,400㎜(4×8판)을 표준으로 한다. ◉ 보통합판의 규격은 한국산업규격(KS F 3101), 특수가공화장판 special conversion decorative board 의 규격은 한국산업규격(KS F 3106)에 규정되어 있다.

보통합판

무늬목치장합판

염화비닐화장합판

멜라민화장합판

폴리에스테르화장합판

프린트합판

도장합판

파이버보드코어합판

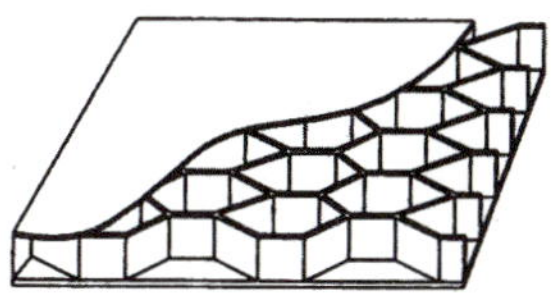

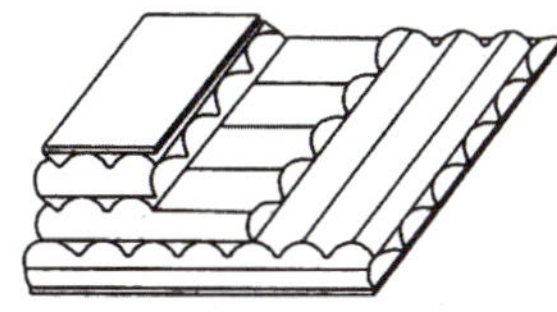

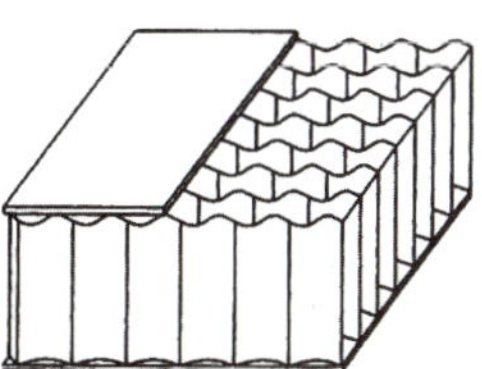

허니코어합판 형상

2.12 목재마루판

일반사항	◉ 목재마루판 wood flooring 은 무늬가 아름다운 참나무, 나왕, 미송, 아피톤 등을 이용하여 인공건조한 판재 board 제품으로서, 내마모성 abrasion resistance, 내수성 water resistance, 감촉성 touch feelingness 등이 있으면서 자연적인 질감에 의한 아름다움과 미려한 나뭇결 및 다양한 색깔로 만든 것을 우수한 목재마루판이라 할 수 있다. ◉ 목재마루판은 주로 주택 및 체육관 등의 바닥마감재 floor finishing material 로 많이 쓰이고 있다.
플로어링보드	◉ 플로어링보드 flooring board 는 굳고 무늬가 아름다운 목재를 이용하여 만든 판재를 표면에 곱게 대패질하여 마감하고 양측면을 제혀쪽매 tongued and grooved joint 로 하여 접합에 편리하게 한 것으로 마루판, 마룻널, 플로어링이라고도 한다. ◉ 플로어링보드에 사용되는 목재의 수종으로는 참나무, 미송, 나왕, 티크, 괴목, 삼나무, 떡갈나무, 밤나무, 아피톤 apitong 등이 있다. ◉ 마루판 floor board 의 종류는 원목마루, 온돌마루, 강화마루가 있고, 목재 내부에 방부효력이 있는 성분의 방부제를 주입하고 건조하여 건조된 목재면을 대패질하여 양측면을 제혀쪽매로 가공한 방부처리 플로어링보드 preservative treatable flooring board 도 있다. ◉ 원목마루 material wood flooring, strip flooring 는 원목을 그대로 사용한 천연목재를 인공건조시킨 후 마구리면 end surface 을 제혀쪽매로 가공하여 만든 마루판이다. 수종으로는 주로 활엽수로서 참나무, 단풍나무, 자작나무 등이고, 대부분 수입품 import goods 을 사용하고 있다. 천연목재로서 흠이 있거나 건조가 불충분하면 뒤틀림 등의 변형이 생기므로 주의하여야 한다. 천연목재의 두께는 0.6~2.0㎜까지 다양하며 원목마루의 표면에 3~5㎜두께의 무늬목을 접착하기도 한다. 원목마루는 다른 마루판에 비해 가격이 비싸고 수분에 의해 변형이 생기기 쉽지만 습도 조절능력이 뛰어나고 우수한 천연질감과 색상을 가진 마루판이라 할 수 있다. ◉ 온돌마루 ondol flooring 는 합판을 심재, 즉 바탕재 ground material 로 사용하고 그 표면에 0.1~1.0㎜ 두께의 무늬목을 접착시킨 후 합성수지계 도료로 코팅처리하여 만든 마루판이다. 또한 온돌마루는 원목마루의 단점인 온도·습도에 의한 수축·팽창 및 뒤틀림을 최소화하면서 원목 자체의 무늬와 질감을 느낄 수 있게 만든 제품이기도 하다. 단점으로는 내구성이 약하고 변색 color change 및 퇴색 fading 이 잘 되며 습도 조절능력이 떨어진다. 특히 표면에 접착된 무늬목의 긁힘, 수분 및 기름 등에 의한 오염 taint 과 변형이 발생할 우려가 있으므로 주의해야 한다. ◉ 강화마루 laminated flooring 는 접착제루 배합된 미세한 목분 wood powder 을 일정한 고온의 압력하에 가공한 고밀도섬유판 high density fiber board : HDF 을 심재로 하고 그 표면에 1㎜ 미만 두께의 무늬목 또는 인쇄무늬목 전사지 transfer paper 등을 접착시켜 만든 마루판이다. 강화마루는 그 표면처리에 있어 다양한 디자인과 색상의 연출이 가능하여 개성 있는 인테리어 연출을 할 수 있다. 또한 충격에 강하고 내마모성, 내압인성 press resistance 등이 뛰어나 청소나 유지관리가 쉽고 표면방수성 surface water proofness 도 뛰어나다. 다만, 자연스러운 목재 질감이 떨어진다. 특히 습기에 의한 팽창, 동절기 수축으로 틈새 발생에 유의하여야 한다.

쪽매판	◉ 쪽매판 wooden mosaic, parquetry 은 작고 고운 널 fine board, fine plank 을 쪽매 joint 하여 크기 30㎝각 정도로 만들어 마룻널 위에 붙여 깐 정방향의 판재이다. 쪽매판을 쪽매널 parquet 이라고도 한다. ◉ 쪽매판의 형태는 여러 가지가 있으며, 사용자의 도안대로 만들기 위해서는 공장에 특별 주문하기도 한다. ◉ 쪽매판에 쓰이는 수종으로는 흑감나무, 자단, 흑단, 밤나무 등 검은색계통과 벚나무, 괴목, 참나무, 티크, 마호가니, 나왕 등 갈색계통의 것이 쓰인다.

플로어링보드

멀바우 (MERBAU)

티크 (TEAK)

오크 (OAK)

비치 (BIRCH)

원목마루판

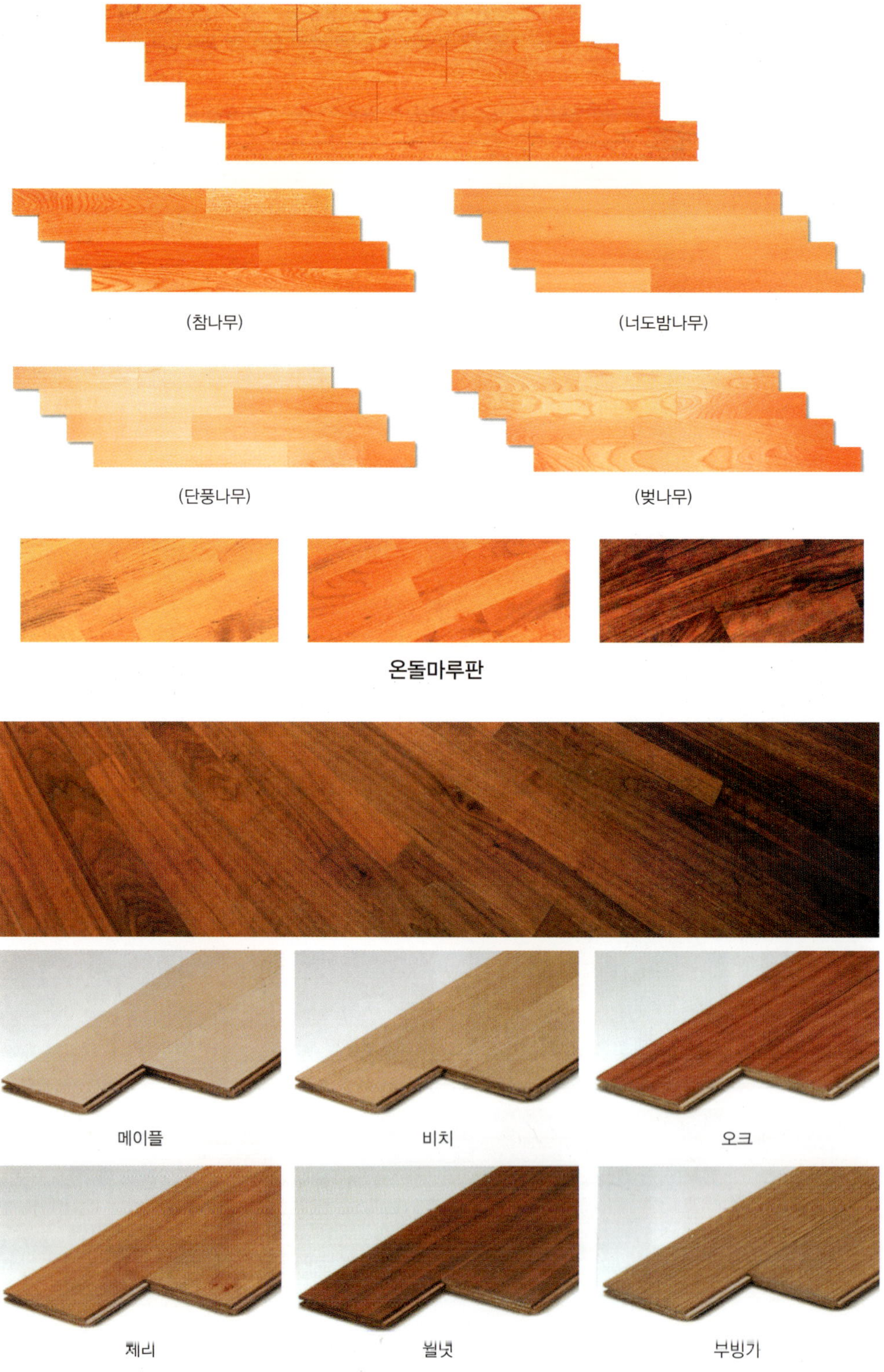
(참나무)
(너도밤나무)
(단풍나무)
(벚나무)
온돌마루판
메이플
비치
오크
체리
월넛
부빙가

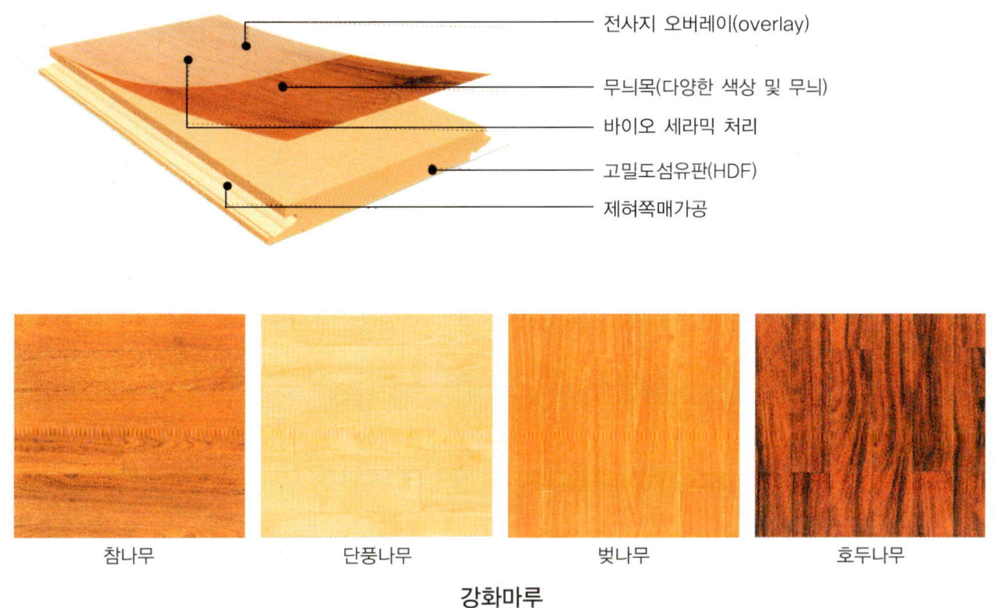
전사지 오버레이(overlay)
무늬목(다양한 색상 및 무늬)
바이오 세라믹 처리
고밀도섬유판(HDF)
제혀쪽매가공
참나무
단풍나무
벚나무
호두나무

강화마루

쪽매판

2.13 무늬목

일반사항	◉ 무늬목 wood veneer 은 아름다운 나뭇결 및 색깔을 갖고 있는 원목을 종이처럼 얇게 켜서 시트 또는 롤 형태로 만든 제품, 즉 균일한 두께로 얇게 절삭 cutting 된 박판 thin plate, sheet 의 목재를 말한다. ◉ 무늬목은 보통 0.2㎜의 얇은 판으로 만든 경우가 많고, 1㎜ 이상의 두께로 하여 뒷면에 천 cloth 이나 종이 등을 붙여서 판으로 만드는 경우도 있다. ◉ 무늬목은 실내 벽체마감에 사용하거나 장식적인 목적으로 주로 사용한다. 또한 합판 등의 표면을 치장하는데도 많이 사용된다.
무늬목 특징	◉ 무늬목은 합판 등의 표면에 가열 · 가압 방법으로 부착 sticking 시켜 원목의 질감을 나타내고 표면을 아름답게 장식하는데 그 목적이 있다. 무늬목은 원목의 수종에 따라 색상 hue 과 표면의 패턴 pattern 이 다르다. 따라서 용도에 적합한 선택이 필요하다. ◉ 무늬목의 아름다운 나뭇결 및 색깔을 이용하여 합판 등의 소재 natural materials 표면을 장식하는 역할을 하는 장점이 있다. 그러나 소재 표면에 부착시 접착 adhesion 불량으로 들뜸현상과 터짐 등의 하자 발생 소지 nature 가 있는 등 단점도 있다.
무늬목 종류	◉ 무늬목은 원목의 나뭇결 및 색깔에 따라 구분되므로 무늬목의 종류는 원목의 수종만큼 많다. 주로 실내건축에서 사용되고 있는 무늬목의 원목 수종으로는 벚나무, 너도밤나무, 버드나무, 단풍나무, 참나무, 호두나무, 홍송, 미송, 티크 teak, 부빙가 bubinga, 웬지 wenge, 흑단 ebony, 마호가니 mahogany 등이다. ◉ 보통합판의 표면에 무늬목을 붙인 무늬목치장합판 siced vener fancy plywood 이 있고 합판 플로어링보드의 표면에 무늬목을 부착시킨 무늬목치장합판 플로어링보드가 있다. 시중에는 합판마루무늬목, 강화마루무늬목, 원목마루무늬목 등으로 생산 · 판매되고 있다.
무늬목 제조	◉ 원목 확보 및 원목의 제재, 제재목의 면을 다듬는다. ◉ 무늬목을 예리한 칼로 뜨기 위해 제재목을 보일링 boiling, 즉 삶아 연하게 한다. 보일링한 제재목 표면의 이물질 different substance 등을 제거한다. ◉ 제재목의 나뭇결에 따라 곧은결재는 로터리 컷 rotary cut , 널결재는 슬라이스 컷 slice cut 으로 무늬목을 제조한다. ◉ 제조된 무늬목을 일정한 크기로 재단하고, 건조가 필요한 것은 진공건조기 vacuum dryer 에서 건조하는 등 상품화 merchantable, marketable 시킨다. ◉ 상품화된 무늬목은 습기, 직사광선 direct light 등을 피하도록 하고 오염, 손상, 변색이 되지 않도록 저장한다.

무늬목

무늬목치장합판 플로어링보드

무늬목 제조

2.14 섬유판 및 파티클보드

섬유판	◉ 섬유판 fiber board 은 식물섬유질 vegetable fibroid material 인 파목 breakage wood, 톱밥 sawdust, 볏짚 rice-straws, 파지 waste-paper 등을 주원료로 하여 합성수지 접착제를 섞어 만든 판재로서 인조목재의 일종이다. ◉ 인조목재 artoficial wood 는 천연목재 natural wood 에서 나타나는 갖가지 결점을 보완하기 위한 연구결과로 만들어진 것인데, 천연목재에서 얻기 어려운 넓은 판을 다량으로 생산할 수 있고 가공이 쉽고 종류도 다양하여 용도에 따른 선택의 폭이 자유로운 것으로서 여러 가지 형태로 만들어 사용되고 있다. 넓은 의미의 인조목재는 섬유판과 파티클보드의 두 가지로 나눌 수 있다. ◉ 섬유판은 목질섬유 wood-based fiber 를 주원료로 압축하여 만든 것이 대부분이며, 파이버보드 fiber board 또는 텍스 tex 등으로 불리기도 한다. 섬유판은 연질섬유판(비중 0.4 미만), 반경질섬유판(비중 0.4~0.8 정도), 경질섬유판(비중 0.8 이상)으로 분류되는데, 주로 수장판, 흡음판 및 단열판 등으로 사용한다.
파티클보드	◉ 파티클보드 particle board 는 목재를 작은 조각(부스러기)으로 하여 충분히 건조시킨 후 합성수지 접착제를 첨가하여 가열 · 압축하여 만든 판재로서, 칩보드 chip-board 라고도 하고, 보통 PB라고도 한다. 섬유를 원료로 하여 만든 섬유판에 대하여 파티클보드는 목재를 원료로 잘게 썰어 만든다는데 그 차이가 있다. ◉ 파티클보드를 표면처리에 따라 바탕 파티클보드(표면, 뒷면이 바탕 그대로인 것), 홑겹붙임 파티클보드(한쪽면만 외피를 붙인 것), 양겹붙임 파티클보드(양쪽면, 즉 표면, 뒷면 모두 외피를 붙인 것)로 구분한다. ◉ 파티클보드의 표면을 아름답게 치장한 것을 파티클보드치장판 prefinished particle board 이라 하는데, 표면에 치장단판 overlaid veneer 을 붙인 것을 단판처리 veneer dealing 파티클보드치장판, 표면에 합성수지재 시트 및 필름을 붙인 것을 플라스틱처리 plastic dealing 파티클보드치장판, 표면에 합성수지도료로 도장처리 coating dealing 한 것을 도장처리 파티클보드치장판이라고 한다. ◉ 파티클보드는 방향성 directional 에 따른 강도의 차이가 없고, 표면이 평활하고 경도가 크며 흡음성 sound absorptiveness 과 단열성 insulatingness 이 좋다. 또한 못질, 구멍뚫기 등 가공이 용이하고 접착성 adhesiveness 이 우수하다. 따라서 벽이나 천장 등의 수장재 및 칸막이벽재, 가구재 등에 사용된다.

섬유판

(바탕 파티클보드)

(파티클보드치장판)

(홑겹붙임 파티클보드표면)

파티클보드

2.15 M.D.F 및 O.S.B

M.D.F	◉ M.D.F Medium Density Fiber Board 는 중밀도 medium density 섬유판을 의미하는 것으로 섬유판의 반경질섬유판 semi-hard fiber board 에 해당된다고 볼 수 있다. 나무조각을 파쇄하거나 원목을 가공하는 과정에서 발생하는 톱밥 등의 목질섬유를 고온에서 펄프로 만들어 얻은 목섬유 wood fiber 를 액상 liquid-like 의 합성수지 접착제를 첨가하여 열과 압력을 주어 만든 제품으로서 인조목재판 artificial wood board 의 일종이다. ◉ M.D.F는 천연목재판 natural wood board 보다 재질이 균일하면서 강도가 크고 변형이 적으며 기계가공성 machine manufacturingness 및 접착성 adhesiveness 이 뛰어나므로 실내건축에 많이 사용되고 있다. 특히 실내마감공사에 합판대용으로 다양한 형태의 시공이 용이하고 마감이 깔끔하다. 또한 정확한 치수를 요하는 부위나 각도가 살아 있어야 하는 구조틀, 몰딩 moulding 등에 일반목재 대신 사용하기도 한다. 그러나 습기에 약하고 무게가 많이 나가며 일반고정철물 general fixed hardware 을 사용한 곳에는 재시공이 어려운 단점이 있다. 두께는 3~30㎜까지 생산이 가능하다.
O.S.B	◉ O.S.B Oriented Strand Board 는 직사각형(약 35×75㎜ 크기)으로 자른 얇은 나무조각을 서로 직각으로 겹쳐지게 배열하고 방수성 수지 water proofness resin 로 강하게 압축가공한 보드이다. 패널 panel 의 강도와 안정성을 높임으로써 소요강도를 지닌 합판과 유사한 판상 제품이다. ◉ O.S.B는 파티클보드의 한 종류라고 볼 수 있다. 그러나 파티클보드에 사용되는 나무조각(부스러기)은 다른 제품제조 과정에서 나온 부산물 byproduct 인 반면 O.S.B에 사용되는 얇은 나무조각은 원목에서 잘라 만든 것이기 때문에 파티클보드에 비해 높은 강도와 경도가 있다. ◉ O.S.B는 실내건축에서 주로 칸막이벽이나 가구제작에 사용되고 표면의 질감 및 문양을 이용 마감재로 사용하기도 한다.

M.D.F

O.S.B

2.16 집성목재 및 적층목재

집성목재	◉ 집성목재 glue-laminated timber, laminated timber 는 양질의 소형 각재 또는 두께 1.5~3㎝의 얇은 판재, 즉 각판재 lamination 를 섬유방향으로 여러 장 겹쳐 접착제 adhesive agent 로 붙여서 집성가공 collective manufacturing 한 목재이다. ◉ 집성목재(集成木材)는 대단면 large cross-section, 장대재 big and long timber, 완곡재 slow curve timber 로 만들 수 있고 아름다운 외관과 균일한 품질을 갖도록 만들 수 있을 뿐만 아니라 충분히 건조된 각판재 square plank 를 사용함으로써 비틀림, 변형 등이 생기지 않은 인공목재로 만들 수 있다는 특징 때문에 구조재용뿐만 아니라 장식재용으로도 쓰이고 있다. ◉ 집성목재가 합판과 다른 점은 판의 섬유방향을 거의 평행으로 접착 adhesion 하고 홀수가 아니어도 되는 점, 또 합판과 같이 박판 sheet, thin plate 이 아닌 점 등이다.
적층목재	◉ 적층목재 laminated wood 는 합판에 쓰이는 단판과 같이 단판이 박판이 아니라 두께가 1.5~5㎝의 판을 섬유방향으로 몇 장 또는 몇 십장 겹쳐 쌓아서 접착한 것으로서 경화적층재와 곡면적층재로 구분한다. ◉ 경화적층재 hardenign laminated wood 는 합판의 단판에 페놀수지 등을 침투시켜 열압 heat pressure 하여 만든 것으로서, 개량목재 improved wood, modified wood 의 일종으로 강화목 tempered wood 이라고도 한다. 합판과 다른 점은 단판의 섬유방향을 모두 평행으로 겹쳐 만든 것으로서 단판의 수는 수십 배에 이르는 경우도 있다. 가볍고 강도가 소재의 3~4배에 이른다. 마모되기 쉬운 부분에 사용하기 좋으나 값이 비싸다. ◉ 곡면적층재 curved surface laminated wood 는 적층 방법을 이용하여 곡면재 curved surface material 를 만든 것을 말한다. 적층재의 본래 목적은 곡면재를 만들 수 있는 데 있다. 이것은 하나의 판을 굽혀 접착하는 것으로는 안 되고 여러 장을 붙여 아치형의 각이나 반원형 홍예 roman arch 형식의 것도 적층재로 만들 수 있다. 이는 목재량도 적게 들고 구조의 변형도 적게 할 수 있다는 것이 특징이다.

집성목재

(경화적층재)

(곡면적층새)

적층목재

2.17 목재루버, 코펜하겐리브판 및 목재 장식 벽재

목재루버	◉ 목재루버 wooden louver 는 여러 장을 맞물려 끼울 수 있도록 긴 방향 양쪽 옆면을 제혀쪽매 tongued-and-grooved joint 로 만든 목재 패널 형태의 제품을 말한다. 이 루버 louver 를 사용하여 만든 판벽 lining sheathing 을 제혀쪽매판벽 tongue and groove wood siding 이라고도 한다. ◉ 목재루버는 주로 목조주택의 내장마감재 interior finishing material 로 사용하지만 일반 건축물의 실내벽 장식용으로 근래에 많이 사용되고 있다. 따라서 실내벽에 사용되는 패널로써 인테리어월 패널이라고도 한다. 실내벽에 나무색깔과 향기를 그대로 나타낸 여러 가지 형태의 목재루버를 사용함으로써 목재 특유의 효과와 장식적인 효과를 동시에 얻을 수 있을 뿐만 아니라 실내의 쾌적한 분위기를 얻을 수 있는 이점이 있다. ◉ 목재루버를 만드는 수종에 따라 여러 가지 종류가 있으며, 표면에 옹이 knot 가 있는 유절재 existence knot wood 와 옹이가 없는 무절재 non-existence knot wood 가 있지만 유절재가 일반적이다. 또한 장식적인 효과를 내기 위해 표면을 여러 가지 색상과 모양으로 만들기도 한다. 일정한 규격의 기성제품 ready-made goods 이 있지만 규격과 모양을 주문에 의하여 제작된 주문제품 article-made goods 이 대부분이다. 목재루버 표면에 다양한 색상을 내기 위해 니스 varnish 나 오일스테인 oil stain 등의 도료를 칠하는 경우가 있는데 습기조절 moisture regulation 과 같은 루버의 특성을 살리려면 도료를 칠하지 않는 것이 좋다.
코펜하겐리브판	◉ 코펜하겐리브판 copenhagen rib board 은 집회장, 강당, 영화관, 극장 등의 천장 또는 내벽에 수장재로 사용하여 음향조절 acoustical regulation 효과를 내기도 하고 또한 장식효과도 내기 위해 두께 50㎜, 너비 100㎜ 정도의 긴 판에 표면을 자유곡면 free curved surface 으로 파내서 수직 평행선이 되도록 리브 rib 를 만든 목재의 공장제품 factory manufactured goods 으로서, 단면형은 설계에 따라 선택한다. ◉ 코펜하겐리브판 형식으로 된 루버를 코펜하겐루버 copenhagen louver 라고도 하며, 목재루버와 유사하다하여 코펜하겐리브판을 일명 목재루버라고도 한다. 다만, 목재루버는 대부분 코펜하겐리브판과 같이 표면에 리브를 만들지 않는 것이 다르다. ◉ 코펜하겐리브는 원래 덴마크의 코펜하겐방송국 벽에 음향효과를 내기 위해 처음 사용한 데서 비롯된 것으로서 오림목 small cant 을 특수한 쇠시리 moulding 하여 사용한 것이 시초이다.
목재장식 벽재	◉ 목재장식 wooden decoration 벽재는 벽면을 목재로 장식하기 위해 만들어진 벽마감용 판재 및 각재로 이루어진 보드 board 이다. 목재장식 벽재는 다양한 색깔과 나뭇결을 갖는 목재를 사용하여 만들어진 것이므로 실내의 장식적인 효과를 나타내고 벽의 습도조절 및 단열성을 높여주며, 벽재 자체가 무공해 non-pollution 소재로서 주거환경에도 유익하여 사무실, 호텔, 상업건물, 주택 등에 널리 이용되고 있다. ◉ 목재장식 벽재로 사용되는 판재는 두께가 5㎜, 10㎜, 15㎜, 22㎜, 너비는 120㎜, 240㎜, 길이는 1,400㎜, 1,800㎜, 3,600㎜ 정도 되는 크기의 좁은 판재이고, 각재는 두께가 5㎜, 10㎜, 15㎜, 22㎜ 정도 크기의 정사각형 또는 직사각형의 작은 각재이다. 이 좁은 판재 및 작은 각재를 9㎜ 정도 두께의 합판에 크기가 서로 같게 또는 다르게 붙여서 만든 보드로 제작하여 판매되고 있다.

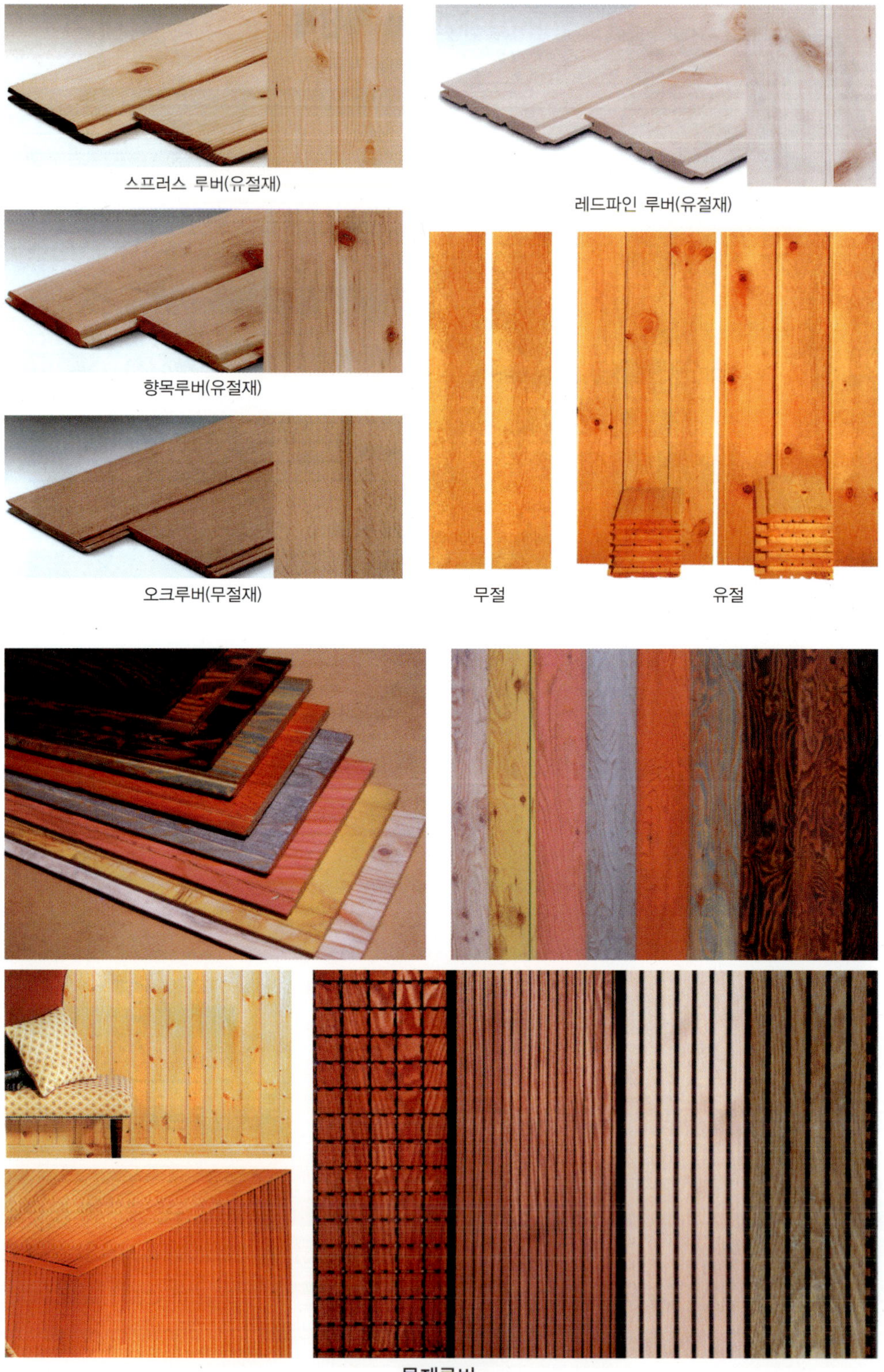

스프러스 루버(유절재)

레드파인 루버(유절재)

향목루버(유절재)

오크루버(무절재)

무절

유절

목재루버

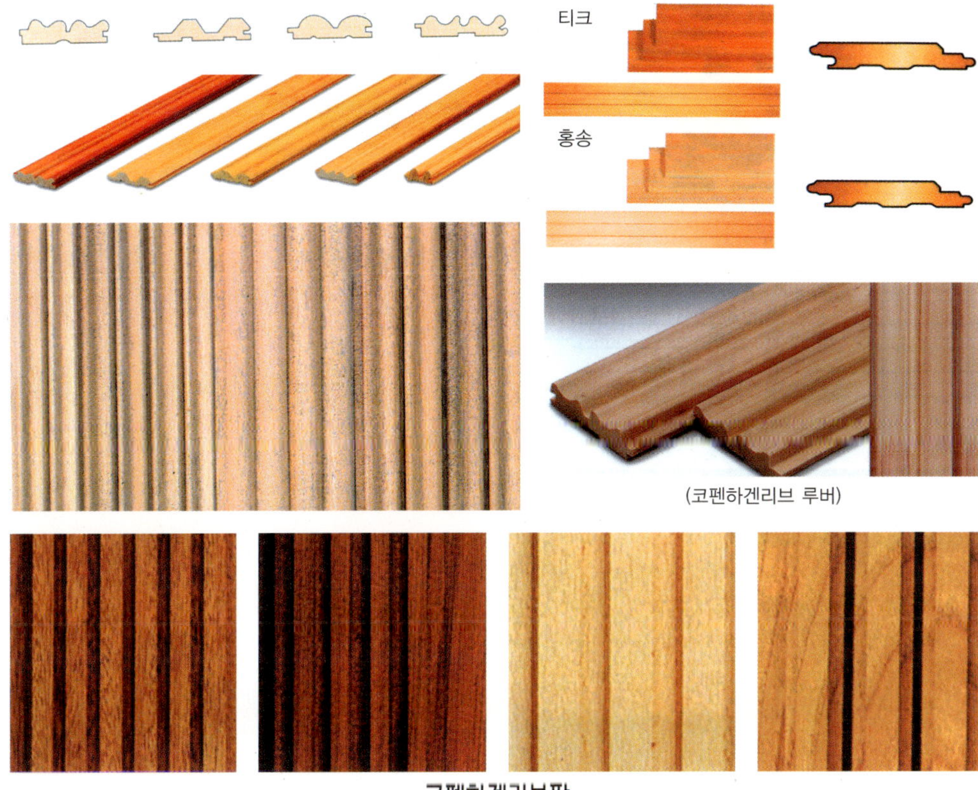

코펜하겐리브판

목재장식 벽재

2.18 코르크판 및 목모보드

코르크판	◉ 코르크판 cork board 은 코르크나무 수피의 탄력성 flexibility 있는 부분을 원료로 하여 그 분말로 가열 · 성형 · 접착하여 판형으로 만든 일종의 유공판 perforated panel 이다. ◉ 코르크판은 탄성 · 단열성 · 흡음성 등이 뛰어나므로 보온재 및 흡음재로 많이 사용되고, 또한 정전기 방지효과가 탁월하여 사무실 및 전산실 등의 바닥 및 벽체의 마감재로도 사용한다.
목모보드	◉ 목모보드 excelsior board 는 목모 wood wool 와 물 · 경화제 hardened agent, hardener 를 [illegible] 폭 1~3㎜, 두께 0.1~0.5㎜로 절삭 cutting 하여 만든 것이다. ◉ 목모보드는 흡음성, 단열성 등을 갖추고 있어 흡음재, 벽 및 천장마감재로 사용되고 있다. 목모보드는 섬유판의 일종으로서, 섬유판은 식물섬유질(파목, 볏짚, 톱밥, 피지 등)을 주원료로 하여 만든 판재인데 비해 목모보드는 천연원목 natural material wood, natural log 을 목모화한 것을 주원료로 하여 만든 판재이다.

코르크나무 및 코르크판

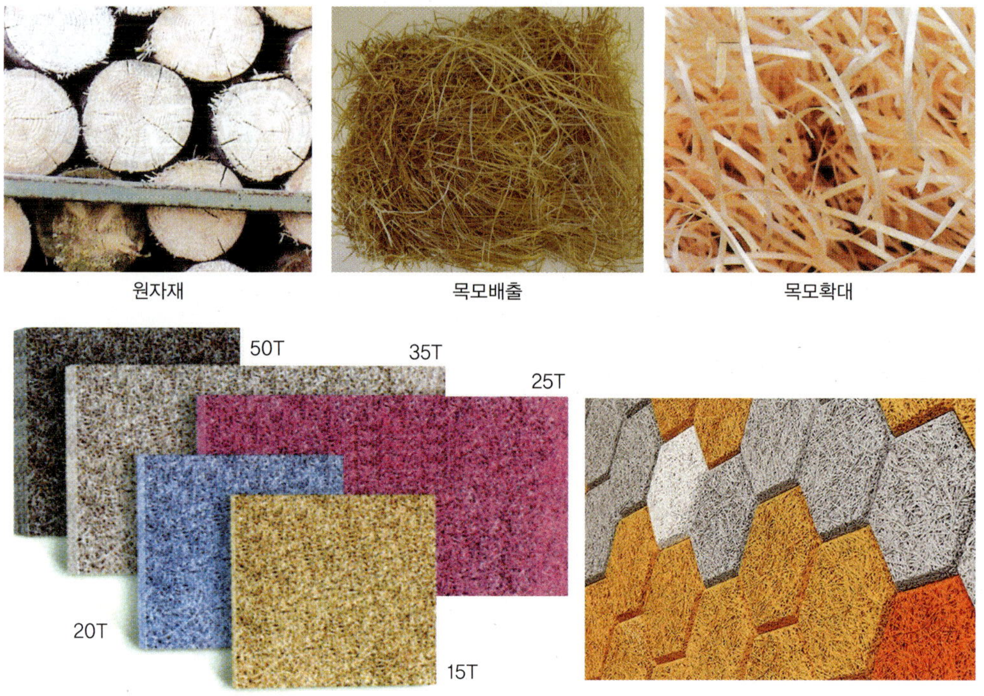

목모 및 목모보드

2.19 목재래티스재, 계단재 및 목재몰딩

목재래티스재	◉ 목재래티스재 wooden lattice materials 는 목재를 사용하여 래티스 lattice 형태로 만든 것을 말한다. 즉 장대나 막대기로 된 제재목 sawing lumber 을 사용하여 그물모양 lattice shape 으로 만들어 실내벽에 의장용으로 붙이거나 간이 칸막이용으로 사용하기 위한 것이다. ◉ 목재래티스재는 그물모양에 따라 또는 나무색깔에 따라 여러 가지 형태의 것을 만들어 실내장식재로 많이 사용되고 있다. 크기는 보통 600㎜×1,800㎜로 만들어 기성제품 ready-made manufactured goods 으로 판매되고 있지만 여러 가지 형태와 크기로 주문제작하여 사용되고 있다.
목재계단재	◉ 목재계단재 wooden stair materials 는 목재로 만든 계단의 구성재인 계단판 stair board, 대봉 large bar, 소봉 small bar, 손스침 hand-graze 등을 말한 것으로서 보통 구성재의 장식적인 디자인에 의해 주문제작하여 사용되고 있지만 실내건축에 주로 사용하는 장식계단 decorative stair 의 구성재는 기성제품으로 제작되어 판매되고 있다. ◉ 목재계단재는 자연스러운 질감과 색깔을 갖는 강도가 큰 원목을 사용하는 것이 일반적이지만 집성목재를 사용하는 경우가 많다. 집성목재를 사용함으로써 원목의 결함을 감소시키면서 원목 그대로의 느낌을 줄 수 있고 가공이 용이하고 가격이 저렴하기 때문이다.

목재몰딩

- 목재몰딩 wooden moulding 은 목재의 모나 면을 깎아 밀어서 두드러지게 또는 오목하게 하여 모양지게 만들어 천장, 바닥, 벽, 창호 등의 부분 장식용으로 쓰이는 띠돌림 banding 이다.
- 목재몰딩은 원목몰딩 또는 래핑몰딩으로 구분한다. 원목몰딩 material wooden moulding 은 건조된 원목을 가공하여 만든 몰딩으로서 원목 고유의 자연스러운 색깔과 무늬를 나타내고 원목 자체가 친환경적이라는 측면에서 선호하는 몰딩이다. 래핑몰딩 wrapping moulding 은 M.D.F 또는 파티클보드 등의 소재를 가공하여 그 표면은 무늬목으로 마감처리한 몰딩으로서 원목몰딩에 비해 가공하기가 쉽고 경량이면서 강도가 높아 원목몰딩보다 다양하게 사용되고 있다.
- 목재몰딩에는 사용하는 부위 또는 형상에 따라 천장몰딩, 걸레받이몰딩, 코너몰딩, 허리몰딩, 평몰딩, 문선몰딩이 있다. 또한 여러 가지 문양과 색깔로 디자인된 인테리어몰딩 interior moulding 도 있다. 천장몰딩 ceiling moulding 은 벽과 천장이 만나는 곳을 매끈하게 마감하기 위해 붙여대는 몰딩, 걸레받이몰딩 base plate moulding 은 벽과 바닥이 교차되는 곳을 매끈하게 마감하기 위해 붙여대는 몰딩, 코너몰딩 corner moulding 은 벽의 모퉁이 안쪽을 매끈하게 마감하기 위해 붙여대는 몰딩, 허리몰딩 string moulding 은 벽을 구분해주고 보호하기 위해 붙여대는 몰딩, 평몰딩 flat moulding 은 벽면을 장식하기 위해 붙여대는 몰딩, 문선몰딩 jamb moulding 은 문과 창호 가장자리를 매끈하게 마무리하기 위해 붙여대는 몰딩을 말한다.

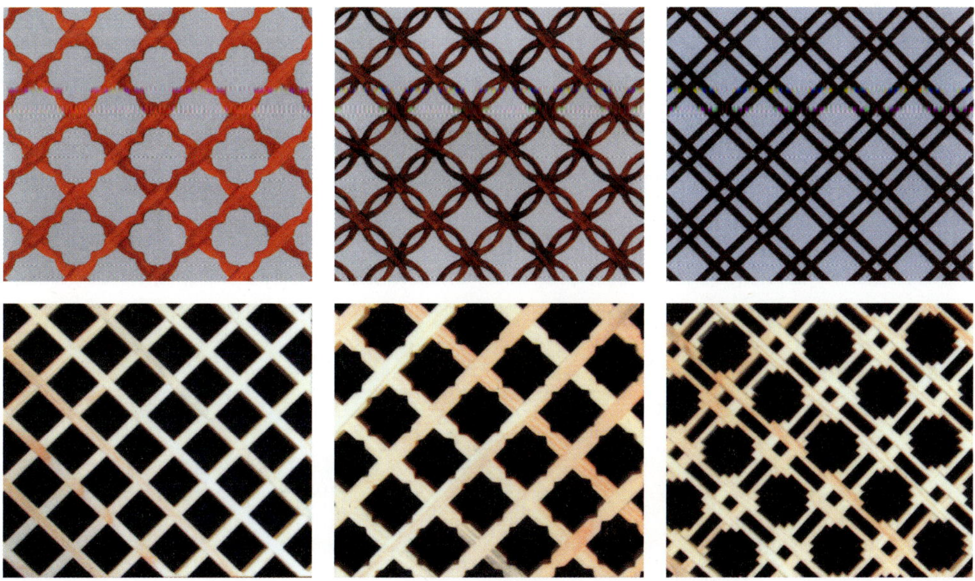

목재 래티스재

목재 계단재

원목몰딩

래핑몰딩

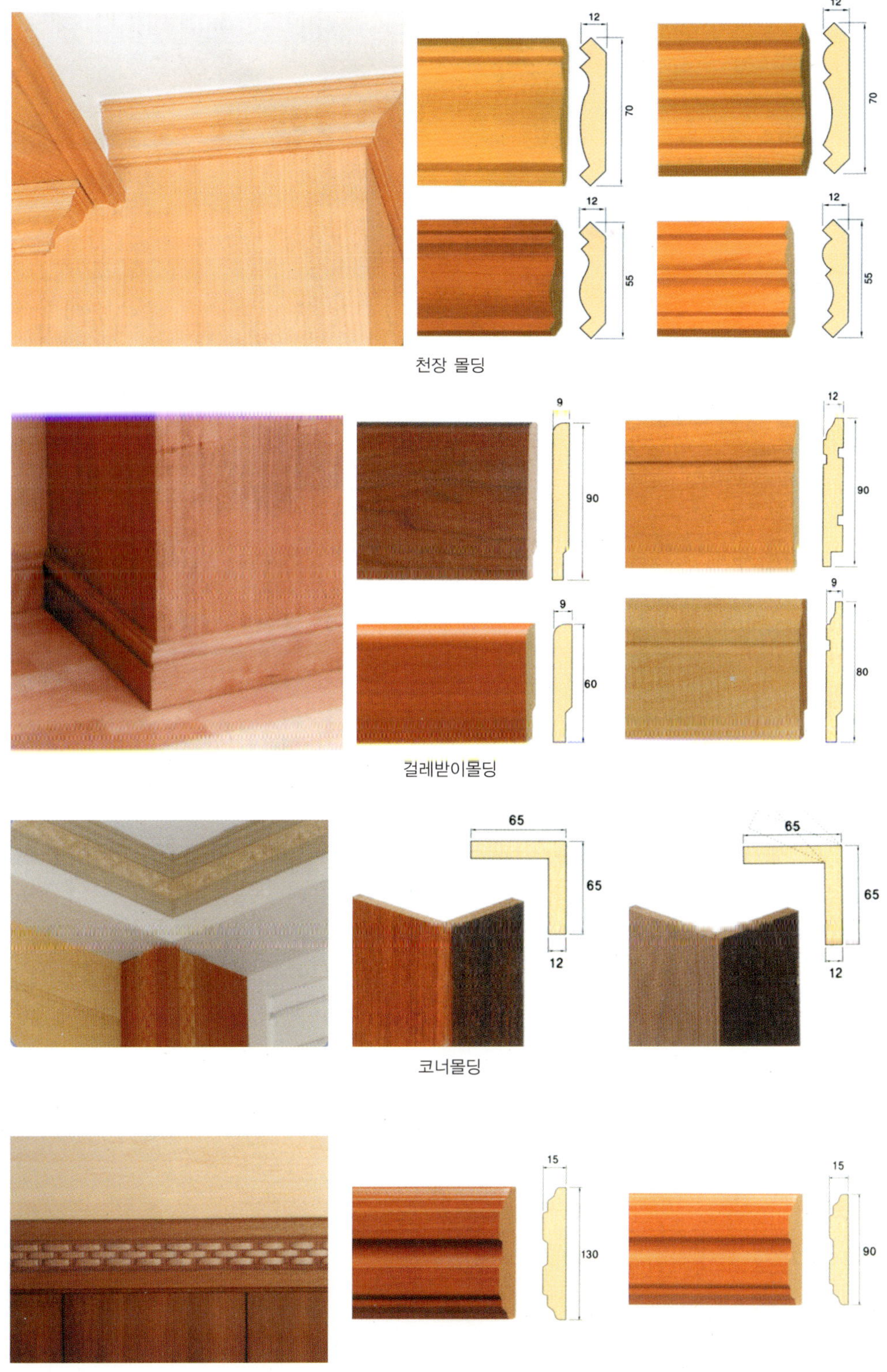

천장 몰딩

걸레받이몰딩

코너몰딩

허리몰딩

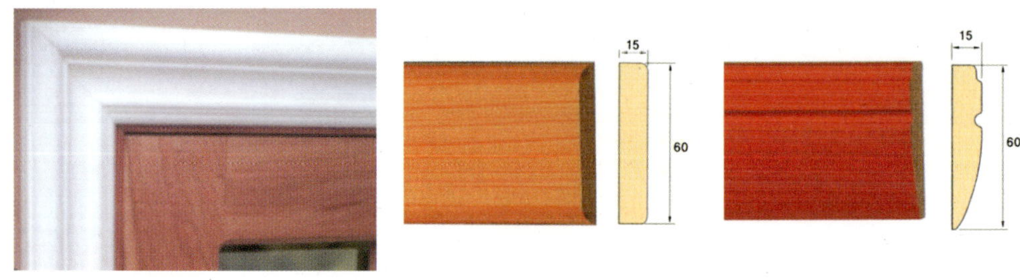

문선몰딩

평몰딩200(9×200×2400)

평몰딩150(9×150×2400)

평몰딩100(9×100×2400)

평몰딩

목재몰딩

천장몰딩

걸레받이몰딩

코너몰딩

허리몰딩

평몰딩

문선몰딩

인테리어 몰딩

2.20 대나무 마루판 및 루버

일반사항	◉ 대나무 bamboo 는 죽(竹)이라 하여 주로 아시아 특히 열대지방에서 산출되는 다년생으로서, 줄기 trunk 를 쪼갤 수 있고 탄력 · 강도 · 원상회복력 original figure restorative force · 내구성 durability 등을 지니고 있어 오래 전에는 건축용으로 비계, 상업용 바닥재, 구조물용 패널 등과 같은 견고성 firmness 을 필요로 하는 분야에 사용되었다. ◉ 대나무는 근래에 와서 가공기술 발달과 접착제의 성능 향상으로 인해 대나무 마루판 및 루버가 생산되어 목재 마루판 및 루버 대신 실내수장용 및 장식용으로 그 사용이 확대되어가고 있다.
대나무마루판	◉ 대나무마루판 bamboo flooring 은 대나무의 원통을 절단하여 탄화과정을 거쳐 건조시킨 것을 접착제로 접착 · 압축하고 절삭 및 다듬질 finishing 하여 만든 마루판이다. 목재마루판에 비해 습기에 강하고 대나무 특유의 향 perfume 과 색상 hue 이 우아한 느낌을 주는 것이 특징이다. ◉ 대나무마루판의 제작 특징은 다음과 같다. • 대나무 원통의 마디가 일치하도록 하고 동일한 색상을 유지하도록 한 것임. • 상 · 중 · 하판을 서로 열십(十)자로 배열하여 접착제로 접착함으로써 뒤틀림이나 쪼개짐을 방지하도록 함. • 중판은 측면 홈가공 groove manufacturing 하여 시공의 용이성 easiness 을 갖도록 함. • 하판, 즉 바닥면은 홈가공으로 시공시 접착력 adhesive strength 을 증대시키도록 함. • 상 · 하판의 표면을 UV코팅 ultraviolet coating 처리하여 갈라짐 현상을 방지하도록 함. ◉ 대나무마루판의 색상은 연한색 beauty, 연한밤색 mild brown, 적갈색 reddish brown 이며, 두께는 8mm, 10mm, 12mm, 15mm이고, 크기는 570mm×75mm, 900mm×90mm, 960mm×96mm, 1,920mm×96mm, 2,400mm×118mm 등이 있다.
대나무루버	◉ 대나무루버 bamboo louver 는 목재루버와 같이 여러 장을 맞물려 끼울 수 있도록 긴 방향 양쪽 옆면을 제물 itself 로 혀 tongue, feather 를 대어 만든 대나무패널 bamboo panel 형태의 제품이다. ◉ 대나무루버는 대나무 원목두께 4mm에 뒷면에는 목재원목 두께 5mm를 붙여 만들기도 한다. 이 대나무루버는 목재루버와 같이 실내벽 등의 장식용으로 사용하지만 아직 일반화되어 있지 않고 고급인테리어용으로 사용되고 있다.

대나무마루판

(대나무 원목) (초벌다듬기 및 당분 제거)

(탄화 및 건조) (접착제로 접착 및 압축)

(절삭, 다듬질, 코팅) (포장)

대나무마루판 제조

INTERIOR ARCHITECTURE MATERIALS

석 재

03

3.1 개요

석재 stone, building stone, stone materials 는 고대로부터 현재에 이르기까지 꾸준히 사용되어왔고 앞으로도 계속 사용될 건축재료의 하나이다. 지중에 무진장으로 매장되어 있는 바위와 돌을 통칭하여 암석이라 하고 건축공사, 즉 구조재 및 수장재로 쓰이는 암석을 석재라 한다. 실내건축에 사용되는 석재는 구조재보다는 장식재, 즉 치장재 및 마감재로서의 사용이 대부분을 차지하고 있으며, 이에 사용되는 석재는 외관 external appearance 및 색채가 우아하고 균일하며 방수성 water proofness · 방습성 damp proofness 이 좋고 변질·변색되지 않는 것을 선택 사용한다. 자연석 natural stone 을 생긴 모양 그대로 장식재로 사용하는 경우가 있으나 대부분 자연석을 가공하여 내장재로 사용하며, 최근에 와서는 자연석에 가까운 모양과 색채를 가진 인조석 artificial stone 을 만들어 많이 사용하고 있는 추세이다.

3.2 석재의 장단점

장점	◉ 압축강도가 크고 불연성 incombustibility 이다. ◉ 내구성 durability, 내마모성 abrasion resistance, 내화학성 chemical resistance 이 크다. ◉ 종류가 다양하고 같은 종류의 석재라도 여러 가지 외관과 색조 tone, hue key, tint 를 나타낸다. ◉ 외관이 장중하고 미려하며 갈면 광택이 난다.
단점	◉ 인장강도가 압축강도에 비해 매우 작으므로 장대재 long squared material 를 얻기 어렵다. ◉ 거의 모든 석재가 비중이 크고 가공성 workingness 이 좋지 않다. ◉ 화열에 닿으면 화강암 등은 균열이 발생하여 파괴되고, 석회암과 대리석은 분해 resolution 가 일어나 강도저하를 크게 가져온다.

3.3 석재의 분류

(1) 성인에 의한 분류

화성암	◉ 성인 및 특징 : 화성암 igneous rock 은 화산작용 volcanism 으로 용융 fusion 된 마그마 magma 가 지구표면에서 냉각 · 응고되어 형성된 가장 흔한 암석으로서 지구 내부에서 생긴 것을 심성암 plutonic rock, intrusive rock 이라 하고, 지표에 유출되어 굳은 것을 화산암 volcanic rock 이라 하며, 중간 것을 반심성암 hypabyssal rock 이라 한다. 화성암은 일반적으로 단단하고 강하며 풍화 weathering, 동결 freezing, 마모에 대한 저항이 크나 화강암처럼 완전결정질 perfectly crystallin structure 의 것은 화열에 약하다. 대재를 얻을 수 있어 구조용, 장식용 등 석재 중 가장 많이 사용되고 있다. ◉ 석재 종별 : 화강암, 안산암, 섬록암, 현무암, 부석 등이다.
수성암	◉ 성인 및 특징 : 수성암 aqueous rock 은 지표의 암석이 풍화, 침식 erosion, 운반, 퇴적 accumulation 되는 작용에 의해 생성되는 암석으로서, 일반적으로 연질이며 강도가 약하고 풍화, 동해 frost damage, 변색의 우려가 있으나 석회암을 제외하고는 화열에 비교적 강하다. ◉ 석재 종별 : 석회암, 사암, 점판암, 응회암, 석고 등이다.
변성암	◉ 성인 및 특징 : 변성암 metamorphic rock 은 화성암 또는 수성암이 지각 earth crust 의 기계적 운동 및 압력의 변화, 화학작용 chemical action, 지열작용 terrestrial heat action 등에 의해서 변질되어 그 구조 절리나 광물성분 mineral component 에 변화를 일으켜 생긴 암석으로서 암석 중의 광물성분이 일정한 방향으로 줄지어 있는 것이 특성이다. 변성암을 변질암(變質岩)이라고도 한다. ◉ 석재 종별 : 대리석, 사문암, 석면 등이다.

(2) 용도에 의한 분류

마감용	◉ 강도가 좀 낮더라도 가공이 용이하고 질감과 색상 및 무늬가 아름다운 석재로서, 주로 마감재로 사용된다. ◉ 마감용 석재를 외장용과 내장용으로 구분하기도 하지만 사실상 구분 없이 사용되고 있다. • 외장용 : 화강암, 안산암, 점판암 • 내장용 : 대리석, 사문암, 사암
구조용	◉ 석재의 조직이 치밀하고 강도가 큰 석재로서, 주로 구조재로 사용된다. 구조용 석재로는 화강암, 안산암, 사암 등이 있다.

(3) 형상에 의한 분류

각석	◉ 각석 squared stone 은 단면이 각형 square shape 으로 된 석재로서 너비가 두께의 3배 미만이고 일정한 길이를 가진 것을 말한다. 장대석 long pedestal stone, long foot stone 또는 장석 feldspar 이라고도 한다. ◉ 일반적으로 40㎝각, 길이 60~150㎝가 주로 쓰이고, 40㎝각 이상, 길이 150㎝를 넘는 장대물 big and long thing 은 고가이다.
판석	◉ 판석 plate stone, flagstone 은 넓고 얇은 판형 plate shape 으로 된 석재로서 두께가 15㎝ 미만이고 너비가 두께의 3배 이상인 것을 말한다. 판석을 판돌이라고도 한다. ◉ 판석은 실내건축에서 마감재로 주로 쓰인다. 따라서 두께가 두껍지 않는 두께 20㎜, 30㎜, 40㎜, 50㎜인 것을 주로 사용한다.
간사, 사고석	◉ 간사는 한 면이 대략 20~30㎝ 정도인 네모진 막생긴 돌을 말한다. 사고석 four fantastic stone 은 면이 원칙적으로 거의 사각형에 가까운 것으로 길이는 면 최소변의 1.2배 이상인 것을 말한 것으로서, 보통 한 변 길이 20~30㎝, 15~25㎝각의 석재이다. 사괴석(四塊石)이라고도 한다. ◉ 간사는 간단한 돌쌓기에 쓰이고 사고석은 한식건축물의 벽체 또는 담장 등을 쌓는 데 쓰인다.
호박돌	◉ 호박돌 boulder, cobble stone 은 개울에서 생긴 지름 20~30㎝ 정도의 호박모양처럼 생긴 석재이다. 둥근돌 또는 둥근 잡석이라고도 한다. ◉ 호박돌은 실내건축에서는 벽, 바닥의 장식용으로 또는 조경용으로 사용하기도 한다.
잡석	◉ 잡석 rubble stone, cobble stone 은 지름 20㎝ 정도의 부정형 indeterminate form 한 막생긴 돌이다. 비교적 큰 돌덩이를 깬 것을 깬잡석 quarry run broken stone 이라 한다. ◉ 잡석은 기초 잡석다짐 또는 바닥콘크리트 지정 등에 주로 쓰이고 실내건축에서는 별로 사용되지 않는 석재이다.
견칫돌	◉ 견칫돌 even-tooth stone, dog-tooth stone 은 면이 원칙적으로 거의 사각형에 가까운 것으로 길이는 최소변의 1.5배 이상인 석재를 말한다. 견치석 또는 간지석(間知石)이라고도 한다. 개의 치아 형태와 닮았다 하여 호칭이 붙여진 것이다. ◉ 견칫돌은 주로 석축에 사용되고 실내건축에는 거의 사용되지 않는다.

잡석

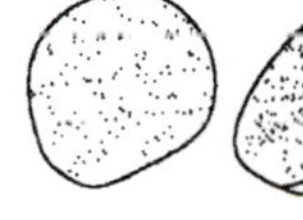
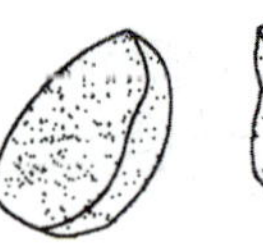
호박돌

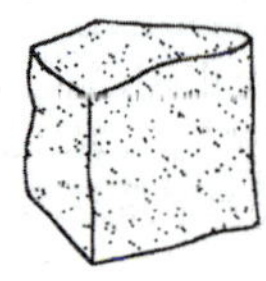
간사

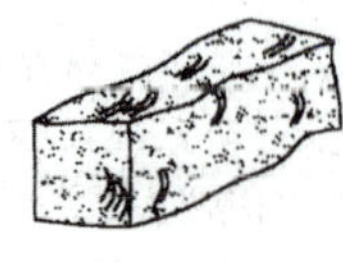
각석

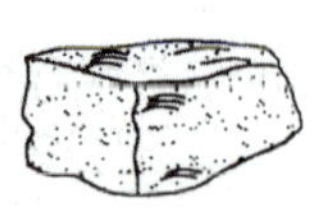
견칫돌

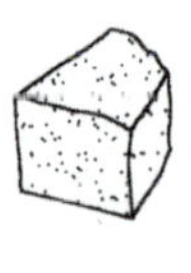
사고석

판석

돌의 형상

3.4 석재의 일반적 성질

비중, 흡수율, 공극률	◉ 석재의 비중은 일반적으로 겉보기비중 apparant specific gravity 을 말하며, 보통 2.5~3.0으로 평균 2.65 정도이지만 암석의 종류에 따라 약간 다르다. 석재의 강도는 비중에 비례하므로 일반적으로 비중이 큰 석재가 강도도 크며, 비중의 대소로 어느 석재의 강도나 내구성도 추정할 수 있다. ◉ 석재의 흡수율 percentage of water absoration 은 풍화, 파괴, 내구성에 큰 관계가 있다. 흡수율이 크다는 것은 다공성 porosity 이라는 것을 나타내며, 대체로 동해나 풍화를 받기 쉽다는 것을 의미한다. ◉ 석재의 공극률 void ratio 은 석재가 함유하고 있는 전공극과 겉보기체적의 비이다. 공극률이 크면 흡수율이 크므로 이로 인한 동결융해 반복으로 동해하기 쉬워 석재로서의 내구성이 떨어진다. 특히 표면이 매끄러운 석재를 실내장식에 사용할 경우 결로 condensation 가 발생할 우려가 있으므로 주의해야 한다.
강도, 내구성, 내화성	◉ 석재의 강도라 하면 압축강도를 말할 정도로 강도 중에서 압축강도가 가장 크고 인장강도는 압축강도의 1/10~1/30 정도 밖에 안 된다. 또한 휨 및 전단강도는 압축강도에 비하여 매우 작다. 따라서 석재를 구조용으로 사용할 경우 압축력을 받는 부분에 사용한다. ◉ 석재의 내구성은 조직, 조암광물 rock forming minerals 의 종류 및 그 사용장소의 풍토, 기후, 노출상태 등에 따라 달라진다. 석재가 다공질일수록 흡수율도 크고 동해를 받기 쉬우므로 내구성이 약하다. 일반적으로 화강석은 75~200년, 대리석은 60~100년, 석회암은 20~40년 정도의 내구연한을 갖고 있다. ◉ 석재는 일반적으로 500℃ 정도까지는 거의 피해를 입지 않으나 그 이상인 경우에 일정 온도까지의 고열에는 견디지만 그 온도를 넘으면 급격히 파괴된다. 화강암은 약 500℃에서 금 crack 이 가고 변색하며 강도저하가 심하고 약 700℃에서는 붕괴 collapse 된다. 따라서 화강암은 불에 약하다고 볼 수 있다. 대리석은 500℃에서 색상이 없어지며 600℃ 이상이 되면 가루 powder, flour 로 변하는 등 화열에는 극히 약한 편이다. 안산암, 사암, 응회암 등은 1,000℃ 이하의 고온에 의한 영향은 거의 받지 않는다.
산화 및 용해 작용	◉ 석재의 대부분은 공기중의 탄산 carbonic acid, 약한 염산 hydrochloric acid 또는 황산류 sulphuric acid 에 의해 생긴 침식과 이들 산류 acids 를 포함한 물의 흡습에 의해 팽창·수축이 반복되어 오랜 세월에 걸쳐 침해를 받는다. 또한 습기를 함유하는 공기의 산화 oxidation 에 따라 풍화 weathering 된다. ◉ 석재는 주로 빗물에 의한 산화로 용해 dissolution 되는데 이것은 공기의 오염도 taint measure 와 밀접한 관계가 있다. 따라서 내산성 acidity resistance 이 부족한 대리석, 사문암 등을 외장재로 사용하는 것은 좋지 않다.

3.5 석재의 조직

석리	◉ 석리 grain of stone texture 는 석재 표면의 구성조직 component organization 을 말한 것으로서, 돌결이라고도 한다. 석재의 외관 및 성질과 관계가 깊다. 또한 채석 quarrying 에도 관계가 있고 가공성 workingness 을 좌우하기도 한다. 석리(石理)의 조직상태는 결정질 crystalline structure, 비결정질인 non-crystalline structure 유리질 glassiness 로 되어 있다. ◉ 화강암은 결정질로서 육안으로도 볼 수 있지만 안산암은 육안으로는 보이지 않지만 현미경으로 볼 수 있는 결정질의 석리를 가지고 있다. 현무암은 파리질의 석리를 가지고 있다.
절리	◉ 절리 joint of stone 는 자연적으로 생긴 금이 간 상태, 즉 돌갈램금을 말한 것으로서, 특히 화성암이 가지고 있는 특유의 조직 중 하나이다. 절리는 어느 종류의 암석이라도 가지고 있다. ◉ 절리는 주로 채석에 관계된다고 볼 수 있지만 가공성에도 관계가 있다. 화강암은 절리의 거리가 비교적 커서 큰 판재를 얻을 수 있으나 안산암은 그렇지 못하여 박판석 thin plate stone 만을 얻을 수 있다.
석목	◉ 석목 rift 은 암석이 가장 쪼개지기 쉬운 면을 말하는 것으로 돌눈이라고도 한다. 석목은 절리보다 불분명하고 절리와 비슷한 것으로서 방향이 대체로 일치되어 있다. ◉ 석목이 비교적 분명한 것은 화강암이다. 따라서 절리와 석목이 비교적 분명한 암석은 화강암이다.

석리

절리

석목

3.6 석재의 표면가공

(1) 손다듬기(두들김 마감)

혹두기	◉ 혹두기 frosted work 는 거친 돌표면 stone surface 부분을 쇠메 hammer 로 쳐서 올록볼록한 것이 없도록 대강 따내는 일로서 큰 혹두기, 작은 혹두기로 대별되며, 이것을 혹따기 knobbing 라고도 한다. ◉ 혹두기로 한 돌표면의 석재는 외장재로 많이 사용하지만 내장재로도 사용되고 있으며, 특히 작은 혹두기한 석재는 미끄럼방지용 바닥재로 사용하기도 한다.
정다듬	◉ 정다듬 chiseled work 은 돌표면을 정 chisel 으로 쪼아 평평하게 다듬는 일로서 거친정다듬 rough chiseled work, 중간정다듬 middle chiseled work, 고운정다듬 fine chiseled work 으로 대별한다. ◉ 정다듬은 주로 석재의 감춰진 면 surface of concealment 을 다듬하는데 이용한다.
도드락다듬	◉ 도드락다듬 bush hammered finish 은 정다듬한 돌표면을 도드락망치 diamond hammer 로 어느 정도 매끈하게 다듬는 일이다. ◉ 도드락다듬한 석재는 바닥면의 미끄럼 방지용으로 또는 내외벽의 마감용으로 많이 사용되고 있다.
잔다듬	◉ 잔다듬 dabbed finish 은 양날망치 double facing hammer 로 정다듬한 돌표면을 평행방향으로 조각하듯 치밀하게 깎아 다듬는 일이다. ◉ 잔다듬은 연질 softness 의 석재표면을 다듬할 때 주로 이용한다.

혹두기

정다듬

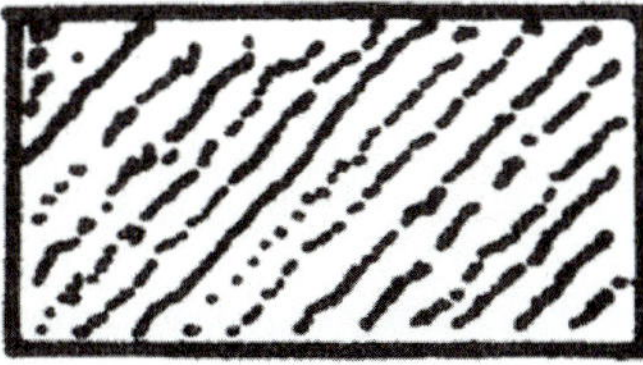
도드락다듬

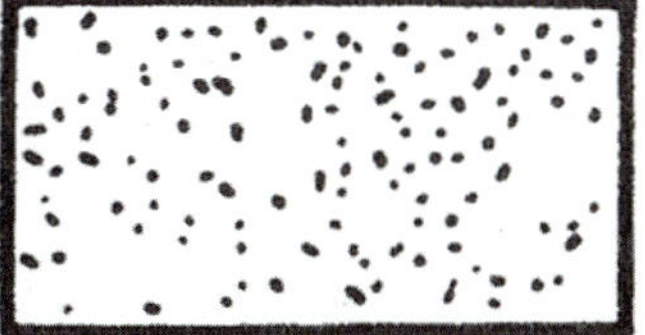
잔다듬

(2) 갈기 및 광내기, 버너다듬, 물다듬

갈기 및 광내기	◉ 갈기 grinding treatment 는 켜낸돌의 표면을 각종 숫돌 grind stone 로 손갈기 hand grinding, 수동기계갈기 handoperated machine grinding, 자동기계갈기 automatic machine grinding 로 하는 것을 말하고, 광내기 polishing treatment 는 갈기한 돌표면을 다시 평활하고 광택나게 하는 것이다. 보통 갈기에 사용되는 숫돌은 카보런덤 carborundum 숫돌이다. 손갈기, 수동기계갈기보다 많은 양의 석재를 갈기할 수 있는 대형 자동연마기 automatic polishing machine 를 사용 자동으로 갈기하는 자동기계갈기로 하고 있다.갈기에는 거친갈기 rough grinding, 물갈기 rubbed grinding, 본갈기 honed grinding, 정갈기 polished grinding 로 구분하는데 물갈기 또는 본갈기한 석재를 많이 사용한다. ◉ 광내기 polishing 는 광없이 갈기처리로 본갈기를 한 후 광택기구 luster machine 를 사용하여 광내기처리 공정인 정갈기에서 하게 된다. 물갈기는 물묻힌 연마지 sand paper 또는 카보런덤 숫돌을 사용하여 곱게 갈아 마무리한 공정이다.
버너다듬	◉ 버너다듬 burner finish 은 버너를 사용하여 고열의 불꽃에 의해 돌표면의 껍질을 엷게 벗겨 거친 면을 다듬는 방법이다. 제트버너마감 jet burner finish 또는 화염처리 flame treatment 라고도 한다. 제트버너마감은 수동식 마감보다 발전된 가공방법으로서 가공속도가 매우 빨라 많은 석재를 단시간에 처리할 수 있기 때문에 대형 공사의 마감에 많이 채택되고 있다. ◉ 제트버너마감은 주로 화강암 표면마감에 이용되고 대리석에는 이용되지 않는다. 제트버너로 가공한 후의 석재 색상은 원석보다 더 어두운 색으로 나타난다. 또한 고열로 인한 돌입자 stone particle 의 변형으로 강도에 영향을 미치는 등 문제점이 발생할 수도 있다. ◉ 제트버너마감한 석재 표면을 다시 버프 buff 를 사용하여 색채, 광채, 손스침 hand graze 등을 좋게 마감한 것을 제트폴리시마감 jet polish finish 이라고 한다. 이렇게 다듬은 석재는 고급석재로 취급한다.
워터제트 버너다듬	◉ 워터제트버너다듬 water jet burner finish 은 돌표면을 고압수 high pressure water 로 분사하여 표면을 박리 peeling 시킨 특수 돌다듬 방법의 하나이다. 이 방법으로 다듬은 돌표면은 제트버너마감한 돌표면보다 색채나 빛깔면에서 월등히 좋다. 워터제트버너다듬을 물다듬 water rubbing 이라고도 한다. ◉ 워터제트버너다듬 방법을 이용하여 빗살무늬 comb-teeth pattern, 입체무늬 solid body frame pattern, space frame pattern 등 여러 형상의 무늬가 나타나게 돌표면을 마감하는 석재를 실내장식용 또는 논슬립용 등으로 다양하게 사용되고 있다.

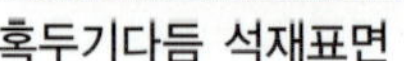
혹두기다듬 석재표면

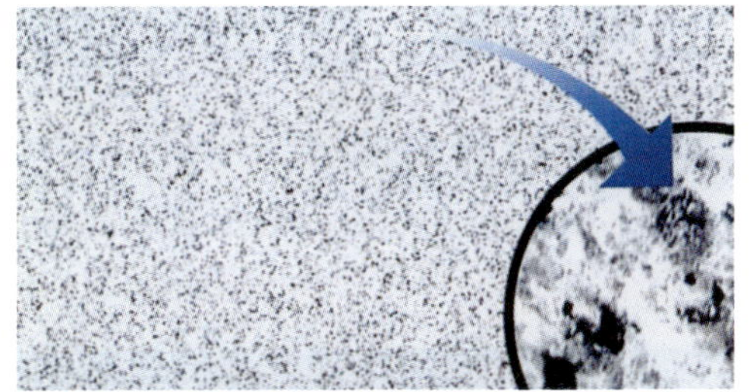
도드락다듬 석재표면

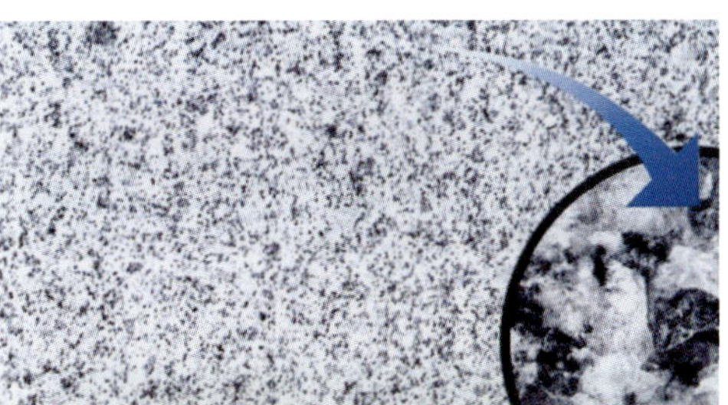
제트버너마감 석재표면

정갈기(광내기) 석재표면

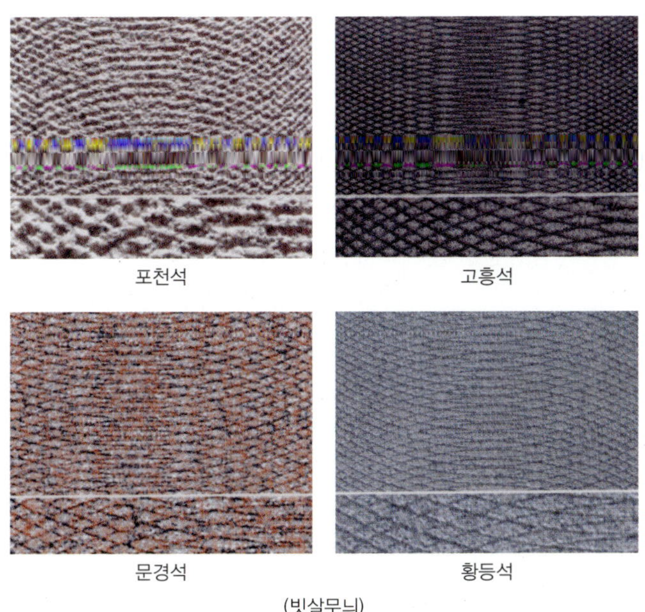
포천석 고흥석

문경석 황등석

(빗살무늬)

(입체무늬)

워터제트버너다듬 석재표면

3.7 주요석재

(1) 화강암, 사암, 점판암

화강암	◉ 화강암 granite 은 화성암에 속하는 암석으로서, 쑥돌이라고도 한다. 또한 화강암을 보통 화강석이라 한다. ◉ 화강암은 단단하고 내구성 및 강도가 크고 외관이 아름다우며 큰 판재로 생산할 수 있는 장점이 있는 반면 내화도 refractoriness 가 낮아 가열시 균열이 생기는 등 단점도 갖고 있다. ◉ 화강암의 무늬 및 색상을 구분하면 다음과 같으며, 같은 장소에서 채석되는 화강암이라 할지라도 색상은 물론 외관 및 질이 각각 다르기도 하다. • 백색계 : 흰 바탕에 흑색반점 • 회색계 : 회색 바탕에 흑색반점 • 흑색계 : 흑색바탕에 수정반점 • 홍색계 : 홍색 바탕에 수정반점 • 쑥색계 : 쑥색 바탕에 흑 · 백색반점 • 황색계 : 황색 바탕에 갈색반점 • 녹색계 : 녹색 바탕에 흑색반점 • 분홍색계 : 분홍색 바탕에 수정반점 ◉ 화강암은 국내에서 다량으로 생산되어 바닥재, 내 · 외장재 등 여러 곳에 많이 사용되고 있다. 근래에 와서는 중국산 화강암이 많이 수입되어 사용하고 있는 추세이다.
사암	◉ 사암 sand stone 은 수성암에 속하는 암석으로서, 대체로 연석 soft stone 에 속한다. 사암은 거친 질감과 독특한 무늬 및 색상을 갖고 있어 연질의 것은 실내장식재로 사용한다. 일반적으로 표면을 연마 abrasion 하지 않은 쪼갠 그대로 사용한다. 사암은 인도산이 대표적이다. 보통 샌드스톤 sand stone 으로 부르고 있다. ◉ 사암은 함유광물의 성분에 따라 질, 내구성, 강도의 차이가 있고 색상도 다르다. 규산질사암 siliceous sand stone 은 담색을 나타내고 가장 강하고 내구성이 크나 가공이 어렵다. 산화철질사암 iron oxide sand stone 은 적갈색을 나타내고 풍화되기 쉽다. 석회질사암 caleareous sand stone 은 회색을 나타내고 흡수성이 커서 내구성이 약하다. 점토질사암 clayer sand stone 은 암색을 나타내고 석질이 연하다. 이 중 규산질사암이 구조재로 사용하기에 적합하다.
점판암	◉ 점판암 clay slate 은 수성암에 속하는 암석으로서, 흡수율이 작고 대기 중에서 변색 · 변질되지 않고 석질이 치밀하다. 색상은 청회색, 흑색 등이 있다. ◉ 점판암은 얇은판으로 뜰 수가 있으므로 이를 천연슬레이트 natural slate 라 하여 지붕, 외벽 등에 쓰이고 타일 대용으로 바닥재로도 사용한다. 또한 일부 외국산의 점판암은 색채 및 무늬가 아름다워 대리석 대용으로 사용하기도 한다.

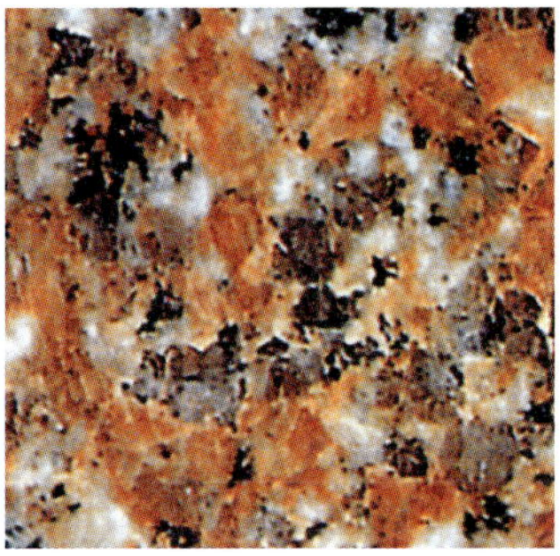

상주석

거창석

포천석

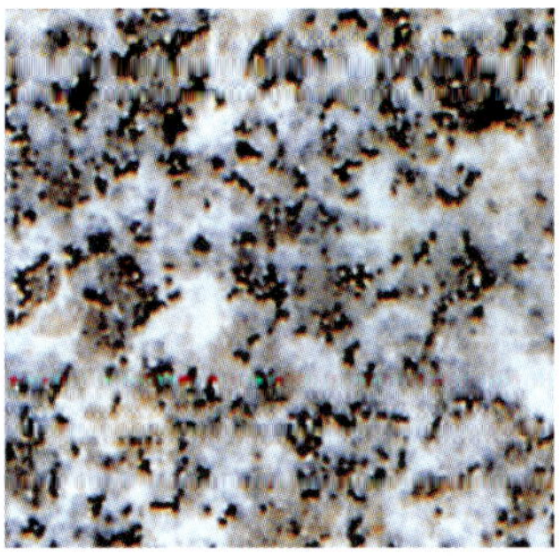

황등석

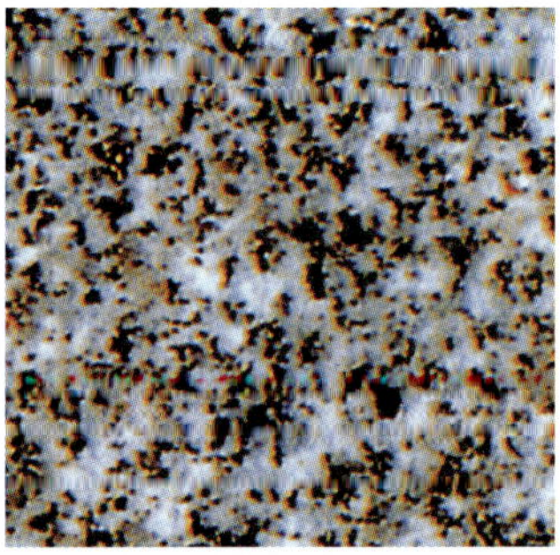

제천석

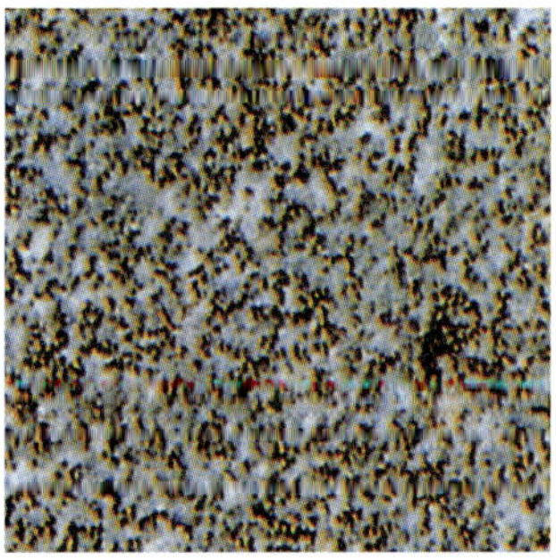

영동석

산청석

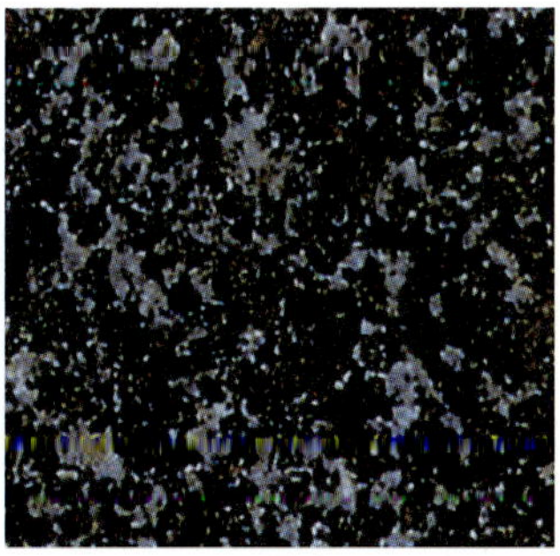

도고석

문경석

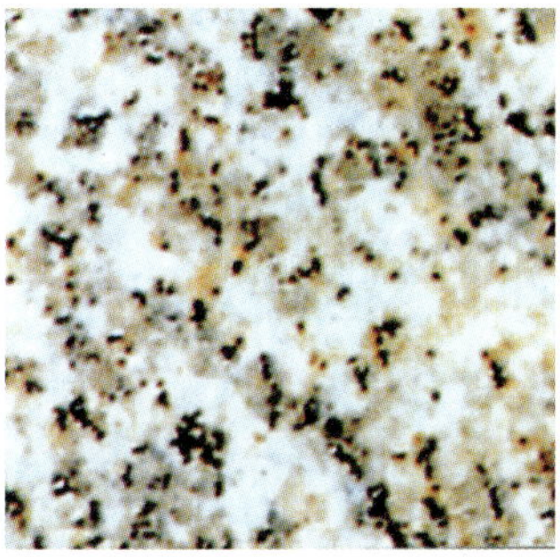

남원석

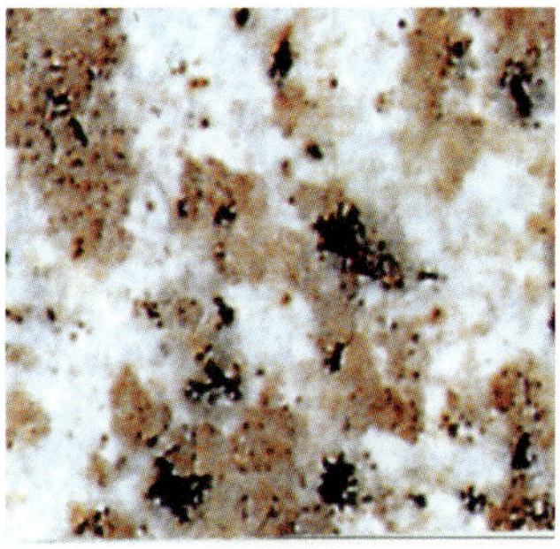

가평석

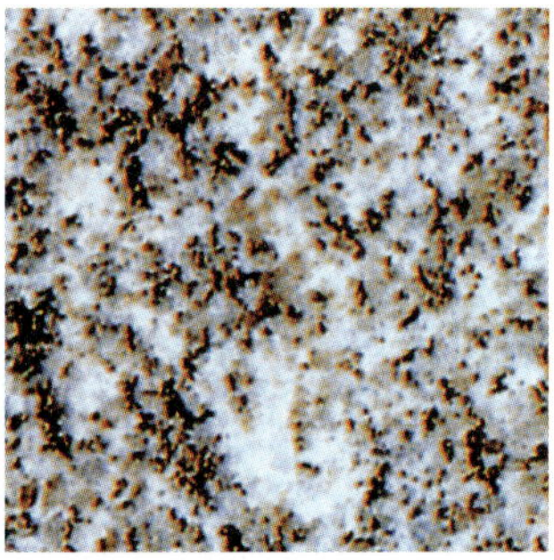

강화석

국내산 화강암 석재 무늬 및 색상(예시)

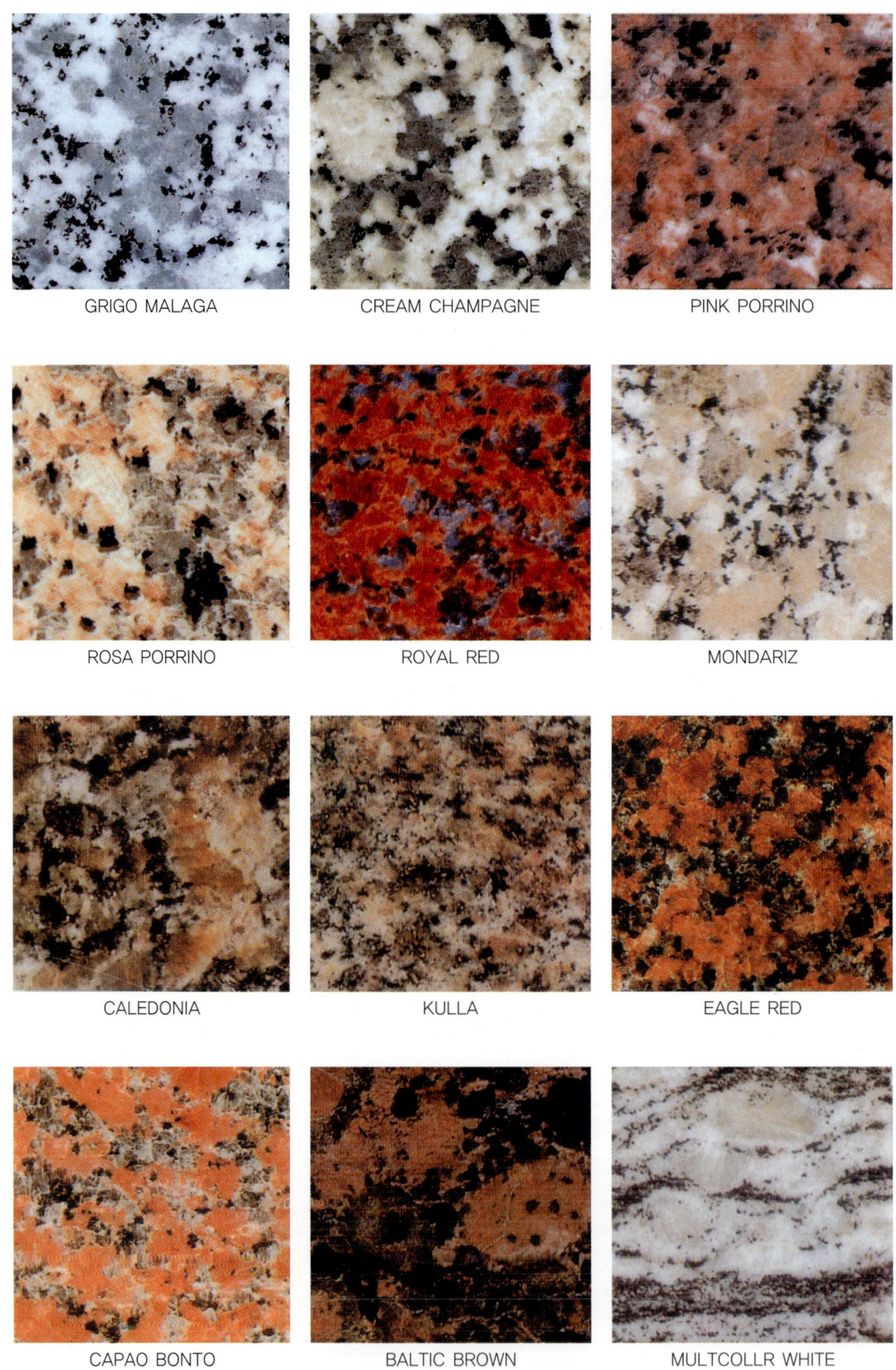

외국산 화강암 석재 무늬 및 색상(예시)

사암석재 무늬 및 색상(예시)

슬레이트 타일

슬레이트 매트

슬레이트 모자이크

슬레이트 패널

점판암석재(천연슬레이트) 무늬 및 색상(예시)

(2) 대리석, 사문암, 트래버틴

대리석	◉ 대리석 marble 은 변성암의 대표적인 석재로서 중국 운남성 대리부에서 많이 산출된다 하여 대리석(大理石)이라는 명칭이 붙게 된 것이다. 대리석은 강도가 높지만 내화성이 낮고 풍화되기 쉬우므로 실외용으로는 적합하지 않으나 색상 또는 반점 spot 등의 아름다운 무늬가 다양하게 나타나고 결 grain 이 고와 연마하면 아름다운 광택을 내므로 주로 실내장식재로 많이 사용되고 있다. ◉ 국내에서 생산되고 있는 대리석은 색상 및 품질이 좋지 않을 뿐만 아니라 부존 상태가 빈약하여 국내산보다 외국산을 수입하여 사용하는 경우가 많은 실정이다. 대리석도 화강석과 마찬가지로 랜덤사이즈 random size 라 하여 일정하지 않는 규격으로 판매되기도 한다.
사문암	◉ 사문암 serpentine 은 변성암에 속하는 암석이다. 경질석질 hard stone temper 이나 풍화성 weathering resistance 이 있으므로 외벽보다는 실내장식용으로서 대리석 대용으로 이용되기도 한다. ◉ 사문암의 색상은 일반적으로 암녹색의 바탕에 흑백의 고운 무늬를 나타내고 있으며, 이외에 보라색의 바탕에 암녹색의 미려한 반문 speckle 이 있는 것도 있다.
트래버틴	◉ 트래버틴 travertine 은 벌레에 침식된 듯한 구멍이 있는 무늬를 가진 특수 대리석의 일종으로서 다공질 porous 이고 황갈색의 반문 speckle 이 있다. ◉ 표면을 물갈기하면 평평한 곳은 대리석과 같이 광택이 나고 무늬가 있는 색조가 생겨 대리석과 같은 용도로 사용되고 또한 부분적으로는 구멍과 오목한 줄로 인해 요철부 uneven portion 가 생기므로 입체감 cubic effect 이 있는 특수한 실내장식재 interior decoration materials 로 쓰인다. 이탈리아에서 생산되는 것이 가장 우수하다.

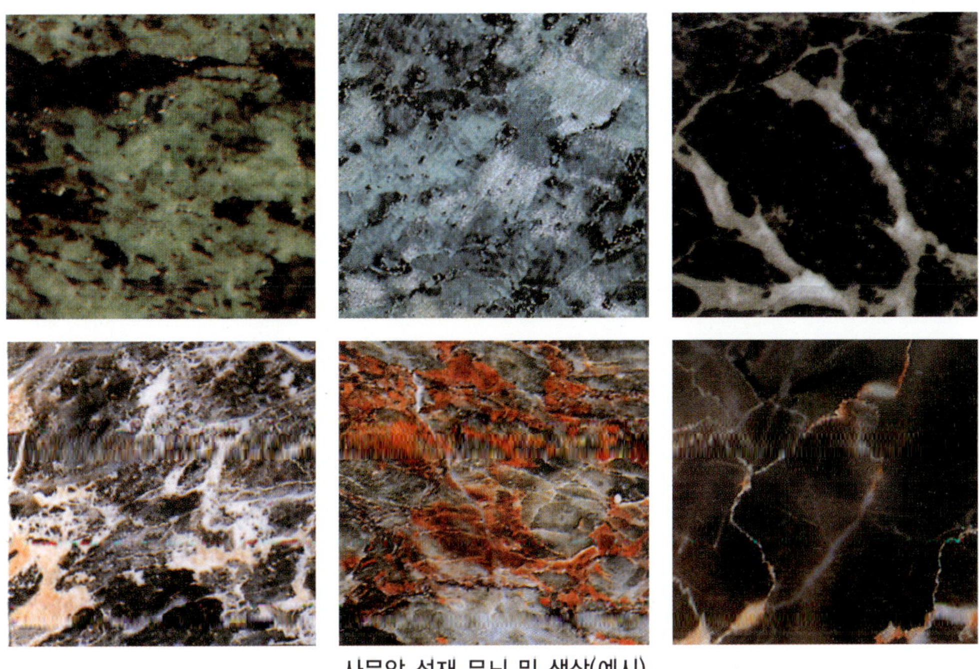

사문암 석재 무늬 및 색상(예시)

국내산 대리석 무늬 및 색상(예시)

외국산 대리석 무늬 및 색상(예시)

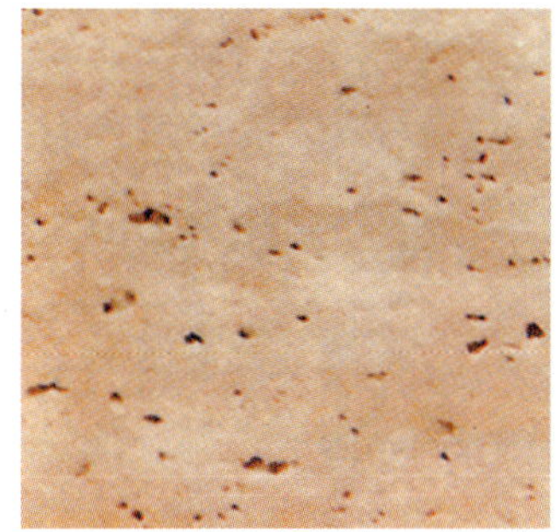
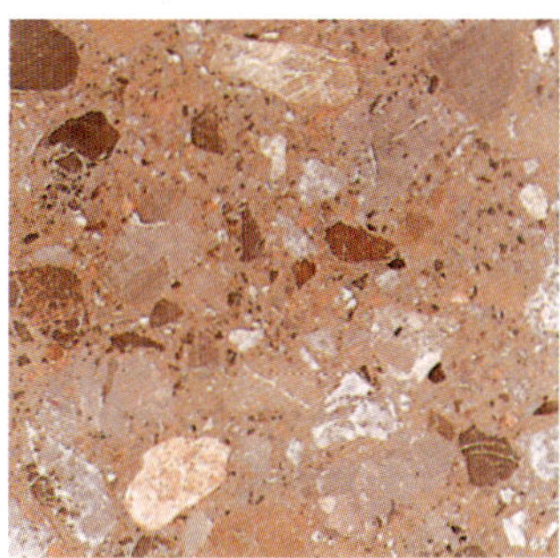
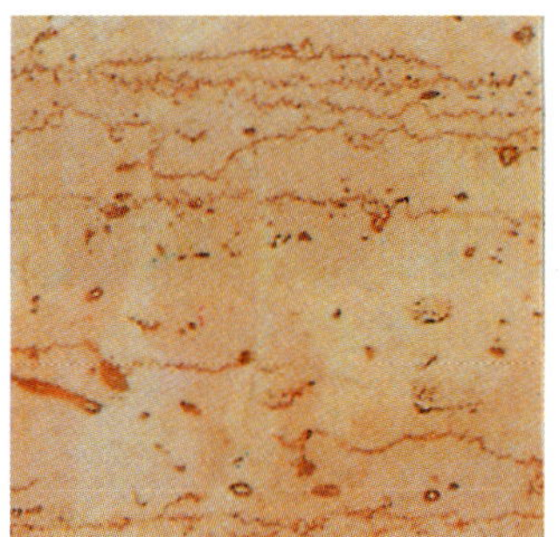

트래버틴 무늬 및 색상(예시)

3.8 인조석

(1) 인조석 및 인조석판

인조석	◉ 인조석 artificial stone 은 대리석, 사문암, 화강암 등의 쇄석 crushed stone 을 종석 chip 으로 하여 백색포틀랜드시멘트 white portland cement 에 안료 pigment 등을 넣어 반죽하고 발라 경화 hardening 한 후 씻어내기, 갈기, 잔다듬하여 천연석재 natural stone materials 와 유사하게 만든 것을 총칭한 것이다. 즉 인조석은 천연석재의 유사품 analogous quality 을 모조 imitation 할 목적으로 제작된 것이며, 종래는 현장시공으로 만들었으나 근래는 거의 공장제품화하고 있다. ◉ 인조석은 천연석재와 같은 견고 firmness 함과 질감 texture 을 갖추면서 다양한 색상과 품목으로 만들어 사용하고 있다. 주로 판형으로 제작하여 바닥 또는 내외벽의 마감재 및 치장재로 사용되고 있다. 실내건축에서는 마감재보다는 치장재로 많이 사용되고 있는 편이다. ◉ 인조석을 시중에서는 매직스톤 magic stone, 마인스톤 mine stone 등 여러 상품명을 붙여 다양한 형상 및 색채 등으로 제작하여 판매되고 있다. 인조석의 치수, 형상, 색채 등은 주로 주문제작 order manufacture 에 의해 결정되므로 사용 전 유의하여야 할 사항이다.
인조 석판	◉ 인조석판 artificial stone board 은 대리석, 사문암, 화강암 등의 쇄석을 사용하여 천연석재와 유사하게 만든 판상의 것으로 천연석판 natural plate stone 의 모조품이라 할 수 있다. 따라서 인조석판을 모조석판 imitation plate stone 이라고도 한다. 인주석판을 쇄석, 즉 종석의 종류에 따라 모조석판과 테라조판 terrazo board 으로 구분하기도 한다. ◉ 천연석판의 단점을 보완하고 제작시 안료 pigment 를 사용하여 주문에 따른 여러 가지 색채를 나타낼 수 있는 이점과 가공의 용이성 easiness 및 원가절감 등을 고려하여 바닥 또는 내외벽 등의 수장재로 인조석판을 많이 사용하고 있다.

인조석

인조석판

인조석판 표면

인조석 및 인조석판

(2) 인조대리석 및 테라조판

<table>
<tr>
<td>인조대리석</td>
<td>
◉ 인조대리석 artificial marble 은 대리석의 쇄석을 종석으로 하여 백색포틀랜드시멘트에 안료 등을 넣어 혼합 · 반죽한 것을 가압 · 성형한 다음 연마하여 대리석과 같은 미려한 광택을 낸 인조석의 일종이다. 즉 천연대리석을 대체하기 위해 만든 천연대리석의 모조품으로서 모조대리석 imitation marble 이라고도 한다.

◉ 인조대리석을 소재 materials 별로 분류하면 크게 시멘트계, 수지계, 유리계로 대별한다. 인조대리석을 만들 때 종석 이외에 백색포틀랜드시멘트 등의 시멘트를 사용하여 만든 것을 시멘트계 인조대리석, 시멘트를 사용하지 않고 아크릴계 수지 acrylie resin 등을 사용하여 만든 것을 수지계 인조대리석, 시멘트 · 수지 대신 유리성분 glass component 의 소재를 사용하여 만든 것을 유리계 인조대리석이다. 시멘트계 인조대리석을 많이 사용하지만 근래에 와서는 수지계 인조대리석도 많이 사용되고 있는 실정이다.

◉ 인조대리석을 판형 또는 모자이크 mosaic 로 만들어 실내에는 주로 바닥마감재 floor finishing material, flooring 로 쓰이고 벽치장재 wall decorative material 로도 많이 사용되고 있다.
</td>
</tr>
<tr>
<td>테라조판</td>
<td>
◉ 테라조판 terrazzo board 은 인조대리석을 판형으로 만든 것을 말한다. 대리석 이외의 암석(화강암, 사문암 등)의 쇄석을 종석으로 하여 테라조 terrazzo 에 준하여 제작된 것을 모조석 imitation stone 또는 의석(擬石)이라고도 한다.

◉ 테라조판은 현장에서 만들 수 있으나 보통은 공장에서 주문을 받아 필요한 치수로 만든다. 두께는 25~40㎜로 정방형의 것을 많이 만든다.

◉ 테라조판은 주로 바닥마감재로 쓰이고 테라조판을 두께 30㎜ 정도, 크기 30㎝각판 또는 40㎝각판으로 만든 테라조판 타일 terrazzo tile 은 테라조판과 같이 바닥마감재로 쓰인다.
</td>
</tr>
</table>

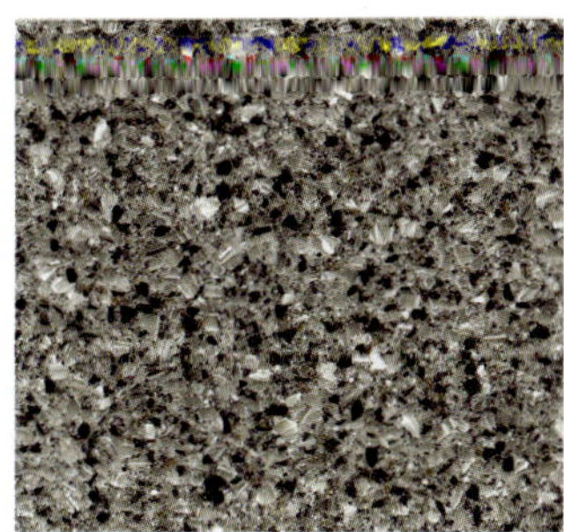
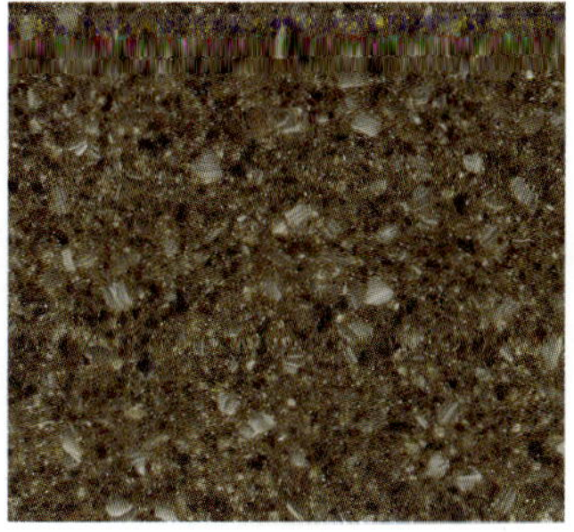
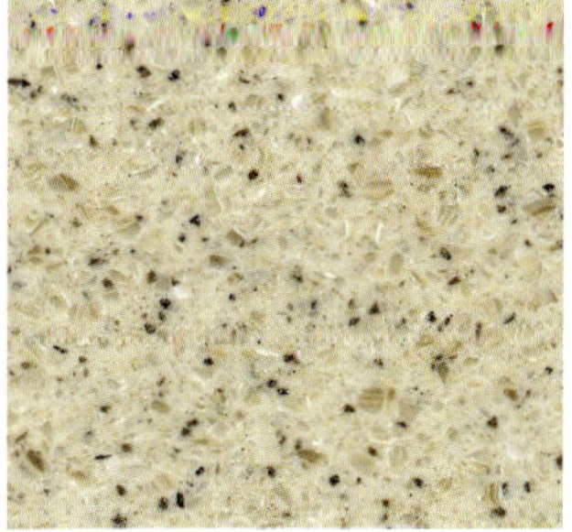

인조대리석

테라조판

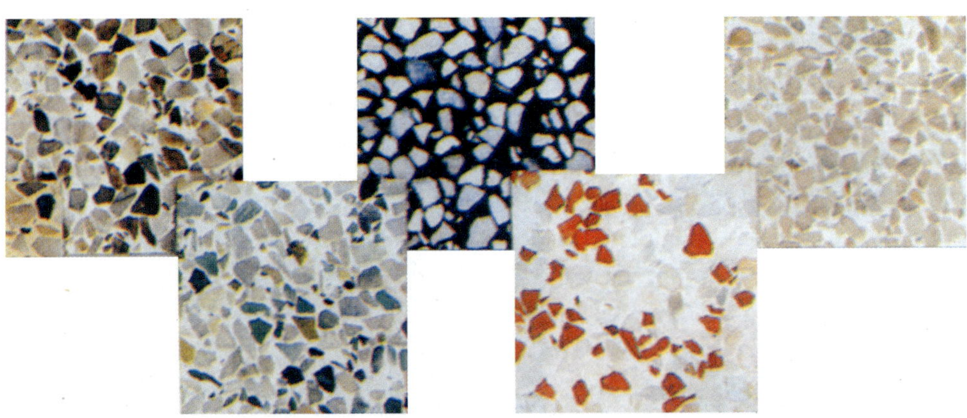

테라조 타일

인조대리석 및 테라조판

(3) 수지계 인조석 및 인조대리석

수지계 인조석	◉ 수지계 인조석 plastic artificial stone 은 시멘트를 결합재 binder 로 사용하지 않고 수지계 액상 liquid state 을 결합재로 하여 테라조 또는 모조석과 같이 제조한 것이다. ◉ 수지계 인조석을 만드는 종석으로는 화강암, 사문암, 대리석 등의 쇄석을 사용하는데, 이 중에서 대리석 쇄석을 근래에 많이 사용하고 있다.
수지계 인조대리석	◉ 수지계 인조대리석 plastic artificial marble 은 종석으로 대리석을 사용하고 결합재로는 수지계 액상을 사용하여 만든 수지계 인조석의 일종으로서 천연대리석 natural marble 의 모조석이다. ◉ 수지계 인조대리석은 시멘트를 결합재로 하여 제조된 인조대리석에 비해 경화가 빠르고 높은 압축강도를 단기에 얻을 수 있으며 균열이 적고 수밀성 water tightness 이 양호하다. 또한 방수성 water proofness, 내마모성 abrasion resistance, 내산성 acidity proofness 등이 우수하나 내열 heat-proof 및 내화성 refractoryness 은 떨어진다. 그리고 천연대리석에 비해 가격이 저렴하고 가공하기 쉬우며 보수 및 유지가 용이하여 실내건축마감재 및 치장재로 많이 쓰인다. 또한 테이블류의 상판으로도 사용되고 각종 인테리어용으로도 사용되고 있다.

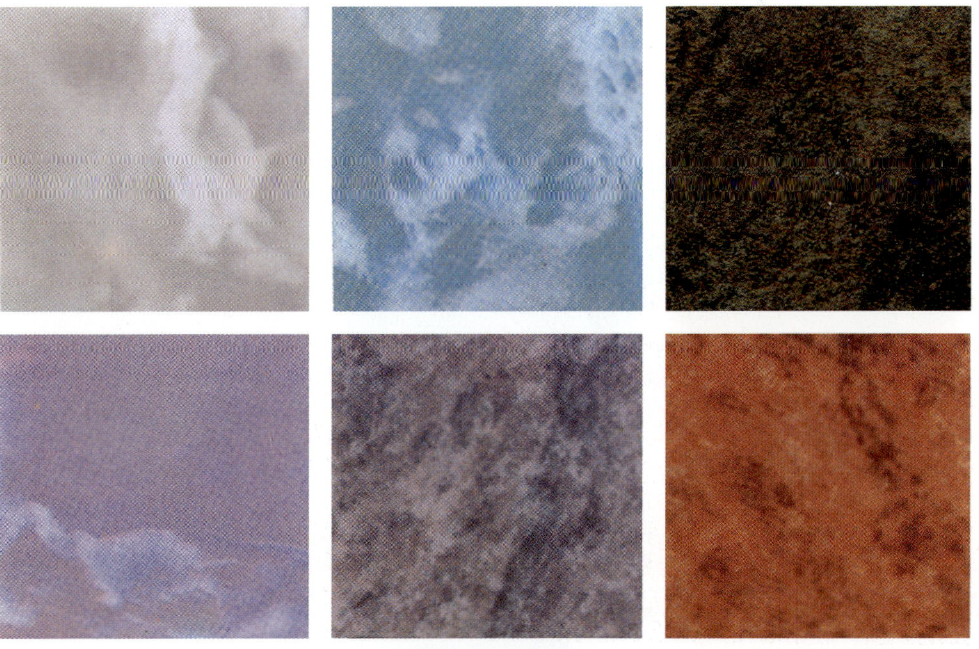

수지계 인조대리석

3.9 대리석 모자이크 및 컬러스톤

대리석 모자이크	◉ 대리석 모자이크 marble mosaic 는 각종 색채와 형상으로 된 대리석의 작은 조각을 바닥, 벽, 천장이나 공예품의 표면에 접착 또는 삽입하여 무늬나 도상 drawing 을 표현하는 것을 말한다. 대리석 모자이크에 사용되는 대리석은 무늬가 아름다운 것으로 천연 대리석을 사용하지만 인조대리석도 많이 사용되고 있다. ◉ 대리석 모자이크에 사용되는 대리석의 작은 조각 형상은 정사각형, 직사각형, 다각형 등 여러 가지 예술적 모양을 갖는 것들로서, 이를 사용하여 여러 가지 패턴 pattern 으로 표현하며, 이를 이용하여 실내바닥 및 벽, 특히 로비 lobby 등에 이용하고 있다.
컬러스톤	◉ 컬러스톤 color stone 은 색채가 나타나는 돌을 말하며, 천연돌 자체가 색채를 나타내는 컬러스톤도 있지만, 인조석(인조석재)을 만들 때 착색제 coloring agent 를 넣어 만든 컬러스톤도 있다. 천연석의 컬러스톤은 색채 자체가 자연스럽고 아름답지만 많은 양을 구하기가 어려워 사용에 제한을 받고, 인조석의 컬러스톤은 여러 가지 색채를 나타내기 쉽고 모양도 다양하게 만들 수 있어 많이 사용되고 있다. ◉ 컬러스톤은 조약돌, 자갈, 모래, 쇄석 형태의 것으로 바닥 또는 벽 등에 붙여 장식적인 효과를 내는데 주로 사용한다.

대리석 모자이크 패턴

컬러스톤

3.10 석재제품 및 석고보드

암면 및 석면	◉ 암면 rock wool 은 현무암, 안산암, 사문암 등을 용융 fusion 시켜 섬유화 fibrous 시킨 다음 솜털 down 과 같은 모양으로 만든 것이다. 암면은 단열재 adiabatic materials 및 흡음재 sound absorbing materials 등으로 사용한다. ◉ 석면 asbestos 은 사문암, 각섬암이 열과 압력을 받아 변질되어 섬유모양의 조직을 가진 천연결정섬유 natural crystal fiber 가 된 것으로서, 종래에는 단열재, 보온재 등으로 사용되어 왔으나 근래에는 인체에 해로울 뿐만 아니라 공해문제가 되어 우리나라뿐만 아니라 각국에서 사용을 규제하고 있다.
질석 및 펄라이트	◉ 질석 vermiculite 은 운모질 mica substance 원석을 가열 · 팽창시켜 다공질 경석으로 만든 것으로서, 단열 · 보온 · 방음재 등의 원재료 raw material 또는 경량골재 light weight aggregate 로 쓰인다. ◉ 펄라이트 Pearlite 는 진주암 pearl rock · 흑요석 obsidian 등을 분쇄하여 소성 · 팽창시켜 만든 것으로서 단열재 및 흡음재 등의 원재료로 쓰인다.
석고보드	◉ 석고보드 gypsum board 는 주원료인 소석고 burnt gypsum 에 혼화제 chemical agent 를 넣고 물로 반죽하여 두 장의 보드용 원지 사이에 채워 넣어 결정상태의 석고로 환원 reduction 시켜 판상으로 제조한 것이다. ◉ 석고보드는 내화성, 단열성, 차음성, 방균성 bacteria proofness, 방수성 및 시공성 constructivness 이 우수하여 벽 등의 바탕재 및 마감재로 사용한다. 다만, 내수성, 탄력성 flexibility 이 부족하고 충격에 약한 단점을 가지고 있다.

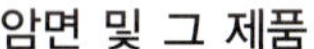
암면 및 그 제품

펄라이트 및 그 제품

소석고 및 석고보드

3.11 건축용 석재의 선택 및 사용상 필요조건

건축용 석재 선택시 일반적 고려 사항	◉ 질이 견고하고 강도가 클 것 ◉ 인성 toughness 및 내구성이 풍부하고 마찰저항성 frictional resistance 을 가질 것 ◉ 석리와 색채가 우아하고 균일할 것 ◉ 방수 · 방습성이 좋고 변질 · 변색되지 않을 것
건축용 석재 사용시 일반적 필요조건	◉ 석재는 충격에 약하므로 운반 및 취급에 주의할 것 ◉ 석재를 구조재로 사용시 압축강도가 큰 것을 선택 사용할 것 ◉ 석재를 마감재로 사용시 석리와 색채가 우아하고 균일하며 변질 · 변색되지 않는 것을 선택 사용할 것 ◉ 동일 건축물에는 동일 종류, 동일 산지의 석재를 사용하도록 할 것 ◉ 석재를 다듬어 쓸 때는 석질이 균일한 것을 사용할 것 ◉ 외부나 바닥에 사용할 때는 내수성 · 내구성 · 내마모성을 고려하고, 특히 내화가 필요한 곳에는 열에 강한 석재를 사용할 것

INTERIOR ARCHITECTURE MATERIALS

타 일

04

4.1 개요

타일 tile 은 점토나 암석의 분말을 성형 make moulding · 소성 plasticity 하여 만든 얇은 판형(두께 약 5㎜ 정도)의 것을 총칭한다. 우리나라에서 타일이라 하면 주로 도자기타일 ceramic tile 을 말하지만 서양에서는 작은 판형으로 된 것을 총칭하는 말로서 흡음판 acoustical board, 기와 roof tile, 비닐타일 vinyl tile 등도 타일이라 한다. 타일의 어원은 프랑스어 'Tuile' 에서 유래되었다고 전한다. 타일은 내구성, 내화성, 내수성, 내마모성, 청결성 cleanliness 등이 높고 시공도 간편하기 때문에 벽이나 바닥 등의 마감재로서 또한 보호재 protective material 로서의 기능을 동시에 갖는 재료라 할 수 있다. 타일은 다양한 패턴 및 색깔을 나타냄으로써 이를 이용하여 실내장식용 재료로 많이 사용하고 있다.

4.2 타일의 종류

(1) 소지의 질에 의한 구분

종류	내용	용도 · 색깔
자기질 타일	◉ 자기질 타일 procelain tile 은 소지 body, nature 가 자기질로서, 점토질 원료에 암석류를 다량 배합하여 소성온도 burnt temperature 1,230~1,460℃ 정도의 고온으로 소성시켜 만든 타일이다. ◉ 흡수율 percentage of water absorption 이 거의 없고(1% 이하) 경도 hardness 가 높아 견고하고 두드리면 금속성 sound of metal 의 맑은 소리가 난다.	◉ 내장용, 외장용, 바닥용, 모사이크타일용 ◉ 백색

석기질 타일	◉ 석기질 타일 stoneware tile 은 소지가 석기질로서, 석암점토 rock clay 를 원료로 하여 소성온도 1,160~1,350℃ 정도의 고온으로 소성시켜 만든 타일이다. ◉ 흡수율이 적으며(10% 이하) 경도가 비교적 높고, 일반적으로 소지는 유색불투명으로 내구성이 높다.	◉ 내장용, 외장용, 바닥용, 클링커타일용 ◉ 유색
도기질 타일	◉ 도기질 타일 earthenware tile 은 소지가 도기질로서, 점토질 원료에 암석류를 소량 배합하여 소성온도 1,100~1,230℃ 정도의 고온으로 소성시켜 만든 타일이다. ◉ 흡수율이 높고(10% 이상) 다공질로서 경도가 낮으며 표면의 마모 abrasion 와 충격 impact 에 약하다.	◉ 내장용 ◉ 백색, 유색

(2) 호칭에 의한 구분

호칭	주용도	형상	소지의 질
내장타일 (interior tile)	내장벽재	정사각형, 직사각형, 보더, 볼록죽편, 오목죽편, 볼록삼각, 오목삼각, 볼록밑, 오목밑	자기질, 석기질, 도기질
바닥타일 (floor tile)	내 · 외장 바닥재	정사각형, 직사각형, 정육각형, 팔각형, 계단 논슬립형	자기질, 석기질
외장타일 (exterior tile)	외장벽재	정사각형, 직사각형, 모서리형	자기질, 석기질
모자이크 타일 (mosaic tile)	내 · 외장벽 및 바닥재	정사각형, 직사각형, 정육각형	자기질
특수용 타일	벽 및 바닥, 기타	정사각형, 직사각형 등 다양한 형상	자기질, 석기질, 도기질

비고) ① 본 표의 타일 형상은 많이 사용되고 있는 것으로서, 타일호칭별로 구분하여 예시한 것이다.
② 본 표에서 제시한 타일형상을 타일 종류로 명칭하여 다음과 같이 구분하기도 한다.
· 일반형 타일 : 정사각형 타일, 직사각형 타일, 정육각형 타일, 팔각형 타일 등
· 특수형 타일 : 보더타일, 볼록죽편타일, 볼록삼각타일, 오목삼각타일, 볼록 밑 타일, 동근모타일, 면접기타일 등
③ 본 표의 특수용 타일은 논슬립타일, 코너타일, 창인방용 타일, 창대용 타일, 기타 보더타일 등 특수형 타일로서 특수용도로 사용하기 위하여 주문제작한 타일을 말한다.

자기질 타일 석기질 타일 도기질 타일

자기질 바닥 및 외장타일 석기질 바닥 및 외장타일

소지의 질에 의한 타일

내장 및 바닥 타일: 정사각형

내장 및 바닥 타일: 직사각형

모자이크 타일

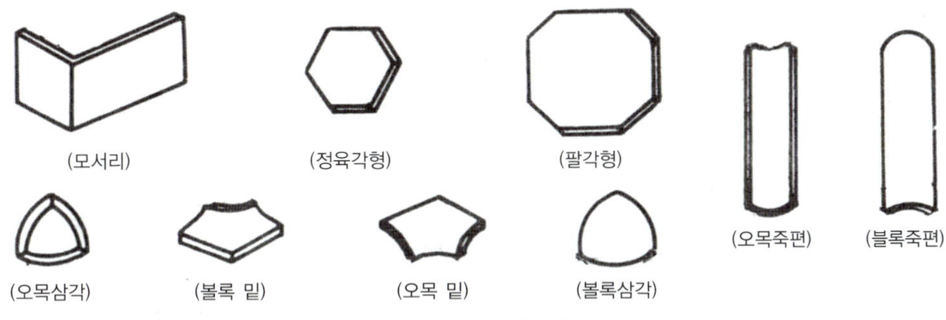

일반형 및 특수형 타일

(3) 유약의 유무 및 표면상태에 의한 구분

종류	내용
시유타일	◉ 시유타일 glazed tile 은 표면에 유약 glaze, enamel 을 발라 소성한 매끄러운 표면을 가진 타일이다. ◉ 무유타일에 비해 미관을 향상시키고 오염을 방지하며 [illegible] 방지를 도모할 수 있다.
무유타일	◉ 무유타일 unglazed tile 은 표면에 유약을 바르지 않고 점토에 안료 pigment 를 첨가하여 소성한 타일이다. ◉ 시유타일에 비해 특히 오염 및 마모되기 쉬운 단점이 있다.
활면타일	◉ 활면타일 rough surface tile 은 표면이 거칠지 않고 평활한 타일이다. ◉ 시유타일의 일종으로서 표면이 거의 매끄러워 내 · 외장 벽재로 많이 사용한다.
조면타일	◉ 조면타일 smooth surface tile 은 표면이 거친 모양을 가진 타일이다. ◉ 무유타일의 일종으로서 표면이 거의 거칠므로 내 · 외장 바닥재로 많이 사용한다.

시유타일 무유타일 활면타일 조면타일

(4) 등급별 구분

1급품	① 색조가 특히 양호한 것 ② 외관 결함이 없는 것 ③ 색조가 정확하고 고른 것
2급품	① 색조가 좋은 것 ② 외관 결함이 심하지 않은 것
3급품	① 색조가 보통인 것

4.3 타일의 용도

용도	내용(특징)
내벽용 타일	◉ 내벽용 타일 interior wall tile 은 건축물 내벽에 사용하는 내장타일로서 석기질 타일, 도기질 타일인 정사각형, 직사각형 및 보더타일을 주로 사용한다. ◉ 다양한 형태와 색상을 가진 아름다운 타일로서 청소가 용이한 시유타일을 사용한다. ◉ 타일의 표면이 최근 들어 패션화 fashioning 되어 가는 경향이 있어, 타일에 그림 등을 넣는 등 디자인 연출 design prodution 이 가능한 타일을 제작하여 사용함으로써 선택의 폭도 넓어지고 있다.
바닥용 타일	◉ 바닥용 타일 flooring tile 은 건축물 바닥에 사용하는 바닥타일로서 자기질 타일, 석기질 타일인 정사각형 및 직사각형을 주로 사용한다. ◉ 내마모성 및 충격에 강하며, 보행성 walkingness 이 좋고 흡수율이 적은 단단한 타일로서, 시유타일보다 무유타일을 많이 사용한다. ◉ 보통 두께가 두껍고 표면이 미끄럽지 않는 요철 unevenness 모양으로 가공한 타일을 사용한다. ◉ 색상은 반점 spot 을 넣어서 돌과 같은 느낌을 나게 하거나 벽돌계통의 갈색, 베이지색이 많이 쓰인다.
외벽용 타일	◉ 외벽용 타일 exterior wall tile 은 건축물의 외벽에 사용되는 외장타일로서 자기질 타일, 석기질 타일인 정사각형보다 직사각형을 주로 사용한다. ◉ 흡수율이 적고 단단하며 내동해성 frost damage resistance 이 우수한 타일을 사용한다. ◉ 실내용으로는 사용이 많지 않지만 실내장식용으로 사용하기도 한다.
모자이크타일	◉ 모자이크타일 mosaic tile 은 건축물의 내벽 또는 바닥에 사용되는 자기질 타일로서, 정사각형, 직사각형, 정육각형, 원형, 타원형 등 여러 가지 형상과 색상을 가진 모자이크타일을 선택하여 사용한다. 바닥에는 미끄럼 방지를 위해 무유 모자이크타일 unglazed mosaic tile 을 사용한다. ◉ 모자이크타일이란 타일 1개의 크기가 4㎝각 이하의 소형으로 된 타일을 말하는데, 이 타일은 30㎝각 유닛화 unitification 로 뒷면에 하드롱지 hard-rolled paper 또는 나일론망사 nylon gauze 에 줄눈을 일정하게 나누어 모아 접착제로 붙여 시공이 용이하게 만들어 판매한다. 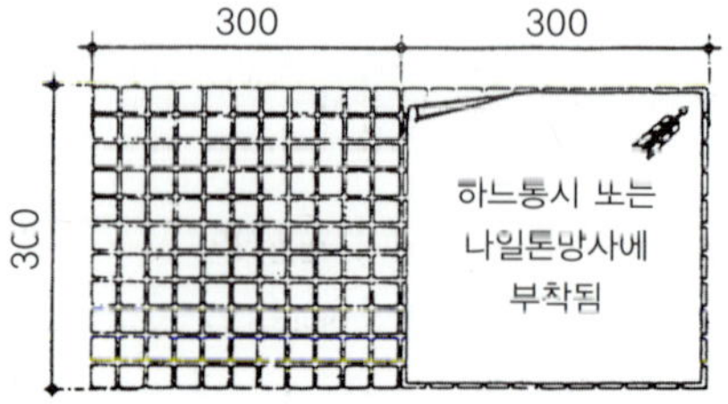 300 300 300 하느롱지 또는 나일론망사에 부착됨 모자이크타일

모자이크타일	◉ 유닛화의 모자이크타일을 유닛타일 unit tile 이라 하며, 유닛타일을 구성하는 모자이크타일 1개의 크기는 10㎜×10㎜, 12㎜×12㎜, 20㎜×20㎜, 25㎜×25㎜, 30㎜×30㎜ 등 여러 가지가 있다. 그리고 모자이크타일의 두께는 4~8㎜ 정도이다. ◉ 유닛타일은 모자이크타일 개개의 색깔이 서로 다르게 또는 형상(정사각형, 원형, 직사각형 등)도 서로 다른 것을 조합 mixing 하여 아름다운 패턴 pattern 으로 만들어 많이 사용하고 있다. ◉ 모자이크타일 중에서 11㎜각 정도의 극히 작은 타일을 아트모자이크 art mosaic 또는 라스모자이크 lath mosaic 라 하며, 이것은 무늬모양 또는 회화 등에 쓰인다.
보더타일	◉ 보더타일 border tile 은 가늘고 길게 된 타일로서 특수한 장식적인 봉형 bar type 의 시유품이다. ◉ 색상도 다양해 벽의 중간 띠돌림 band enclosed, 걸레받이 base board, base plate, 갓둘레테두리 capin border 장식용으로 많이 쓰인다.
논슬립타일	◉ 논슬립타일 non slip tile 은 미끄럼막이용 타일로서, 타일 표면에 홈 groove 을 파거나 요철 unevenness 있게 또는 내마모성을 강화시킨 유약처리 graze dealing 된 것으로 만들어 미끄럼 방지 목적으로 사용한다. ◉ 타일 한 쪽 끝 부분에 홈을 길게 파거나 미끄럼막이를 붙여 미끄럼막이 역할을 하게 만든 계단용 논슬립타일은 계단디딤판 stair tread, stepping-board 끝의 마감용으로 사용하며, 크기는 6㎝×11㎝, 7.5㎝×15㎝, 9㎝×15㎝가 있다.
코너타일	◉ 코너타일 corner tile 은 벽과 바닥 또는 기둥의 구석, 모서리, 걸레받이에 사용하기 위한 특수용 타일이다. ◉ 형상으로는 볼록죽편 bulge untrimming type, 오목죽편 concave untrimming type, 꺾인형 curve type (ㄱ자형), 귀접이형 horizontal bracing type 등이 있다.
태피스트리타일	◉ 태피스트리타일 tapestry tile 은 표면에 여러 가지 직물무늬 fabric pattern 의 모양이 나도록 만든 타일로서 무늬 · 형상 또는 색상이 다양하므로 주로 내장타일로 쓰인다.
스크래치타일	◉ 스크래치타일 scratch tile 은 표면을 빗 comb 으로 긁은 것 같은 모양의 얇은 평행줄 parallel line 을 돋힌 것처럼 하여 6㎝×21㎝의 벽돌길이 방향과 같은 크기로 만들어 주로 외장타일로 쓰이는 타일이지만 내장타일로서의 장식용으로 쓰이기도 한다.

바닥용 타일

내벽용 타일

내벽용 타일 패턴(일례)

바닥용 타일 패턴(일례)

외장용 타일(일례)

외벽용 타일 패턴(일례)

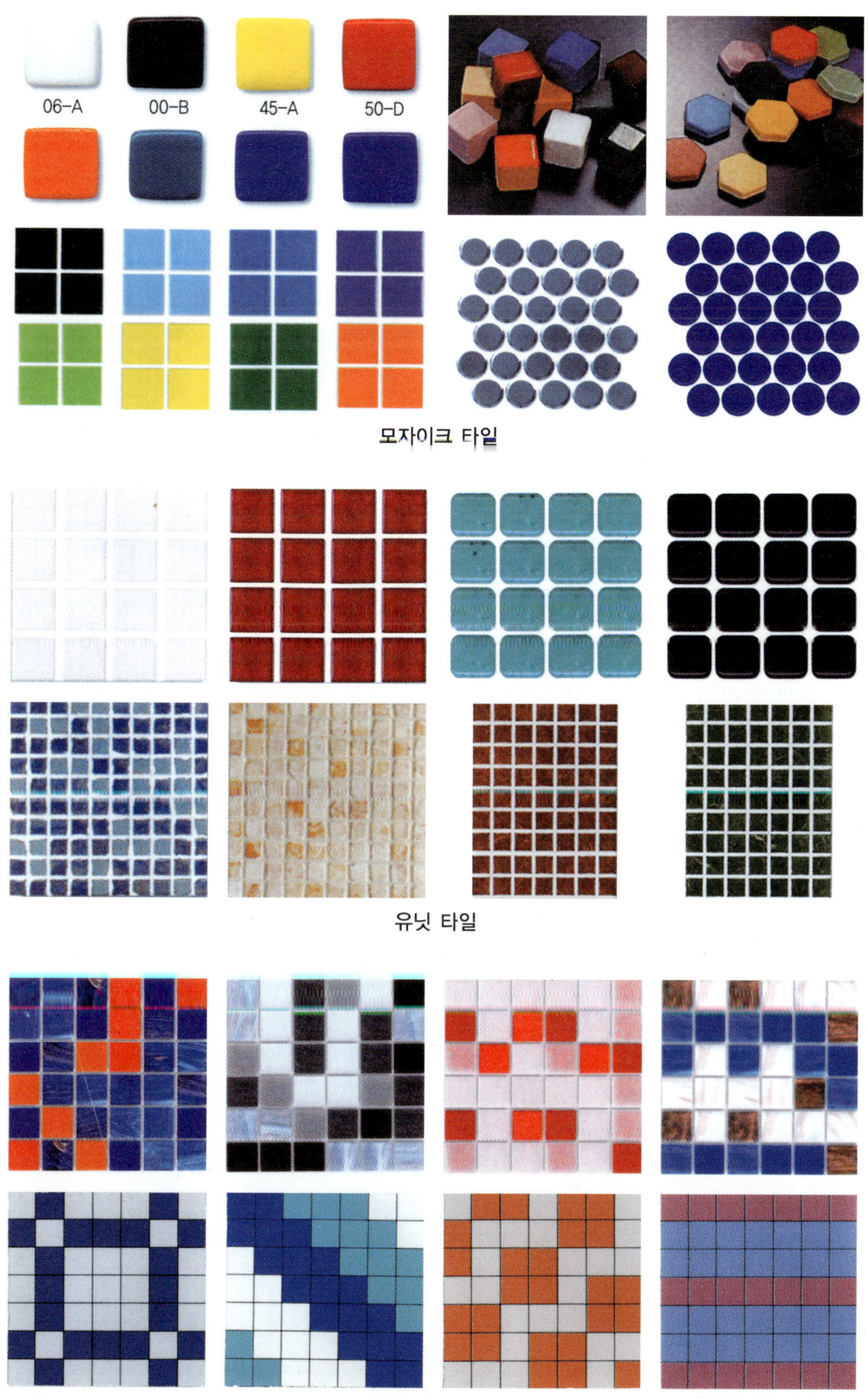

모자이크 타일

유닛 타일

유닛 타일 패턴

보더타일

논슬립타일

계단용 논슬립타일

코너타일

태피스트리 타일

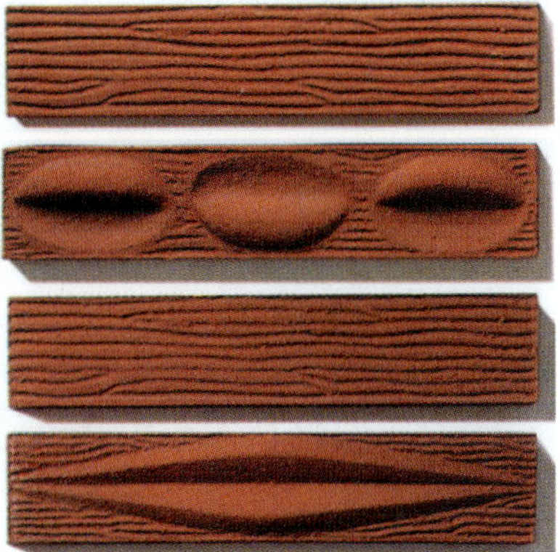

스크래치 타일

아트타일	◉ 아트타일 art tile 은 표면에 여러 가지 무늬 및 그림이 나타나게 만든 시유타일로서 색깔도 다양한 타일이다. 아트모자이크타일 art mosaic tile 도 있다. ◉ 벽이나 바닥을 패션화 fashioning 하여 디자인 연출 design production 을 표현하려는 목적으로 사용한다.
폴리싱타일	◉ 폴리싱타일 polishing tile 은 표면을 연마 polishing 하여 고광택 hign gloss, high lustre 을 유지하도록 만든 시유타일로서 대형 타일에 많이 사용된다. ◉ 천연대리석 natural marble 또는 천연화강석 natural granite 의 색깔과 무늬가 표면에 나타나게 만들어 대리석타일 marble tile 또는 화강석타일 granite tile 이라는 호칭으로 시중에 판매하고 있다.
파스텔타일	◉ 파스텔타일 pastel tile 은 타일의 소지 body 에 안료를 혼합하여 1,300℃ 이상의 고온에서 소성한 무유자기질의 색깔 있는 타일로서 시유타일과는 달리 타일 전체의 물성이 동일하여 마모되어도 본래의 색상이 그대로 유지되는 타일이다. ◉ 강도가 높고 내마모성이 좋으며, 흡수율도 거의 없기 때문에 내벽 및 바닥용 타일로 사용한다.
기타 용도 타일	◉ 건축물의 돌출부분 protrusion part, 기둥머리 column capital 등의 장식용으로 볼록삼각 bulge triangle, 오목삼각 concave triangle, 볼록 밑 bulge bottom, 오목 밑 concave bottom 등 여러 형상의 타일을 사용한다.

비고) 내벽용 타일 · 바닥용 타일 및 외벽용 타일을 제외한 모자이크 타일 등의 기타 타일을 특수용 타일이라고도 한다.

아트모자이크 타일

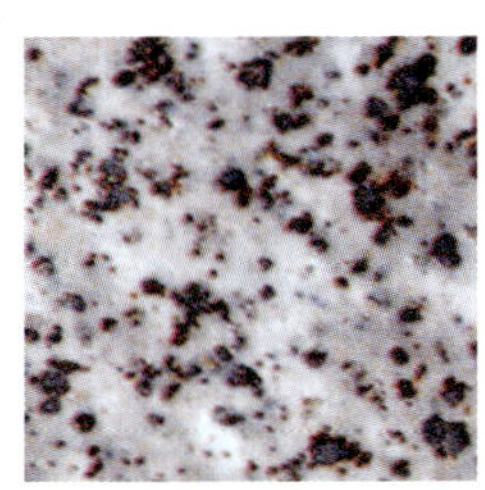
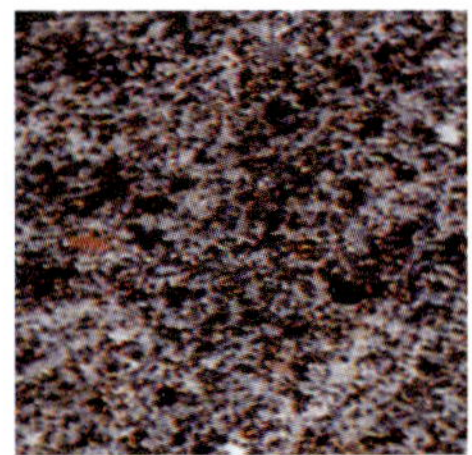
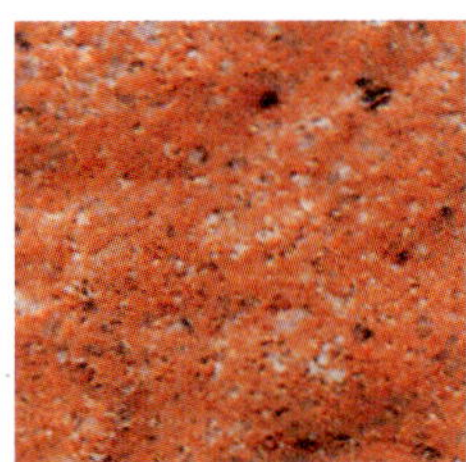
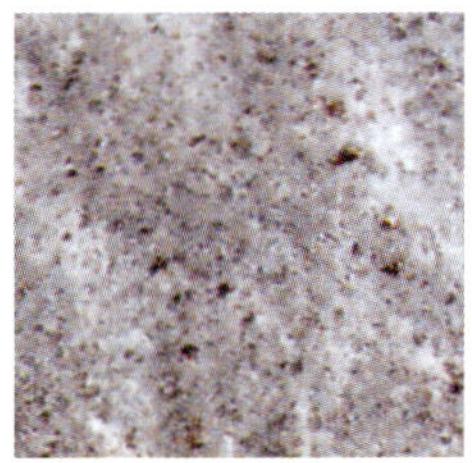

화강석 타일

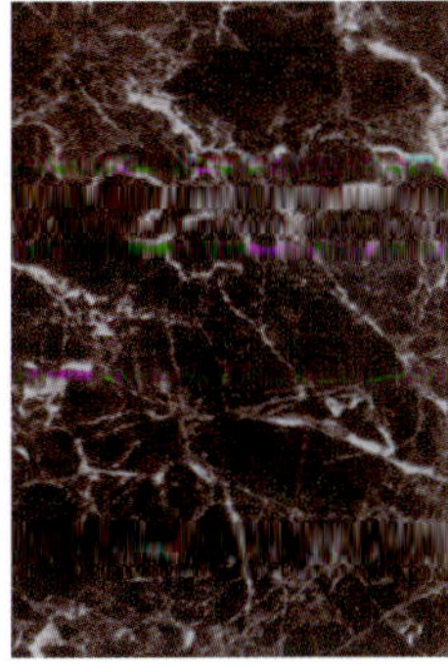

대리석 타일

폴리싱 타일

파스텔 타일

파스텔 타일

4.4 타일의 치수

타일의 모듈 호칭치수, 제작치수

타일의 치수는 모듈 호칭치수 modular normal dimension 와 제작치수 manufacture dimension 로 구분하여 정하고 있다. 타일의 모듈 호칭치수란 타일 줄눈 masonry joint 과 줄눈의 중심간 치수를 말하는데, 보통 타일의 치수를 말할 때 모듈 호칭치수, 즉 줄눈을 포함한 치수를 말한다. 그리고 제작치수란 타일을 제작할 때 기본이 되는 치수를 말하는데, 길이 및 너비의 제작치수는 모듈 호칭치수에서 줄눈을 고려한 치수로서 제조자 manufacturer 가 정한 치수이다. 타일의 모듈 호칭치수는 아래 표와 같고, 모듈 호칭치수와 제작치수의 관계를 나타낸 것이 아래 그림이다.

타일의 모듈 호칭 치수

A(너비)	50	100	150	200	250
B(길이)	50	100	150	200	250
A(너비)	300	400	450	500	600
B(길이)	300	400	450	500	600

비고) 본 표는 타일의 정사각형에 대한 모듈 호칭 치수를 표시한 것으로서 직사각형인 경우는 A(너비)와 B(길이)를 서로 조합한 모듈 호칭 치수로 한다.

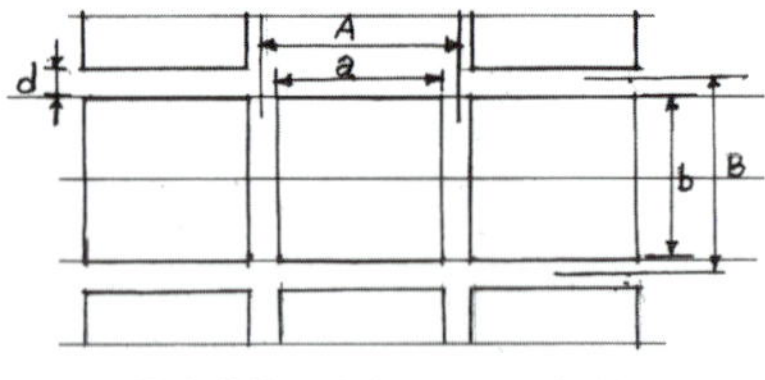

A : 모듈 호칭치수(너비), B : 모듈 호칭치수(길이)
a : 제작치수(너비), b : 제작치수(길이),
d : 줄눈너비

모듈 호칭치수 개념도

타일 크기

타일은 정사각형과 직사각형을 주로 많이 사용하는데, 그 크기를 최근에는 300㎜×300㎜, 400㎜×400㎜, 450㎜×250㎜, 600㎜×300㎜, 600㎜×600㎜ 등 대형 타일 large size tile 을 제작하고, 선호함으로써 많이 사용하고 있는 추세이다.

타일 두께

타일의 두께는 다음과 같으며, 특히 자기질 타일에서 표면의 넓이가 15㎠ 이상인 경우에는 충분히 접착 adhesion 될 수 있도록 뒷발(뒷굽)을 붙이게 되는데, 이 뒷발 hind legs 까지 포함하여 타일두께 tile thickness 로 한다.

- 내장타일 4~8㎜
- 바닥타일 7~20㎜
- 외장타일 5~15㎜

타일뒷발

타일 뒷발은 붙이는 바탕면에 충분히 접지될 수 있도록 타일 뒷면에 갈고리형 hook form 등으로 만든 것을 말한 것으로 그 종류, 특징 및 높이는 아래 표와 같다.

뒷발

종류	특징	뒷발모양	뒷발의 높이
평판식	◉ 접착력이 약해 박리되기 쉽다. ◉ 외벽에는 사용하지 않는다.		◉ 타일의 표면적 15㎠ 미만 : 0.5㎜ 이상 ◉ 타일의 표면적 15㎠ 이상 : 1.5㎜ 이상. 단, 타일치수가 150㎜×50㎜, 200㎜×50㎜에서는 1.2㎜ 이상 ◉ 타일의 표면적 15㎠ 이상, 60㎡ 미만 : 0.7㎜ 이상 ◉ 뒷발높이의 최대는 3.5㎜ 정도이다.
프레스식	◉ 뒷발이 작은형으로 넓은 벽면에는 적합하지 않다.		
압축식	◉ 뒷발이 큰 갈고리형으로 접착면적이 크고 넓은 벽면에 적합하다.	Z형	

4.5 타일 선별 및 선정 사용

품질 적합 제품 사용	◉ 타일의 종류, 등급, 형상, 치수, 소지 표면 상태, 시유약 glazed agents 색깔, 광택 등이 설계도면 및 시방서에 명시된 품질 내용과 적합 여부를 판별하거나 제출된 견본품 sample goods 과 대비하여 소정의 품질에 합격된 제품만을 반입 · 사용한다. ◉ 타일은 소성품 burnt goods 이므로 치수, 색채, 형상, 흠집 등 약간의 차이는 피할 수 없으나 같은 등급품이라도 상당한 차이가 있고 또한 의외의 흠집이 있으므로 허용되는 범위 내에서 한 장 한 장 엄선하여 사용한다.
겉모양 판별	◉ 타일의 겉모양은 대부분 눈으로 판별되고 손으로 만져보면 그 결함의 대강은 판단할 수 있다. 또한 바늘구멍 정도라도 유약 glaze, enamel 이 묻지 않는 부분이 있는 것은 그 부분에 흡수하게 되면 결손 deficit 되기 쉬우므로 엄선 careful selection 하여 사용한다.
치수 선별	◉ 타일은 표준치수를 중심으로 대소의 몇 종류로 나누어 치수의 차이가 많거나 허용차 범위(내장타일은 ±0.6～±2.0, 바닥타일은 ±1.5～±3.0)를 초과하는 것을 선별하여 사용하지 않는다.
기능성 제품 선정	◉ 타일은 붙이는 장소의 기능성 functional nature 에 적합한 것을 선정하여 사용하여야 한다. 예를 들면 미끄러운 바닥은 요철이 있는 논슬립타일을 사용하고 계단 stair, steps 에는 계단을 내려갈 때 눈의 착시 optical illusion 로 인한 헛디딤이나 미끄러움을 고려한 계단용 논슬립타일을 사용한다. 또한 산 acid 을 사용한 장소는 내산성 acidity proofness 있는 타일을 선정하여 사용한다.
색채 선정	◉ 타일의 색채 color, colour 를 선정할 때는 실제 타일로 구성된 색표 color chart 를 제출하여 담당원의 승인을 받도록 하고, 이 때의 견본 sample, swatch 은 가로, 세로 각각 30㎝ 이상 크기의 합판 또는 하드보드 hard board 에 붙인 것으로 한다. ◉ 색채조절시는 벽, 바닥, 천장과의 조화 harmony 를 고려한다. 추운 곳에는 따뜻한 색을, 더운 곳에는 차가운 색을 선택하는 것이 비교적 좋다.

INTERIOR ARCHITECTURE MATERIALS

벽돌 및 블록

05

5.1 개요

벽돌 brick 은 조적재 masonry materials 의 일종으로서 벽 및 바닥에 주로 쓰이는 재료이다. 종래에는 주요 구조재로 널리 사용되었으나 20세기 들어 콘크리트 및 철강의 사용이 본격화되고 내진성 관점에서 조적조 masonry structure 에 대한 인식이 변화됨에 따라 구조재료보다 장식용 재료나 비내력벽 non-bearing wall 구성재료로 주로 사용되고 있는 추세이다.

벽돌은 점토벽돌 clay brick 과 시멘트벽돌 cement brick 로 대별되는데 점토벽돌은 특유의 색깔 및 질감을 살린 장식적 용도로, 시멘트벽돌은 시공성 constructiveness 이나 경제성 측면에서 비내력벽체 재료로 사용되고 있다. 그 외 내화 fire resisting 가 요구되는 장소에 주로 사용되는 내화벽돌 fire brick 이나 의장적 효과를 내기 위한 여러 가지 특수벽돌 special brick 이 사용되고 있다.

5.2 점토벽돌

일반사항	◉ 점토벽돌 clay brick 은 점토에 모래와 점성조절 viscosity control 및 색조절 color regulation 을 위해 석회를 가하여 혼합한 후 1,200℃ 정도에서 소성하여 용도에 맞는 형태로 성형 making mould 한 벽돌이다. ◉ 내화성 refractoriness 이 강한 불연재 non-combustible materials 이고 내수재로서 또한 내구성 durability 이 강한 반영구적 재료의 일종이다. ◉ 구조용으로 사용이 가능한 재료이지만 주로 건축물의 외장 exterior finishing 뿐만 아니라 실내 치장용 마감재로도 폭넓게 사용되고 있다. ◉ 점토벽돌은 보통벽돌, 경량벽돌, 내화벽돌, 특수벽돌로 구분된다.

보통벽돌

◉ 보통벽돌 common brick 은 진흙을 빚어 소성하여 만든 벽돌로서, 점토벽돌 하면 보통벽돌을 지칭한다. 보통벽돌은 일반형 general type 과 유공형 perforated type 으로 구분한다.

◉ 벽돌조 건축물 등의 구조재료 또는 외벽체의 치장재료로 사용되지만 실내의 내력벽 bearing wall 이 아닌 내벽이나 칸막이벽 partition wall, partition 으로서 치장 부위에 많이 사용되고 있다.

◉ 보통벽돌의 품질은 1급, 2급으로 구별하고, 이것을 각각 1호, 2호로 선별하여 모두 4종으로 정하고 있다. 또한 속칭 괴소벽돌, 소벽돌, 보통소벽돌, 변색벽돌 등으로 구별하기도 한다.

◉ 일반적으로 잘 구어진 것일수록 치수가 작아지고 색이 짙어지며 두드리면 청음 clear sound 이 난다. 현재 시판되고 있는 보통벽돌은 등급별로 선별하여 판매되고 있지 않기 때문에 불합격품 disqualified goods 이 혼입되어 반입되는 경우가 많다. 더욱이 급별 1호, 2호 선별은 특별 주문하지 않고서는 사실상 구하기가 어렵다.

등급		압축강도(kgf/㎠)	흡수율(%)	구워진 정도	두드렸을 때 소리	형상	비고
1급	1호	150 이상	20 이하	양호	금속성 청음	형상이 양호하고 갈라짐, 흠이 극히 적은 것	벽돌의 비중은 1.5~2.0, 1장의 중량은 1.9~3.0kg
	2호						
2급	1호	100 이상	23 이하	보통	탁음	1호는 형상이 양호하고 갈라짐, 흠이 극히 적은 것 2호는 형상이 보통이고 심한 갈라짐, 흠이 없는 것	
	2호						

◉ 한국산업규격(KS L 4201)에서는 흡수율 및 압축강도에 따라 다음과 같이 품질을 구분하고 있다.

보통벽돌의 품질

품질 \ 종류	1종	2종	3종
흡수율(%)	10 이하	13 이하	15 이하
압축강도(N/㎠)	2059	1569	1078

비고) 1(N/cm^2)=0.102(kgf/cm^2)이다.

◉ 벽돌의 등급을 다음과 같이 구분하기도 한다.

보통벽돌의 등급

등급	품질 및 용도
과소벽돌	과소벽돌 hard-burnt brick 은 소성온도 burnt temperature 가 지나치게 높아서 질 temper 이 견고하고 두드리면 금속성 metalic sounds 의 청음이 나며 흡수율이 낮고 형상이 일그러져 부정형이며, 치수차가 많고 자색 또는 검붉은 빛깔로 반점 speckle 과 혹 gall, burl 이 있어 특수한 장소의 장식용 등으로 쓰인다. 과소벽돌을 괄벽돌, 클링커벽돌 clinker brick 이라고도 한다.
소벽돌	소벽돌 burnt brick 은 1급 벽돌로서 소도 burning degree 가 양호하며 두드리면 청음이 나고 빛깔은 검붉은 색이며 일반구조용, 치장용으로 많이 쓰인다.
보통소벽돌	보통소벽돌 common burnt brick 은 2급 벽돌로서 소도가 보통이고 두드리면 탁음이 나며 빛깔은 붉은 주홍색으로 강도가 적고 흡수율이 다소 높다. 따라서 내부 칸막이벽용으로 쓰인다.
변색벽돌	변색벽돌 discolored brick 은 과열 over heating, super heating 되어 모양이 일그러지고 빛깔도 검붉은 벽돌로서 특수치장용으로 쓰인다.

◉ 보통벽돌은 표준형 standrd form 을 주로 사용하고 온장 whole sheet of brick 을 쓰는 것이 원칙이나 경우에 따라서는 온장을 깨뜨려 반토막 half bat, 이오(二五)토막 quarter bat . 칠오(七五)토막 three quarter bat . 가로반절 split, soap . 반절 queen closer 등으로 하여 쓰기도 한다. 이렇게 하는 것을 벽돌 마름질 brick cutting 이라 한다.

보통벽돌의 치수

구분	치수			허용차		
	길이	너비	두께	길이	너비	두께
표준형	190	90	57	±5.0	±3.0	±2.5
기존형	210	100	60			
재래형	227	109	60			

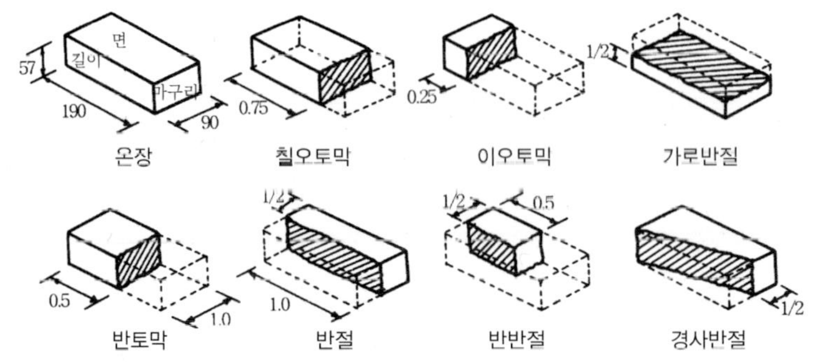

경량벽돌	◉ 경량벽돌 light weight brick 은 보통벽돌보다 무게를 감소시킬 목적으로 내부에 공극 opening gap 및 구멍을 내어 만든 벽돌이다. 건축물의 자중 감소, 단열 및 방음 목적으로 쓰이는 것으로 구멍벽돌과 다공벽돌이 있다. ◉ 구멍벽돌 hollow brick 은 점토를 원료로 벽돌 내부에 구멍을 뚫어 속이 비게 성형한 후 소성하여 만든 벽돌로서 방음벽 sound insulating wall, 단열벽 heat insulating wall 등에 쓰이고, 경량화가 요구되는 칸막이벽 partition wall, internal wall 등에 주로 사용된다. ◉ 다공벽돌 porous brick 은 점토에 유기질 분말 organic matter flour 인 분탄 dust coal, 톱밥 sawdust, 겨 chaffs 등을 혼합하여 성형한 후 소성하여 만든 벽돌로서 내부에 무수한 작은 구성이 포함되어 있어 무게가 가볍고, 특히 절단, 못치기 등의 가공이 용이하다. 보온 heat insulation, 흡음성 sound absorptiveness 이 있어 방열 radiation of heat · 방음 sound proofing, sound isolation 목적으로 쓰이기도 하고 경미한 칸막이벽 및 치장재로 사용한다.
내화벽돌	◉ 내화벽돌 fire brick 은 내화성 fire resistance 있는 내화점토 fire clay 로 만든 황백색의 벽돌이다. 보통벽돌은 내화도 refractoryness 가 800℃ 정도인데 비해 내화벽돌의 내화도는 1,500℃~2,000℃ 정도로서, 내화도에 의해 저급품, 보통급품, 고급품으로 구분하는데 고급품일수록 내화도가 높다. 따라서 용도상 내화도가 어느 정도인지가 중요하다. ◉ 내화벽돌은 벽난로, 사우나, 굴뚝, 보일러실 등 내화성이 요구되는 곳에 주로 사용된다.

보통벽돌(일반형) 보통벽돌(유공형) 과소벽돌

보통소벽돌 소벽돌 변색벽돌

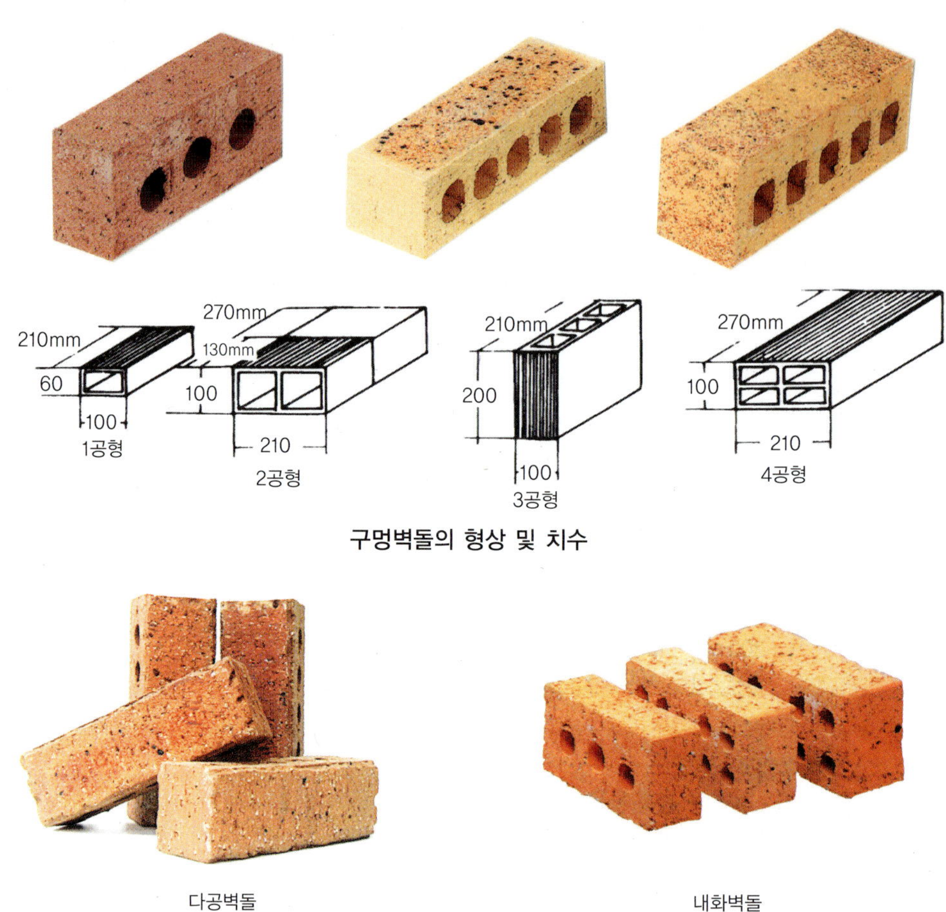

구멍벽돌의 형상 및 치수

다공 및 내화벽돌

특수벽돌

◉ 점토벽돌에서 보통벽돌, 경량벽돌, 내화벽돌 이외의 벽돌로서 형상, 치수, 색깔 등에 따라 특수용도로 사용되는 벽돌을 특수벽돌 special brick 로 구분한 것이다. 일반적으로 특수벽돌이란 특수한 용도를 가진 벽돌의 총칭으로서 일반적인 용도를 가진 보통벽돌 이외의 벽돌을 말한다. 특수벽돌에는 이형벽돌, 검정벽돌, 치장벽돌, 오지벽돌, 포도벽돌, 황토벽돌, 전벽돌 등이 있다.

◉ 이형벽돌 moulded brick, purpose-mold brick : 보통벽돌보다 형상, 치수가 규격에 정한 바와 다른 특이한 벽돌로서, 원형창 roundel window, circular window 주위 원형 벽체를 쌓는데 쓰이는 원형 벽돌 round brick, 아치쌓는데 쓰이는 홍예벽돌 arch brick, 즉 아치벽돌, 그 밖에 형상에 따라 둥근모벽돌 chamfering brick, 팔모벽돌 octagonal brick 등이 있다.

홍예벽돌 팔모벽돌 둥근모벽돌 원형 벽돌

특수벽돌	◉ 검정벽돌 black brick : 진흙을 빚어 불완전연소 incomplate combustion 로 소성하여 빛깔이 검게 된 벽돌을 말하며, 일명 흑벽돌이라고도 한다. 주로 실내치장용으로 쓰인다. ◉ 치장벽돌 face brick, dressed brick : 벽돌을 노출되게 벽면에 쌓을 경우 노출 exposure 되는 벽돌면의 색깔, 형태, 표면의 질감, 그 밖의 원하는 효과를 얻기 위해 특별히 만들어지거나 선택된 벽돌이다. 주로 실내치장용으로 많이 쓰이고 있다. ◉ 오지벽돌 salt glazed brick : 벽돌 길이나 마구리면 header, butt end 에 오지물을 칠해 구운 벽돌로서 치장벽돌의 일종이다. 주로 실내 또는 장식물의 치장 목적으로 사용한다. ◉ 포도벽돌 pavement brick : 도로 또는 바닥에 깔기 위하여 만든 벽돌로서 경질이고 흡습성이 적고 내마모성, 내구성이 있으며 두께가 두껍다. 또한 제작할 때 원료에 색소 pigment 를 넣어 여러 가지 색상을 갖게 또는 식염유 salt glaze 로 시유소성 glaze baking 하기도 한다. ◉ 황토벽돌 loess brick : 황토(黃土)를 주원료로 하여 제조한 벽돌로서 자연소재의 순수황토 purity loess 가 갖는 황토색 loess colour, 즉 황토의 누렇고 거무스름한 색깔을 나타내고 있다. 단열성 insulatingness, 습기조절 moisture regulation 기능성 functionality 이 뛰어나고 자연적이며 냄새를 제거하는 갖가지 자정능력 self-purificatory ability 이 있어 실내 인테리어 및 치장용으로 많이 사용되고 있다. ◉ 전벽돌 wide-large black brick : 옛날 벽 또는 바닥에 까는 검정색의 큰 벽돌을 말한다. 전돌(磚石, 塼石)이라고도 한다. 전벽돌은 그 자체가 지니고 있는 아름다움을 찾을 수 있고 원적외선 far infrared radiation 이 방출되고 해충의 접근을 차단하는 효과가 있다 하여 궁궐이나 고대건축물 ancient building 에 많이 사용되었으며, 현대에도 그러한 건축물의 보수공사에 주로 사용되고 있다.

치장벽돌

검정벽돌

황토벽돌

오지벽돌

전벽돌

포도벽돌

특수벽돌

5.3 시멘트벽돌

<table>
<tr><td>일반사항</td><td>◉ 시멘트벽돌 cement brick 은 시멘트와 모래를 배합하여 가압 pressurization · 성형 moulding 한 후 양생한 벽돌로서 내 · 외벽의 조적재로 많이 쓰이지만 마감재로는 쓰이지 않고 실내에서는 간단한 칸막이벽을 조성하거나 방수가 요구되는 부위의 바탕구성재 ground component materials 로 쓰인다.
◉ 시멘트벽돌은 기본벽돌 basic brick 과 이형벽돌 special brick, moulded brick 로 구분하고 기본벽돌이 주로 많이 사용되고 이형벽돌은 특수용으로 사용되고 있다.</td></tr>
<tr><td>모양 및 치수</td><td>◉ 시멘트벽돌의 모양, 치수 및 허용차는 아래 표와 같다.
<table>
<tr><th>모양</th><th>길이(㎜)</th><th>너비(㎜)</th><th>두께(㎜)</th><th>허용차(㎜)</th></tr>
<tr><td>기본벽돌</td><td>190</td><td>90</td><td>57</td><td>±2</td></tr>
<tr><td>이형벽돌</td><td colspan="4">홈벽돌 groove brick, 둥근모접기벽돌 chamfering brick 과 같이 기본벽돌과 동일한 크기인 것으로 치수 및 허용차는 기본벽돌에 준한다.</td></tr>
</table>
비고) ① 본 표의 시멘트벽돌은 무공시멘트벽돌(nonperforated cement brick)이다. 유공시멘트벽돌(perforated cement brick)의 모양, 치수 및 허용차는 본 표의 기본벽돌과 동일하되, 2개의 지름 5㎝의 공동(cavity)을 가진 벽돌로서, 2개의 공동의 간격은 3㎝이고 최소 살두께는 2㎝ 이상이어야 한다.
② 본 표의 기본벽돌을 종전에는 표준형 시멘트벽돌(standard type cement brick)이라 하고, 기본벽돌보다 약간 큰 길이 210㎜, 너비 100㎜, 두께 60㎜의 것을 기존형 시멘트벽돌(existing type cement brick)이라 하여 사용하였다.</td></tr>
<tr><td>품질</td><td>◉ 시멘트벽돌은 겉모양이 균일하고 비틀림 twisting, 해로운 균열 crack 또는 흠 defect 이 없는 것이어야 한다.
◉ 시멘트벽돌의 압축강도 compressive strength 는 80kgf/㎠ 이상이어야 하고, 흡수율 absorption factor 은 10% 이하여야 한다.</td></tr>
</table>

시멘트벽돌

5.4 블록

5.4.1 개요

블록 block 은 콘크리트 홀로블록 concret hallow block 의 준말로서, 우리나라에서는 속빈콘크리트블록 hollow concret block, 속빈시멘트블록 hollow cement block, 콘크리트블록 concret block, 시멘트블록 cement block 등으로 불리지만 이를 통칭하여 블록이라 한다. 블록은 시멘트와 골재를 배합하여 가압 · 성형한 후 양생한 것이다.

블록을 만들 때 골재, 즉 모래 sand 와 잔자갈 semi-gravel ballast 을 사용하는 것이 일반적이므로 이를 콘크리트블록이라 하는데, 우리나라에서는 특수한 때 외에는 자갈 gravel 을 쓰지 않고 모래만 사용하여 보강근을 삽입할 수 있도록 속이 비게 만들므로 속빈시멘트블록이라 통칭한다. 블록은 주로 비내력벽체 non-bearing wall 구성재로 사용되고 실내에서는 칸막이벽으로 쓰이고 있다.

5.4.2 블록의 종류 및 치수

일반사항	◉ 블록은 형상과 치수에 따라 기본블록, 이형블록, 특수블록으로 구분한다. 중량에 따라 일반블록 general block, 중량블록 heavy block, 경량블록 light weight block 으로 구분하기도 한다. 또한 품질에 따라 A종블록, B종블록, C종블록으로 구분한다. 블록은 주로 기본블록을 사용하고 그 외의 블록은 특수용도로 사용한다. ◉ 중량블록은 중량골재 heavy weight aggregate 를 써서 속이 차게 만들어 방사능차폐용 radioactivity shielding 으로 쓰기 위해 만들어진 블록이고 경량블록은 경량골재 light weight aggregate 를 써서 가볍게 만들어 비내력벽 등에 쓰기 위해 만들어진 블록이다. 이외의 블록을 일반블록이라 한다. ◉ A종 블록은 전단면적 gross area 에 대한 압축강도 compressive strength 가 40kgf/㎠ 이상, B종 블록은 60kgf/㎠ 이상, C종 블록은 80kgf/㎠ 이상인 블록을 말한다.
기본블록	◉ 규준이 되는 형상과 치수로 된 블록으로 일반적으로 많이 사용되고 있는 속빈시멘트블록이다. ◉ 기본블록 general block 의 형상에는 B1형, BS형, BM형이 있으나 우리나라는 B1형이 주로 사용되고 있다. ◉ 기본블록은 두께에 따라 19㎝(8″) · 15㎝(6″) · 10cm(4″) 블록 등으로 구분하여 호칭한다.

구분	호칭	길이(mm)	높이(mm)	두께(mm)	허용차(mm)
한국규격품 (B1형)	19cm 블록 15cm 블록 10cm 블록	390 390 390	190 190 190	190 150 100	±2
인치표시품	(8″ 블록) (6″ 블록) (4″ 블록)	397(15 5/8)	194(7 5/8)	194(7 5/8) 143(5 5/8) 92(3 5/8)	–

비고) ① ( ) 내는 인치(inch)를 표시한 것이다.
② 호칭은 두께별로 하고, 인치표시품은 줄눈의 치수[3/8″]를 블록 자체의 치수에 가산한 것이다.

형상	길이(mm)	높이(mm)	두께(mm)	허용치(mm)
BS형	440	190	215 180 150	±2
BM형	490	190 390	210 180 150	±2

◉ 기본블록(속빈콘크리트블록) 2개의 조적에 의해 만들어지는 속빈 부분(줄눈 포함)에 세로로 철근 steel bar 을 삽입하고 콘크리트를 채우는 경우 기본블록 표면 살(shell)의 두께는 25㎜ 이상, 중간 살의 두께는 20㎜ 이상이고, 속빈부분의 단면적은 60㎠ 이상, 너비는 70㎜ 이상이다.

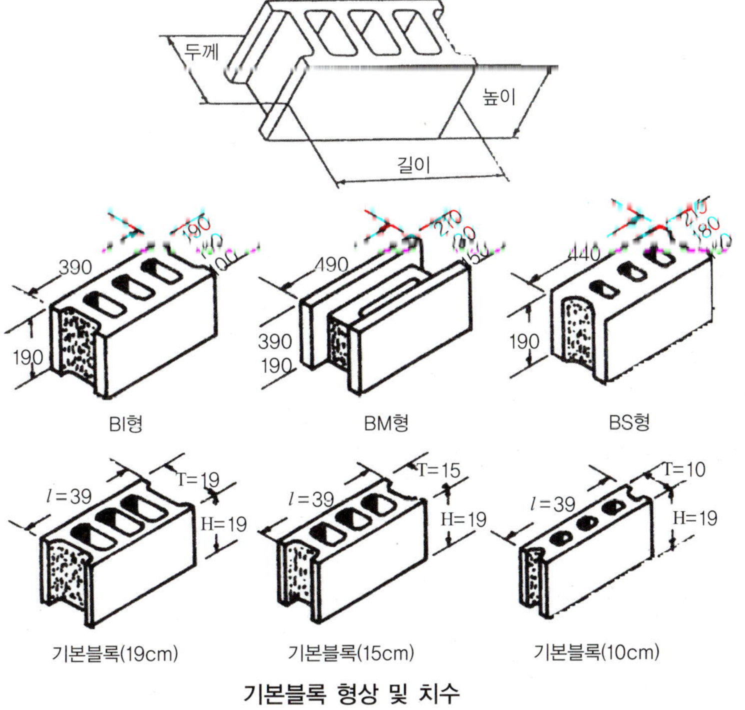

기본블록 형상 및 치수

이형블록

◉ 이형블록 purpose-mold block 은 블록의 형상, 치수 또는 용도가 기본블록에 비해 다르게 된 것으로 반블록, 한마구리 평블록, 양마구리 평블록, 인방블록, 창대블록, 창쌤블록, 장식블록 등 여러 가지가 있다.

◉ 반블록 half block 은 길이만이 기본블록의 길이에서 줄눈너비 joint width 를 뺀 것의 절반이 되는 블록을 말하고, 한마구리평블록 corner return block 은 한마구리만 평평하게 된 것이고 양마구리평블록 double corner block 은 양마구리가 평평하게 된 것으로 모서리창문 corner angle window 옆 또는 붙임기둥 등에 쓰인다. 인방블록 lintel block 은 U자형의 블록으로서 창문틀 위에 쌓아 철근과 콘크리트를 다져넣어 보강하게 만든 것이고, 창대블록 window sill block 은 문틀 밑에 쌓아 맞추어 물흘림, 물끊기가 달린 것이며, 창쌤블록 window jamb block 은 창문틀 옆에 잘 맞게 만든 블록이다. 장식블록 ornamental block 은 장식쌓기용 블록으로서 여러 가지 형태의 주문제작용이다.

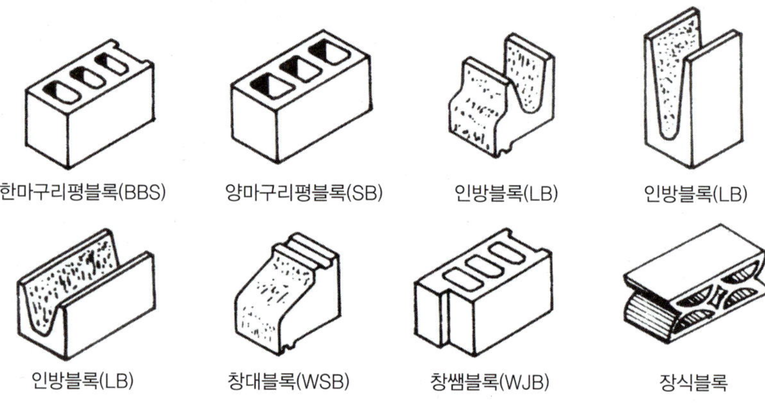

이형블록 형상

특수블록

◉ 특수블록 special block 은 특수용도로 사용하기 위해 기본블록에 비해 형상, 치수를 다르게 만든 블록으로서 주로 주문제작한 것이다.

◉ 특수블록에는 거푸집블록 form block, 보도블록 paving block, 치장콘크리트블록 dressed concrete block, 방음블록 sound insulating block 등이 있으나 특별한 경우 외에는 별로 사용하지 않는 블록이다.

시멘트블록

INTERIOR ARCHITECTURE MATERIALS

시멘트 및 콘크리트

06

6.1 개요

건축재료에서 시멘트 cement 와 콘크리트 concrete 는 빼놓을 수 없는 가장 중요한 재료 중의 하나이다.

시멘트는 현대 건축물 contemporary buildings 을 구축하는데 있어 없어서는 안 될 재료로 취급되고 그 사용도 보편화 universalization 되었다. 시멘트를 이용하는 제품도 많을 뿐만 아니라 여러 공사(콘크리트공사, 조적공사, 미장공사, 방수공사 등)와 관련해서 필수적인 재료이다.

콘크리트는 주로 구조물에 사용되는 재료로서 현대 철근콘크리트 및 철골철근콘크리트구조물 steel reinforced concrete structure 을 구축하고 발전시키는데 커다란 역할을 하고 있는 중요한 재료라 할 수 있다. 실내건축용 재료로 볼 때 콘크리트는 사용범위가 한정되어 있어 많이 사용하지 않는다. 시멘트와 콘크리트는 밀접한 관계가 있는 재료라 할 수 있다. 시멘트 없이 콘크리트가 될 수 없기 때문이다.

6.2 시멘트

일반사항	◉ 시멘트는 넓은 의미로 "표면의 부착에 따라 물질 material matters, substance 과 물질을 결합 combination 할 수 있는 접착제 adhesive"라고 말하는 것으로 원래 시멘트란 말은 '굳힌다', '접합한다', '결합한다'라는 경우와 '굳힌 것' 또는 '결합된 것'이라는 어원에서 유래되었다고 한다. 시멘트는 물과 섞이 이겨두면 고이지는 성질을 갖는 일종의 무기질 접착물로서 건축재료 중 없어서는 안 되는 재료이다. ◉ 시멘트는 석회질 calcareous 및 점토질 clayey 원료를 적당한 비율로 충분히 혼합하여 소성한 후 급속히 냉각시킴으로써 얻어지는 클링커 clinker 에 적당량의 석고 gypsum 를 가하고 분쇄 pulverization 하여 만든 것이다.

시멘트의 성질	◉ 시멘트의 일반적인 성질로서 응결, 경화, 풍화, 분말도, 안정성, 강도, 비중, 단위 용적중량 unit volume weight 을 들 수 있다. 시멘트가 물에 접촉되면 화학반응 chemical reaction 을 일으켜 응결 setting 하고 경화 hardening 한다. 이러한 현상을 수화작용 hydraulic action 이라 한다. 시멘트를 대기 중에 저장하면 공기 중의 수분을 흡수하여 변질 degeneration 되는 현상을 풍화 또는 풍화작용 weathering 이라고 하는데, 풍화된 시멘트를 사용하면 응결이 늦어지고 강도도 저하되므로 시멘트를 취급할 때는 대기에 노출시키지 않거나 습기에 접하지 않도록 하는 등의 주의가 필요하다. ◉ 시멘트 분말도 fineness 는 클링커를 분쇄할 때 그 입자 particle 의 고운 정도를 말한 것으로, 분말도가 큰 시멘트일수록 수화작용이 빠르고, 강도증진율 strength promotive efficiency 이 높아진다. 그러나 지나치게 분말 flour, powder 이 미세한 것은 풍화되기 쉽고 건조수축 drying shrinkage 이 커져서 균열이 발생하기 쉽다. 시멘트의 안정성 stability 은 시멘트가 경화중에 체적이 팽창 expansion 하여 팽창균열이나 뒤틀림 등이 생기는 정도를 가리키는 것으로, 시멘트가 안정성이 나쁘면 구조물이 팽창성 균열을 일으키는 경우가 있으며 구조물의 내구성 durability 을 해치는 원인이 된다. ◉ 시멘트 강도는 시멘트가 경화하는 힘의 대소를 나타내는 것을 말한 것으로, 품질관리상 매우 중요하다. 시멘트 강도는 시멘트의 조성 making, 물시멘트비 water cement ratio, 재령 age 및 양생조건 등에 따라 다르다. 또한 콘크리트 및 모르타르 강도에 어느 정도까지 비례하여 영향을 미친다. 시멘트의 비중은 한국산업규격(KS)에서 3.05 이상(포틀랜드시멘트의 경우)으로 규정하고 있고, 이 비중은 풍화의 정도를 아는 척도가 되고 이물질 different thing 의 혼입 여부를 알 수 있으며, 콘크리트 배합 concrete mix, 단위용적, 중량계산 등에 필요하다. 시멘트의 단위용적중량은 시멘트의 비중, 분말도 등에 따라 다르지만 대체로 1,300~2,000kg/㎥ 이고 일반적으로 1,500kg/㎥를 표준으로 한다.
시멘트의 종류	◉ 시멘트의 종류는 다양하지만 건축용으로 사용되고 있는 시멘트로는 보통포틀랜드시멘트, 백색포틀랜드시멘트, 착색시멘트, 고로슬래그시멘트 blast furnace slag cement, 플라이애시시멘트 fly ash cement, 알루미나시멘트 alumina cement, 조강포틀랜드시멘트 high-early strenght portland cement, 중용열포틀랜드시멘트 moderate heat portland cement, 저열포틀랜드시멘트 low heat portland cement, 내화물용 알루미나시멘트 aluminous cement for refractories, 팽창성 수경시멘트 expansive hydraulic cement 등이 있다. 실내건축에서 주로 사용되고 있는 시멘트로는 보통포틀랜드시멘트, 백색포틀랜드시멘트, 착색시멘트가 있다. ◉ 보통포틀랜드시멘트 normal portland cement 는 실내건축뿐만 아니라 건축공사 전반에 걸쳐 가장 많이 사용되는 보편화된 시멘트이다. 우리나라 전 시멘트 생산량의 90% 정도가 보통포틀랜드시멘트이며, 일반적으로 시멘트 또는 포틀랜드시멘트라고 말할 때는 이 보통포틀랜드시멘트를 가르킨다.

시멘트의 종류	◉ 백색포틀랜드시멘트 white portland cement 는 제조원료 manufacturing raw material 인 석회석을 흰색의 석회석으로 사용하고 점토는 천연 점토로서 산화철 iron oxide 을 가능한 한 포함하지 않도록 한 시멘트이다. 이 시멘트는 각종 안료를 섞어 넣으면 각종 착색시멘트를 만들 수 있으므로 주로 도장용, 장식용, 인조대리석제조용 등으로 사용되며 통상 백색시멘트 white cement 라고 부른다. ◉ 착색시멘트 colored cement 는 보통포틀랜드시멘트에 여러 가지 색깔을 착색할 목적으로 만든 시멘트로서, 착색 클링커 stain clinker 를 소성하여 분쇄하거나 백색포틀랜드시멘트에 안료를 가하여 착색하는 방법으로 만든다. 이 시멘트는 주로 실내벽 interior wall 등에 미장용으로 사용하거나 테라조 terrazzo, 타일 등을 제조시 또는 이들의 붙임용 모르타르에 많이 사용되기도 한다.
시멘트의 저장 및 취급	◉ 시멘트는 풍화 weathering 되기 쉬우므로 풍화되지 않도록 방습적인 구조로 된 사일로 silo 또는 창고에 종류별로 구분하여 저장하고 포대시멘트 sack cement 는 지상 30㎝ 이상되는 마루 위에 통풍이 되지 않도록 한 후 13포대 이하로 올려쌓기 하는 등으로 저장한다. 시멘트는 조금이라도 굳은 시멘트는 사용하지 않는 것이 좋다. ◉ 시멘트를 대량으로 판매할 때는 사일로에 저장된 상태에서 취급하지만 현장에 반입시 또는 시중 판매시는 대부분 포대시멘트로 취급하게 된다. 시멘트 1포대의 무게는 국제규격으로 42.637kg(941b)이고 체적은 약 0.028㎥이다. 현재 우리나라에서 포장되는 시멘트 1포대의 무게는 40kg이고 시멘트 1㎥의 무게는 1,500kg(37.5포대)이다.

시멘트 클링커

시멘트 포대

시멘트

6.3 콘크리트

일반사항	◉ 콘크리트 concrete 란 시멘트, 골재, 물 및 필요에 따라 혼화재료 admixture, additive 를 혼합한 것 또는 그 경화물 hardened material 을 말한다. 콘크리트라는 말은 라틴어의 'concretus'에 유래되어 '성장하는 것 to grow' 이라는 의미를 갖는다. ◉ 콘크리트는 건축재료 중에서 가장 중요하고 다량으로 사용되는 재료로서 내화성 fire resistance, 차음성 sound insulation performance, 내구성 durability, 내진성 earthquake proofness 등이 양호하고 압축강도가 다른 재료에 비해 비교적 크며, 성분상 강알칼리성 hard alkaline 이므로 철강재 iron and steel material 의 방청상 유효한 장점 등이 있는 반면 자중이 비교적 크고 압축강도에 비해 인장강도 및 휨강도가 작으며 건조수축성 drying shrinkingness 이 있어서 균열이 생기기 쉽고 경화하는데 시간이 걸려 시공일수가 길다는 단점도 있다. ◉ 콘크리트는 성질면에서 굳지 않는 콘크리트 fresh concrete 와 경화된 콘크리트 hardened concrete 로 크게 나눌 수 있다. 그러나 일반적으로 경화된 콘크리트를 의미하는 것이다.
콘크리트의 조성 재료 및 배합	◉ 콘크리트는 일반적으로 시멘트, 모래, 자갈, 물 및 필요에 따라 혼화재료로 조성된다. 이 조성재료 composite material 의 혼합비율 mixture ratio 또는 사용량을 콘크리트의 배합 mix proportion 이라 하고, 콘크리트의 소요강도, 내구성, 균일성 uniformity, 수밀성, 작업에 알맞는 워커빌리티 workability 등을 가진 콘크리트가 가장 효율적으로 얻어지도록 조성재료의 혼합비율 또는 사용량을 정하는 것을 콘크리트 배합설계 design of mix proportion 라 한다. 따라서 콘크리트의 배합설계에 의하여 콘크리트 조성재료인 시멘트, 모래, 자갈 등의 혼합비율 또는 사용량을 정하는 것이 정상적이다. ◉ 콘크리트 조성재료인 시멘트는 일반적으로 보통포틀랜드시멘트가 사용되는데, 품질은 한국산업규격(KS)에 적합한 것으로 한다. 모래 및 자갈을 골재 aggregate 라고 하는데, 모래를 잔골재 fine aggregate, 자갈을 굵은골재 coarse aggregate 라고 한다. 그리고 골재는 천연골재 natural aggregate 와 인공골재 artificial aggregate 로 구분되는데, 천연골재인 강자갈 river gravel 또는 깬자갈 crushed stone 을 사용하는 것이 일반적이고 유해량의 먼지, 흙, 유기불순물 organic impurities, 염화물 chloride 등이 포함되지 않고 소요의 내화성 및 내구성을 가진 것을 사용하는 것이 좋다. ◉ 콘크리트용수 light water for concrete 인 물은 수돗물을 사용하는 것이 좋고 하천수, 호소수 등을 이용할 경우는 유해한 불순물인 기름, 산, 알칼리, 염류, 유기물 등을 포함하지 않은 청정 purity 한 것으로 하고, 바닷물을 사용할 경우에는 철근 steel bar 을 부식 corrosion 시킬 우려가 있으므로 철근콘크리트 reinforced concrete, 철골철근콘크리트 steel reinforced concrete 의 혼합수 mixed water 로 사용해서는 안 된다. ◉ 혼화재료 admixture 는 시멘트, 골재, 물 이외의 재료로서 배합시 필요에 따라 콘크리트에 그 한 성분 component 으로 첨가하는 재료로서 굳지 않은 콘크리트나 경화한 콘크리트의 성질을 개선 · 향상시킬 목적으로 사용된다.

콘크리트의 조성 재료 및 배합	혼화재료 admixture, additive 는 사용량이 비교적 적어서 그 자체의 부피가 콘크리트 배합설계에서 무시되는 혼화제 chemical agent 와 사용량이 비교적 많아서 그 자체의 부피가 콘크리트 배합설계에서 고려되는 혼화재 mineral admixture 로 구분한다. 혼화제에는 AE제 air-entaining agent, 감수제 water reducing agent, 유동화제 super plasticizer, 촉진제 accelerator agent, 지연제 retardant agent, 급결제 accelerating agent, 방수제 water-proof agent, 발포제 gas-foaming agent, 방청제 corrosion-inhibiging agent 등이 있고 혼화재에는 플라애시 fly-ash, 포졸란 pozzolan, 고로슬래그 bast-furnace slag, 실리카흄 sillca fume, 팽창재 expansive producing admixtures, 착색재 coloring admixture 등이 있다.
콘크리트의 성질	◉ 콘크리트의 성질은 굳지 않은 콘크리트, 경화된 콘크리트에 따라 다르다. 굳지 않은 콘크리트 fresh concrete 란 조성재료의 비빔 직후부터 응결과정 setting process 을 거쳐 소정의 강도를 나타낼 때까지의 콘크리트를 말하고, 경화된 콘크리트 hardening concrete 란 소정의 강도를 나타낸 콘크리트를 말한다. ◉ 굳지 않은 콘크리트의 주요 성질로서 반죽질기 및 워커빌리티, 공기량, 블리딩과 레이턴스, 재료분리, 초기균열, 응결과 경화 등을 들 수 있다. 반죽질기 consistency 는 주로 물의 양이 많고 적음에 따른 반죽이 되고 · 진 정도를 나타내는 성질을 말한다. 워커빌리티 workability 는 반죽질기 여하에 따른 작업의 난이도 및 재료분리에 저항 resistance 하는 정도를 나타내는 성질을 말하는 것으로서, 워커빌리티의 측정방법으로는 슬럼프시험 slump test 이 있다. 블리딩 bleeding 은 콘크리트 타설 후 시멘트, 골재입자 aggregate particle 등의 침하 settlement 에 따라 물이 분리 · 상승되어 콘크리트 표면에 떠오르는 현상을 말하고, 레이턴스 laitance 는 수분 상승으로 인하여 콘크리트 표면에 떠올라 가라앉은 미세한 물질로 인해 얇은 층이 형성된 현상을 말한다. 재료분리 segregation of materials 는 콘크리트가 비비기 mixing, 운반, 다지기 등의 시공중에 재료별로 집중되는 현상을 말하며, 반죽질기를 컨시스턴시 consistency 라고도 한다. 응결 setting 은 콘크리트가 유동적 liquid 인 상태에서 겨우 형체를 유지할 수 있을 정도로 엉키는 초기작용 initial action 을 하고, 경화 hardening 는 응결이 끝난 콘크리트가 시간의 경과에 따라 굳어져 강도가 증진되는 현상을 말한다. ◉ 경화된 콘크리트의 성질로는 강도, 탄성과 소성, 중량, 체적변화, 크리프, 수밀성, 내화성, 내구성 등을 들 수 있다. 강도는 압축강도를 말하는 것으로, 강도에 가장 영향을 미치는 것은 물시멘트비이다. 탄성 elasticity 은 재료가 외력을 받아서 변형이 생길 때 그 외력을 제거하면 원상태로 되는 성질을 말한다. 소성 plasticity 은 탄성에 반하여 외력을 없애도 원상태로 돌아가지 않는 성질을 말한다. 콘크리트의 중량은 주로 골재의 비중에 따라 변화하는데, 보통 콘크리트의 중량은 2.3t/㎥ 정도이다. 크리프 creep 는 지속적으로 작용하는 하중에 의해서 시간의 경과에 따라 콘크리트 변형이 증대하는 현상을 말하는 것으로, 콘크리트에 크리프가 나타나면 처짐 deflection, 균열 crack 의 폭 등이 시간과 더불어 증대한다.
콘크리트의 종류	◉ 콘크리트의 종류에는 여러 가지가 있다. 일반적으로 사용되고 있는 콘크리트에는 보통콘크리트, 레디믹스트콘크리트, 무근콘크리트, 철근콘크리트, 철골철근콘크리트, 고강도콘크리트, 고내구성콘크리트, 유동화콘크리트, 섬유보강콘크리트를 들 수 있다. • 보통콘크리트 normal concrete 는 하천의 모래, 강자갈이나 깬자갈(쇄석)을 골재로 하여 제조한 일반적인 콘크리트를 말한다. 레디믹스트콘크리트 ready mixed concrete

는 콘크리트 제조공장에서 주문자가 요구하는 품질의 콘크리트를 소정의 시간에 원하는 수량을 특수한 운반차를 사용하여 현장까지 운반 · 공급하는 굳지 않는 콘크리트를 말하며, 이를 레미콘 remicon 이라고도 한다. 과거에는 현장에서 배합 · 설계된 콘크리트를 사용하는 것이 대부분이었으나 요즘 건설현장에서는 대부분 레미콘을 사용하고 있다.

- 무근콘크리트 non-reinforced concrete 는 철근 등의 보강재 reinforced materials 를 사용하지 않는 콘크리트로서 바닥공사 등에 사용한다. 철근콘크리트 reinforced concrete 는 콘크리트가 압축에는 강하지만 인장이나 전단에는 약하므로 이를 보강하기 위해 콘크리트 안에 철근을 넣는 것을 말한 것으로, 철근과 콘크리트가 결합하여 콘크리트는 주로 압축력 compressive force 에 대하여 유효하게 작용하고 철근은 주로 인장력 tensile strength 에 대하여 유효하게 작용하는 점을 이용하여 양자의 특성을 살린 이상적인 구조체 structures 를 형성하게 하는 콘크리트이다. 이 철근콘크리트는 거의 모든 건축공사에 사용되고 있다. 철골철근콘크리트 steel framed reinforced concrete 는 형강 shape steel 이나 기타 철골 structural steel, steel frame 과 철근 및 이들을 포함한 콘크리트가 일체로 작용하도록 설계 · 시공된 일종의 철골철근콘크리트조로서 고층건축물공사에 주로 사용되고 있다.

콘크리트의 종류

◉ 고강도콘크리트 high strength concrete 는 설계기준강도 standard strength of design 가 보통콘크리트에서 400kg/㎠ 이상인 경우의 콘크리트를 말하고 있으나, 이 값은 혼화재료 등의 향상으로 인하여 달라질 수 있다. 최근에는 1,000kgf/㎠를 넘는 것도 현장에서 취급하고 있으며, 이러한 콘크리트를 초고강도콘크리트 super high strength concrete 라 하여 구별하고 있다. 앞으로 초고층 건축물과 장스팬 건축물의 건축으로 인하여 고강도콘크리트 또는 초고강도콘크리트 개발이 진행될 것으로 본다.

◉ 고내구성콘크리트 high performance concrete 는 외부로부터의 물리적 작용 및 화학적 작용에 저항하여 장기간에 걸쳐 사용이 가능하도록 개발된 콘크리트로서, 높은 내구성을 필요로 하는 철근콘크리트조 건축물에 사용한다.

◉ 유동화콘크리트 super plasticizer concrete 는 미리 비벼놓은 콘크리트에 유동성 fiuidity 을 증대시키기 위한 목적으로 사용하는 혼화제인 유동화제 flowing agent 를 첨가하고 재비빔하여 유동성을 증대시킨 콘크리트이다. 이 유동화콘크리트의 사용은 콘크리트의 품질을 변화시키는 것이 아니라 부어넣기 및 다짐 등의 시공성 constructiveness 을 개선하는 방법으로 이용되고 있다.

◉ 섬유보강콘크리트 fiber reinforced concrete : FRC 는 콘크리트의 인장강도와 균열에 대한 저항성 resistanceness 을 높이고 인성 toughness 을 대폭 개선시킬 목적으로 콘크리트 속에 길이가 짧고 단면이 작은 섬유를 보강시켜 만든 복합재료 composite materials의 일종이라 할 수 있다. 섬유보강 콘크리트에서 보강섬유 reinforcing fiber 인 강섬유 steel fiber 를 콘크리트 속에 균일하게 분산 · 혼합시켜 만든 강섬유보강콘크리트 steel fiber reinforced concrete : SFRC 와 보강섬유인 유리섬유 glass fiber를 콘크리트 속에 균일하게 분산 · 혼합시켜 만든 유리섬유보강콘크리트 glass fiber reinforced concrete : GRC, GFRc가 있다. 이 콘크리트는 미장모르타르용, 각종 콘크리트의 보수 및 보강용 커튼월 외벽패널, 지붕부재, 천장재, 문틀, 계단 등 다양한 건축용 부재 개발 또는 제품화 merchandise 에 이용되고 있다.

경화 전

경화 후

콘크리트 형상

콘크리트 타설표면 형상

콘크리트 단면절단 표면형상

콘크리트 표면형상

천연골재

인공골재

천연골재 및 인공골재

강자갈

깬자갈

강자갈 및 깬자갈

INTERIOR ARCHITECTURE MATERIALS

금속재료

07

7.1 개요

금속재료 metallic material 는 광석 ore 으로부터 제련 refining 하여 얻어진 것으로서 일반적으로 철금속 ferrous metal 과 비철금속 non-ferrous metal 으로 구분한다. 철금속은 철과 강을 합쳐서 일컫는 말로서 철강 iron and steel 이라고 한다. 일반적으로 철이라 하면 철금속을 말한다. 철금속은 대기중에서 산화 oxidation 되어 광택 gloss, lustre 을 잃은 특징이 있다. 비철금속은 철 이외의 금속을 말한 것으로 특히 녹이 쉽게 나지 않는 장점이 있다.

금속재료는 구조재 structural materials 뿐만 아니라 장식재 decorative materials 로도 많이 쓰이고 있다. 건축공사에서 사용되고 있는 금속재료의 대부분은 단일체 single body 보다도 합금 alloy 으로 사용하고 있다. 합금은 하나의 금속에 하나 이상의 다른 금속 또는 비금속 non-matal 을 가해서 금속적인 성질을 나타내는 것으로 현재 사용되고 있는 모든 금속은 엄밀히 말해서 합금이라 할 수 있다.

금속재료 중 건축재료로 많이 사용되고 있는 것은 철강, 주철, 동, 알루미늄, 납, 아연과 이들의 합금 등이다. 실내건축재료에는 동 및 알루미늄 등의 비철금속이 많이 쓰인다.

또한 금속제품 metallic manufactured goods 으로는 구조용 강재 structural steel, 강판 steel plate, 강관 steel pipe, 선재 metal wire, 긴결 및 고정철물 binding or fixed metal, 수장 및 장식용 제품 fixture or decorative goods, 금속창호재 및 창호철물 metal sash or finish hardware, 금속가공성형품 working mold goods 등 용도 및 형상 등에 따라 그 종류가 다양하다. 따라서 본 장에서는 금속창호재 및 창호철물을 제외한 실내건축에 사용되는 금속재료 위주로 기술하고자 한다.

7.2 금속재료

(1) 철금속

철강	◉ 철강 iron and steel 은 철 Fe 이외에 소량의 탄소 C · 망간 Mn · 규소 Si 및 불순물로 인 P · 유황 S 등을 함유하고 있는 금속으로서, 탄소량에 따라 철, 강, 주철로 구분하고 있다. ◉ 철강으로 가공 manufacturing 및 성형 forming, making mould 된 제품으로는 형강 · 강판 · 평강 · 봉강류 등의 압연강재 rolled steel 가 있고 못, 철사 등이 있다.
탄소강	◉ 탄소강 carbon steel 은 철 Fe · 탄소 C 이외에 망간 Mn · 인 P · 황 S · 규소 Si 등을 함유하고 있는 금속으로서, 탄소의 함유량에 따라 저탄소강 low carbon steel, 중탄소강 medium carbon steel, 고탄소강 high carbon steel 으로 구분한다. ◉ 탄소강으로 만든 제품으로는 리벳, 못, 새시바, 철골, 철근, 박판, 강판, 형강 등 여러 가지가 있다.
특수강	◉ 특수강 special steel 은 탄소강에 특수한 성질을 주기 위하여 다른 금속을 적당량만큼 첨가한 합금강 alloyed steel 이다. 특수강을 그 성질에 따라 구조용 특수강, 특수용도용 특수강으로 구분한다. ◉ 구조용 특수강으로 제조된 것으로는 피아노선 piano wire 또는 강선 steel wire 이 있고, 특수용도용 특수강으로는 스테인리스강 stainless steel · 내열강 heat-proof steel · 내후성강 atmospheric corrosion resistant steel 이 있다. ◉ 스테인리스강은 크롬 · 니켈 등을 함유하며 탄소량이 적고 내식성 corrosion resistance 이 우수한 특수강으로서, 일반적으로 전기저항 electric resistance 이 크고 열전도율이 낮은 반면 강도가 크고 경도에 비해 가공성이 좋으며 외관이 아름답고 납땜 soldering, brazing 도 가능하는 등 여러 가지 장점 때문에 건축재료로 널리 사용되고 있다. 특히 창호재, 설비재, 위생기구재 등으로 실내건축재료로 많이 쓰이고 있다. ◉ 내후성강은 대기중 녹 발생이 적은 내식성이 우수한 강재로서 구조용 재료로 주로 사용된다. 내열강은 온도에 대한 강한 저항성 resistantness 을 갖는 강재로서 보일러 등 난방설비재로 주로 사용된다.
주철과 주강	◉ 주철 cast iron 은 철이 대부분 함유(92~96%)하고 나머지는 크롬·규소·망간·유황·인 등이 함유하고 있는 금속으로서 강보다 용융점 melting point 이 낮아서 복잡한 형태의 것이라도 주조 casting 하기 쉽지만 압연 · 단조성 forgeness 이 없는 것이 결점이다. 주철은 창호철물, 자물쇠, 장식철물, 방열기, 맨홀뚜껑 등에 주로 쓰인다. ◉ 주강 cast steel 은 저탄소 low-carbon 주철로서 탄소량이 적은(0.1~0.5%) 용해강 dissolution steel 을 주형 mould 에 주입하여 제작한 주물 cast metal 이다. 주철로서는 강도가 불충분한 것에 사용된다. 주로 철골기둥과 보의 접합부 등에 쓰인다.

(2) 비철금속

동과 합금	◉ 동 copper 은 자연으로 생산되는 천연동 natural copper 도 있지만 대부분 황동광 brass copper 또는 휘동광 copper glance 으로부터 조동 blister copper 을 만들고 이 조동을 원료로 정련 refining 하여 동을 얻는다. 동을 일반적으로 구리라고 한다. 동은 부식이 잘 안 되고 아름다운 색과 광택을 지니고 있으며, 유연하고 전연성 malleability and ductility 이 좋아 가공하기 쉬울 뿐만 아니라 열전도성 및 전기전도성 electric conductivity 등의 특성이 있어 장식철물, 창호철물, 냉 · 난방 등의 배관재료, 전기재료 등에 많이 사용되고 있다. ◉ 동합금 alloyed copper 에는 여러 종류가 있으나 건축재료로 사용되는 종류로는 황동과 청동이 있다. 황동 brass 은 일명 놋쇠(眞鍮)라고도 하며 주로 동 70%와 아연 30%로 된 합금으로서, 압연 · 인발 등의 가공이 용이하고 내식성이 크므로 논슬립, 난간, 코너비드, 정첩, 창문의 레일, 장식철물 및 나사 · 볼트 · 너트 등의 긴결철물 binding metal 등에 널리 사용되고 있다. 황동은 산 · 알칼리 및 암모니아에 침식되기 쉬우므로 사용에 특히 주의하여야 한다. 청동 bronze 은 동과 주석 tin 을 주성분으로 한 합금으로서, 황동보다는 내식성이 강하고 표면이 특유의 아름다운 색깔을 지니고 있어 건축물 장식부품으로 사용되고 실내건축에서는 장식 효과를 내기 위해 부분적으로 사용되고 있다.
알루미늄과 합금	◉ 알루미늄 aluminum 은 다방면으로 많이 사용되고 있는 비철금속으로서 대표적인 경금속 light metal 이기도 하다. 독특한 은백색의 광택을 나타내고 전연성이 좋아 가공하기 쉬우며 내식성도 우수하다. 또한 광선 및 열의 반사율이 크고 열 · 전기의 전도성이 동 다음으로 높다. 그러나 맑은 물에는 거의 침식 erosion 되지 않으나 염산 hydrochloric acid 에는 침식되기 쉬우며, 특히 산이나 알칼리 alkali 및 해수에 침식되기 쉬우므로 콘크리트 및 해수에 접하거나 흙속에 매립된 경우에는 사용을 금하거나 주의하여 사용해야 한다. ◉ 알루미늄은 여러 가지 우수한 특성을 이용하여 건축재료로 광범위하게 사용되고 있다. 내외벽 마감재료, 도어 door · 새시 sash · 셔터 shutter · 창호철물 finish hardware 등의 창호재료, 계단 · 손잡이 · 논슬립 nonslip 등 조작재료, 블라인드 blind · 루버 louver · 창격자 등의 내외장재료, 설비재료, 가구재료, 열절연재료 등으로 널리 사용되고 있고 그 사용이 급증하고 있는 추세이다. ◉ 알루미늄합금 aluminum alloy 은 내식성 · 내열성 또는 강도를 높이기 위하여 알루미늄에 구리 · 마그네슘 · 규소 · 아연 등의 원소를 첨가하여 제조된 합금이다. 이 합금은 내 · 외부장식용 착색무늬 판재, 대형 창격자, 조각판재, 메탈 커튼월 metal curtain wall 등에 사용되고 있다. ◉ 알루미늄합금 중 고력합금 high tensile alloy 인 두랄루민 duralumin 은 오늘날 널리 실용되고 있는 합금으로서 알루미늄에 구리를 첨가한 Al-Cu계 두랄루민과 이에 마그네슘을 첨가한 Al-Cu-Mg계 초 두랄루민 super duralumin, 다시 아연을 첨가한 Al-Cu-Mg-Zn계 초초두랄루민으로 크게 3가지로 나눌 수 있는데, 초초두랄루민은 주로 항공기 재료로 사용된다. 두랄루민은 비중이 2.7 정도로 일반 철강의 1/3밖에 되지 않으므로 중량에 비해 강도가 매우 우수하고 알루미늄보다 강도와 내식성이 크므로 특히 고층건축물의 내 · 외장 대형 판재 제조용으로 사용되고, 장식용 또는 가구용 재료로도 사용된다.

아연과 합금	◉ 아연은 회백색의 비철금속으로서 연질이고, 내식성 · 연성 ductility 이 우수하여 철판의 아연도금 galvanizing 으로 쓰이며, 함석 galvanized sheet iron 제조에 사용된다. 아연제품은 중량이 가벼워 지붕이나 벽마감재로 많이 쓰인다. ◉ 아연합금 alloyed zinc 은 아연에 알루미늄 · 구리 · 마그네슘을 약간 첨가한 합금으로서 용융점이 낮고 강도가 크며 대기중의 내식성이 우수하여 건축철물 building hardware 로서 유망한 합금이다.

7.3 금속제품

(1) 구조용 강재

형강 및 경량형강	◉ 형강 shape steel, section steel 은 단면형상을 이루고 있는 구조용 재료로서 철골구조 steel structure 에 주로 많이 사용되고 있다. 형강은 단면의 형상에 따라 ㄱ형강, I형강, ㄷ형강, T형강, H형강 등으로 구분한다. 실내건축에서는 벽, 천장 등의 구조물 보강재로 사용된다. ◉ 경량형강 light weight shape steel 은 구조재의 무게를 감소시킬 목적으로 얇은 강판을 가장 유효한 단면형상으로 만든 형강으로서 단면형상 및 용도는 일반형강 general shape steel 과 같다.
철 근	◉ 철근 steel bar, reinforcing bar 은 콘크리트 속에 묻어서 콘크리트를 보강 reinforcement 하기 위하여 사용되는 강재이다. 철근의 종류 중 원형철근 round steel bar 또는 이형철근 deformed steel bar 이 주로 쓰이고, 표면이 미끈한 원형철근보다 표면에 리브 rib 또는 마디 joint 등의 돌기 lug 를 붙인 이형철근을 건축구조물에 많이 사용한다. ◉ 철근을 사용한 콘크리트를 철근콘크리트 reinforced concrete 라고 하는데, 실내건축에서는 철근콘크리트를 사용한 경우는 없으므로 철근을 구조재로 사용하는 경우는 가구의 [illegible] [illegible] 벽, 천장 등에 강판을 부착하기 위한 바탕의 보강재 stiffening
강 판	◉ 강판 steel plate 은 강괴 steel ingot 를 압연 rolling 하여 얇고 넓게 만든 철판 iron steel plate 이다. 강판의 표면에 피복처리한 피복강판 coated steel sheet 이 있고 샌드위치패널 sandwich panel 형식으로 된 금속패널 metal panel 이 있다. 건축공사에 주로 사용되는 것으로는 아연도강판, 착색아연도강판, 무늬강판, 비닐피복강판, 프린트강판, 알루미늄복합패널, 스테인리스강판 등이 있다. ◉ 아연도강판 galvanized steel sheet 은 부식을 방지하기 위해 표면에 아연도금한 강판으로서 아연도철판 galvanized sheet plate 또는 함석판(函錫板)이라고도 한다. 녹이 슬지 않고 외관미가 있으며 내식성이 좋아 지붕재 또는 설비재로 많이 사용한다. ◉ 착색아연도강판 precoated galvanized steel plate 은 아연도강판에 착색도장 coloring coating 한 강판으로서 평판 plate, sheet 과 골판 corrugated sheet 이 있다. 외벽 및 지붕재로 사용한다.

강 판

- 무늬강판 checkered steel plate 은 철판 표면에 체크무늬 check pattern 를 만들어 미끄러지지 않게 한 강판으로서 공장 · 창고 등의 바닥재 또는 계단의 디딤판 등에 사용한다.
- 비닐피복강판 vinyl coated steel sheet 은 강판에 염화비닐수지 polyvinyl chloride resin 등을 피복 coating, covering 하여 만든 강판으로서 아름다운 색채와 다양한 무늬를 낼 수 있고, 내식성이 우수하므로 천장, 내 · 외벽재 등에 사용한다.
- 프린트강판 printed steel plate 은 일반수지도장강판 general resin coating steel plate 에 다양한 패턴 pattern 을 인쇄한 후 아크릴계의 투명수지층 transparent resin coating layer 을 입힌 강판으로서 다양한 무늬와 색상을 낼 수 있고 내후성 weatherability 과 내식성 corrosion resistance · 내화학성 chemical resistance 이 우수하므로 내 · 외벽재 등에 사용한다.
- 알루미늄복합패널 aluminum combined panel 은 2매의 알루미늄 사이에 심재 core material 를 넣어 샌드위치패널 형식으로 만든 금속패널 metallic panel 의 일종이다. 표면의 색상이 여러 가지이고 가볍고 가공하기도 쉬우며 내오염성 taint proofness 및 내후성이 있어 내벽 마감재로 쓰이고 특히 실내기둥의 표면 감싸기 마감재로 많이 쓰이고 있다.
- 스테인리스강판 stainless steel plate 은 내식성 및 내마모성 abrasion resistance 이 우수하고 강도가 높을 뿐만 아니라 장식적으로 광택이 뛰어나 창호재, 외장재, 주방용 가구 등에 널리 사용된다.
- 동판 copper plate 은 동(銅)으로 압연하여 만든 얇고 넓은 판으로서 경질 hardness · 반경질 semi-hardness · 연질 softness 등의 3종과 양면갈이한 연마판 polishing plate 과 면을 갈지 않은 검정판 copper blacking plate 등이 있다. 동판은 부식 corrosion 이 잘 안 되고, 아름다운 색과 유연 soft flexible 하고 전연성 malleability and ductility 이 좋아 가공하기 쉽기 때문에 건축물의 장식부품 및 실내장식에 사용되고 특히 지붕재료로 많이 쓰이고 있다. 동판은 자연환경에 노출되면서 시간경과와 함께 산화 oxidation 가 시작되어 여러 가지 색상으로 변화하는 특징이 있다.

형강

철근

착색아연도 강판

비닐피복 강판

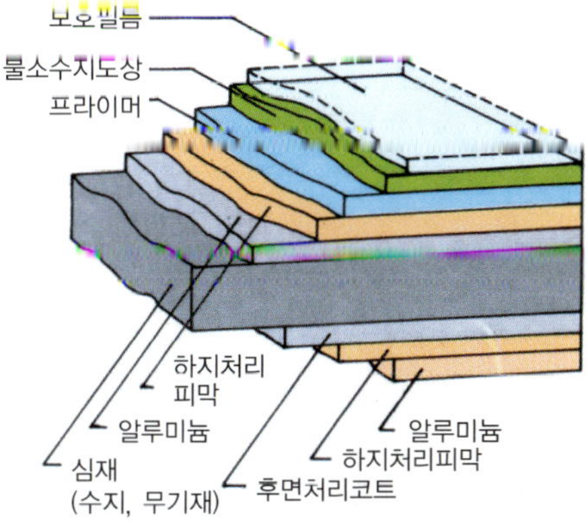

보호필름
불소수지도상
프라이머
하지처리 피막
알루미늄
심재 (수지, 무기재)
후면처리코트
하지처리피막
알루미늄

알루미늄 복합패널

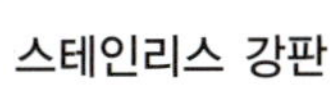

스테인리스 강판

무늬강판

프린트 강판 패턴

동판 및 동판의 변색과정

(2) 금속 기성제품

계단논슬립	◉ 계단논슬립 stairs non-slip, stairs safety tread nosing 은 계단디딤판 stair stepping board, stair tread 의 미끄럼막 antislip 이 철물이다. ◉ 황동제, 스테인리스제, 철제 등이 있는데, 황동제가 많이 사용된다. 황동제 논슬립을 사용할 때는 폭 50㎜, 무게 2.3kg 이상, 길이 180㎝의 황동제로 한다. 금속제 외에도 자기제품 porcelain product, 고무제품 rubber product 도 있다.
줄눈대	◉ 줄눈대 metallic joiner 는 인조석갈기, 테라조현장바름 바닥줄눈 floor masonry joint 을 구획하는 철물 또는 수장공사에서 이음새 joint clearance 를 감추는데 쓰이는 장식용 철물이다. 줄눈쇠 joint strip 라고도 한다. ◉ 황동제, 스테인리스제, 강제, 주물제 등이 있고 표준치수는 두께 4.5㎜, 높이 12㎜, 길이 900㎜이다.

코너비드	◉ 코너비드 corner bead 는 벽 · 기둥 등의 모서리 부분의 미장바름 plastering 을 보호하기 위하여 묻어 붙인 철물이다. 모서리쇠 corner metal, corner guard metal 라고도 한다. ◉ 아연도금철제, 황동제, 스테인리스강제, 경질염화비닐제 등이 있으며 아연도금철제를 많이 사용한다. 단면형상은 L형 · I형 등 여러 가지가 있고 길이는 1.8m, 2.7m, 3.6m 등이 있다.
조이너	◉ 조이너 joiner 는 천장 · 벽 등에 보드 board 류를 붙이고, 그 이음새를 감추고 누르는데 쓰이는 철물이다. ◉ 아연도금철판제, 경금속제, 황동제가 있고, 단면형상은 여러 가지가 있으며, 길이는 1.8m 정도이다.
펀칭메탈	◉ 펀칭메탈 punching metal 은 얇은 철판 iron plate, iron sheet 에 여러 가지 모양으로 도려낸 철물 hardware 이다. 환기공 ventilating hole, 라디에이터 커버 radiator cover 등에 사용된다. ◉ 판두께 1.2㎜ 이하의 알루미늄판제, 아연도금철판제, 동판제가 있다.
그릴	◉ 그릴 grille 은 얇은 강판 steel plate, steel sheet 에 여러 가지 모양의 구멍을 뚫어 만든 철물이다. ◉ 황동제, 청동제가 있으며 장식을 겸한 방도 protection against poison 용 창문덮개 window cover 로 사용한다.
엠보스드 스틸 시트	◉ 엠보스드 스틸 시트 embossed steel sheet 는 아연도금철판 · 알루미늄판 · 스테인리스판 · 동판 등의 표면에 여러 가지 모양으로 처리한 철판이다. ◉ 엠보스드 스틸 시트는 창문, 벽 등의 장식용 마감재로 쓰인다.
메탈라스	◉ 메탈라스 metal lath 는 얇은 연강판에 일정한 간격으로 그물눈을 내고 늘여 철망 모양으로 만든 철물이다. 주로 천장, 벽 등의 모르타르 바름 바탕용으로 쓰인다. ◉ 메탈라스에는 편평라스 wide and even lath · 봉우리라스 peak lath · 파형라스 corrugated lath · 리브라스 rib lath 등이 있다. 그 중 편평라스가 많이 쓰이는데, 메탈라스라고 하면 이 편평라스를 말한다.
와이어메시	◉ 와이어메시 wire mesh 는 연강철선 mild steel wire 을 전기용접(세로와 가로의 교차점)하여 정방형 또는 장방형으로 만든 철물이다. ◉ 와이어메시는 블록을 쌓을 때 수평줄눈에 묻어 벽체의 균열을 방지하고, 교차 및 모서리 부분을 보강하기 위해 사용한다.
와이어라스	◉ 와이어라스 wire lath 는 보통철선 common steel wire 또는 아연도금철선 galvanized steel wire 으로 마름모형 rhombus shape, 갑옷형 armor shape, 둥근형 round shape 등으로 그물같이 엮어 철망같이 만든 철물이다. ◉ 와이어라스는 시멘트모르타르 바름 등의 바탕에 사용된다. 와이어라스에 사용하는 갈고리못(스테플)은 보통철선 또는 아연도금철선으로 만들며, 길이는 25㎜와 18㎜의 2가지가 있다.

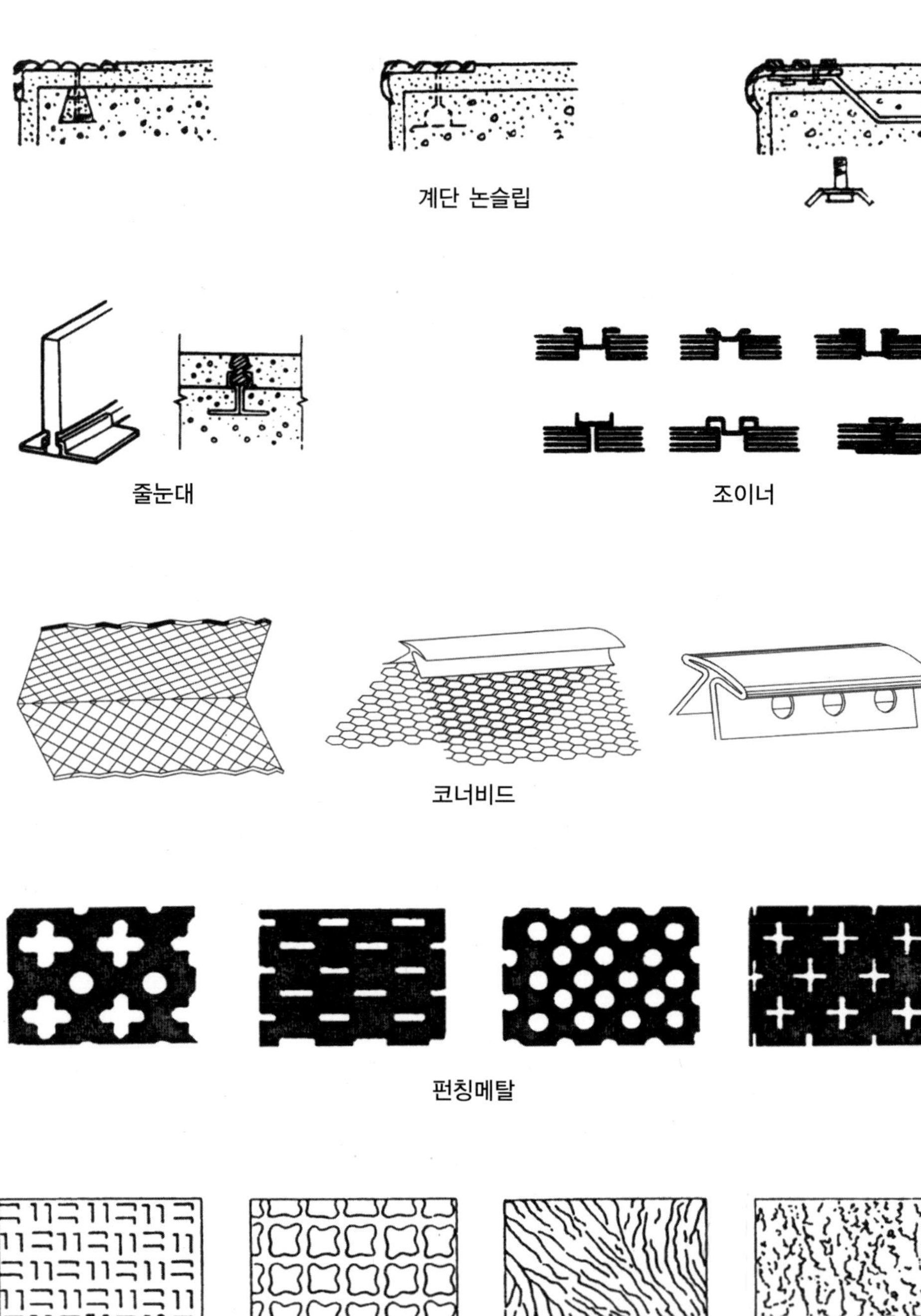

엠보스드 스틸 시트

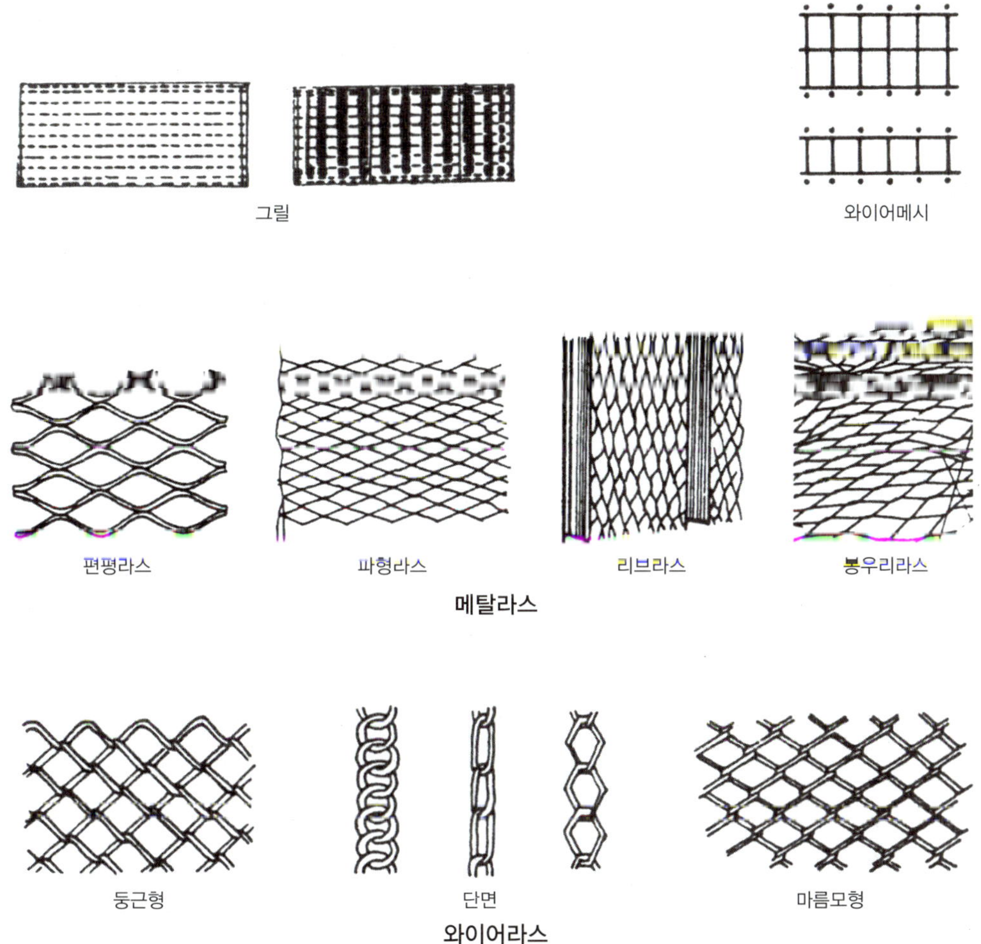
그릴
와이어메시
편평라스
파형라스
리브라스
봉우리라스
메탈라스
둥근형
단면
마름모형
와이어라스

(3) 긴결 및 고정철물

철사못	◉ 철사못 wire nail 은 못용 철선으로 만든 못으로서 형상, 치수, 용도에 따라 여러 종류가 있다. ◉ 철사못으로서 많이 사용되고 있는 못의 종류로는 보통 쓰이는 철제 둥근 못 round wire nails 인 일반용 철못, 경강선재를 사용하여 만든 못인 콘크리트용 철못 concrete nails, 못몸이 나사로 되어 틀어박을 수 있도록 만든 못인 나사못 screw 이 있고, 이 외에도 재질에 따른 아연도금철못, 동못 및 황동제 못 등이 있다.
볼트	◉ 볼트 bolt 는 와셔 washer 와 너트 nut 를 끼워 2개 이상의 부재를 죄어 긴결하는 데 쓰이는 긴결재 wire tier, form tier 이다. ◉ 볼트는 사용방식에 따라 보통볼트 common bolt, 앵커볼트 anchor bolt, 주걱볼트 strap bolt, 양나사볼트 double ended bolt 가 있고, 형상과 용도에 따라 여러 종류의 볼트가 있다. ◉ 와셔는 풀림 untie 을 막고 싶을 때, 접촉면 contact surface 을 크게 하고 싶을 때, 볼트 구멍이 볼트에 비하여 너무 클 때 등에 사용한다. 너트는 볼트나사 volt screw 부분에 끼어 부재를 조이는 볼트의 부속품이다.
꺾쇠, 띠쇠	◉ 꺾쇠 clamp 는 2개의 부재(목재)를 이어 연결 혹은 엇갈리게 고정시킬 때 쓰이는 철물이다. 단면의 모양에 따라 보통꺾쇠(직사각형), 각꺾쇠(정사각형), 원꺾쇠(원형), 주걱꺾쇠 strap clamp, 엇꺾쇠 skew clamp 등이 있다. ◉ 띠쇠 strap steel 는 띠형으로 된 철판에 가시못 또는 볼트구멍을 뚫은 철물이다. 2개의 부재(목재) 이음새 · 맞춤새 connecting clearance 에 대어 부재가 벌어지지 않도록 보강하는 데 사용한다.
감잡이쇠, ㄱ자쇠, 안장쇠	◉ 감잡이쇠 stirrup, hanger 는 ㄷ자형으로 구부려 만든 띠쇠로서 왕대공 king post 과 평보 tie beam, 평보와 ㅅ자보 principal rafter 등의 맞춤 부분에 보강철물 stiffening ironware 로 사용한다. ◉ ㄱ자쇠 ㄴ-strap, angle iron 는 띠쇠를 ㄱ자 모양으로 구부려 만든 철물로서 모서리 가로재의 연결 또는 세로 · 가로의 긴결에 쓰인다. ◉ 안장쇠 strap, beam hanger 는 안장모양으로 만든 철물로서 큰 보에 걸쳐 작은 보를 받게 하거나 귀보 angle beam 와 귀잡이보 angle tie 등을 접합하는 데 쓰인다.
듀벨	◉ 듀벨 D bel, dowel 은 두 부재 접합부에 끼워 볼트와 같이 사용하여 전단력 shear force 에 견디게 하는 철물로서 보통 강철이나 주철로 만든다. ◉ 듀벨은 모양에 따라 톱니형 듀벨 saw-toothed type dowel, 별모양 듀벨 star form dowel, 손톱형 듀벨 fingernail type dowel, 가락지형 듀벨 ring type dowel 등 여러 가지가 있으며 각종 특허품도 있다.

인서트	◉ 인서트 insert 는 콘크리트조 바닥판 밑에 반자틀 ceilling frame 이나 기타 구조물을 달아매고자 콘크리트를 부어넣기 전에 미리 묻어 넣은 고정철물 fixed ironware 이다. ◉ 인서트는 나중에 연결철물 linked ironware 을 걸칠 수 있는 갈고리 hook, 나사 screw, 볼트 등의 형식으로 되어 있다. 안쪽에 암나사 female screw 가 있어서 천장 달대볼트 등을 틀어넣을 수 있는 주철제와 목제 달림대 attached pole 를 고정할 수 있는 철판 가공품이 있다.
드라이브핀	◉ 드라이브핀 drive pin 은 드라이비트 drivit 라는 일종의 못박기총 nailing gun 을 사용하여 콘크리트나 강재 등에 쳐박는 특수못이다. ◉ 드라이브핀은 콘크리트용과 강재용이 있고 머리가 달린 것을 H형, 나사로 된 것은 T형이라고 한다. [illegible] 사용한다.

철사못

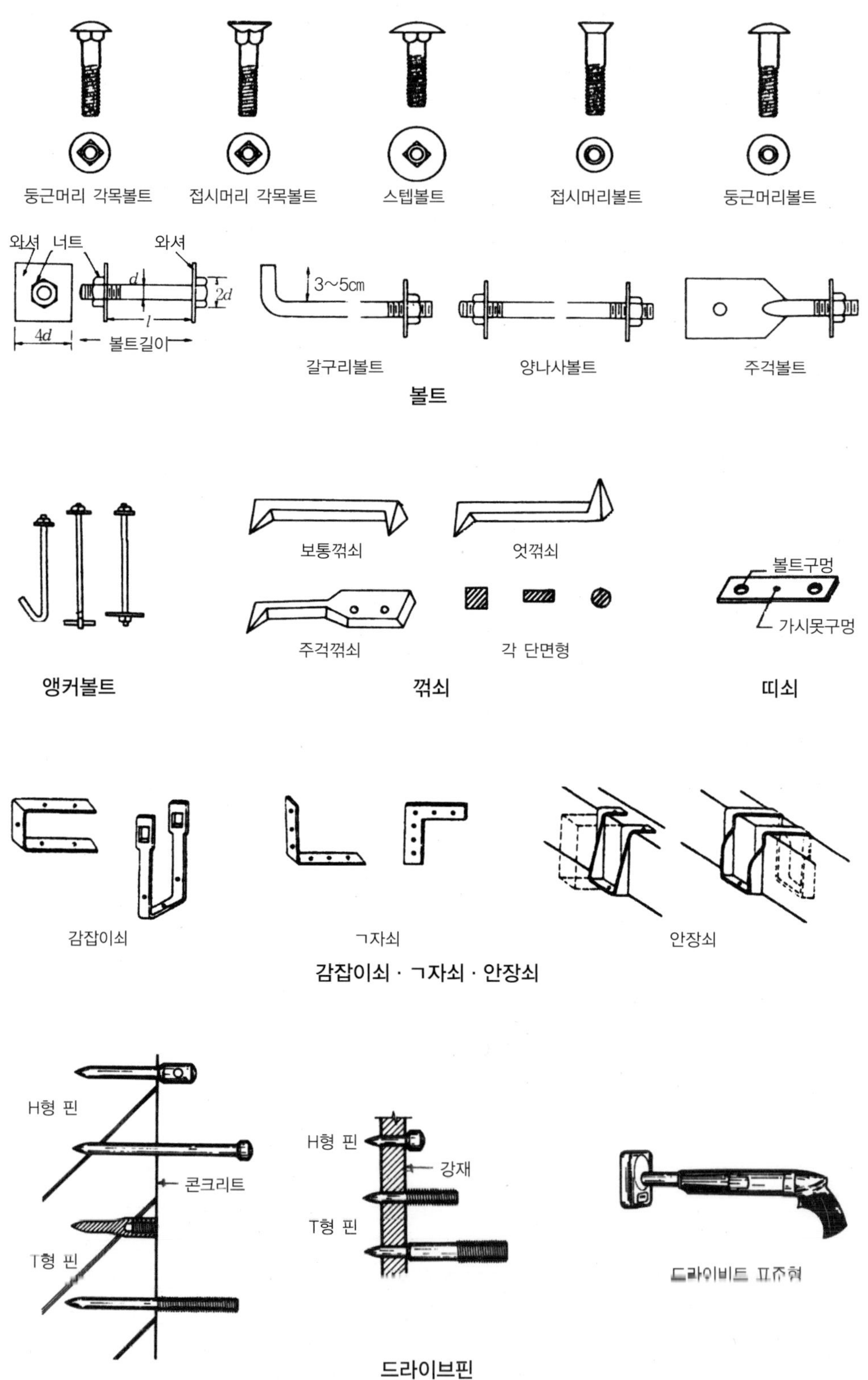
둥근머리 각목볼트
접시머리 각목볼트
스텝볼트
접시머리볼트
둥근머리볼트
와셔
너트
와셔
d
2d
l
4d
볼트길이
3~5cm
갈구리볼트
양나사볼트
주걱볼트
볼트
보통꺾쇠
엇꺾쇠
주걱꺾쇠
각 단면형
볼트구멍
가시못구멍
앵커볼트
꺾쇠
띠쇠
감잡이쇠
ㄱ자쇠
안장쇠
감잡이쇠 · ㄱ자쇠 · 안장쇠
H형 핀
콘크리트
T형 핀
H형 핀
강재
T형 핀
드라이브트 표준형
드라이브핀

톱니형 듀벨

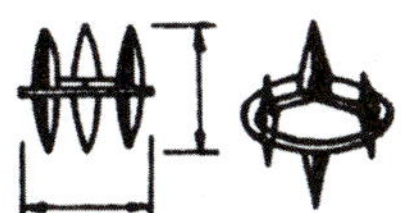

별모양 듀벨

손톱형 듀벨

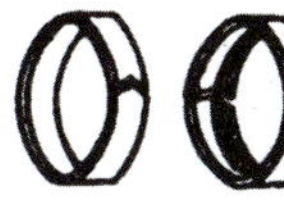
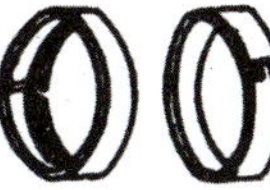

가락지형 듀벨

듀벨

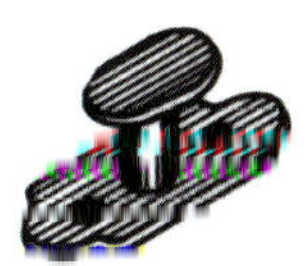

보통형 인서트

V형 5/8용 인서트

V형 인서트

MM인서트

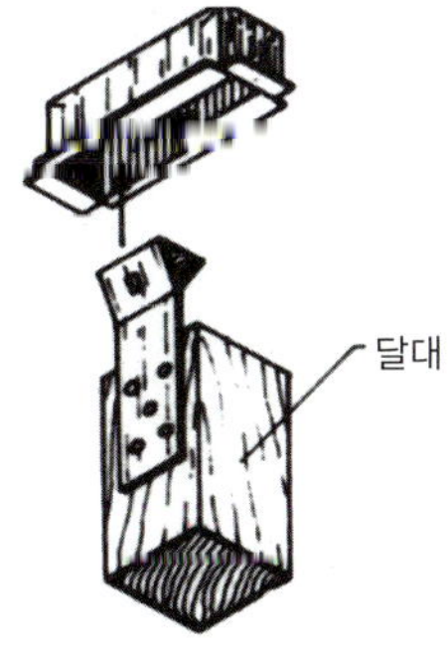

SS상자형 인서트

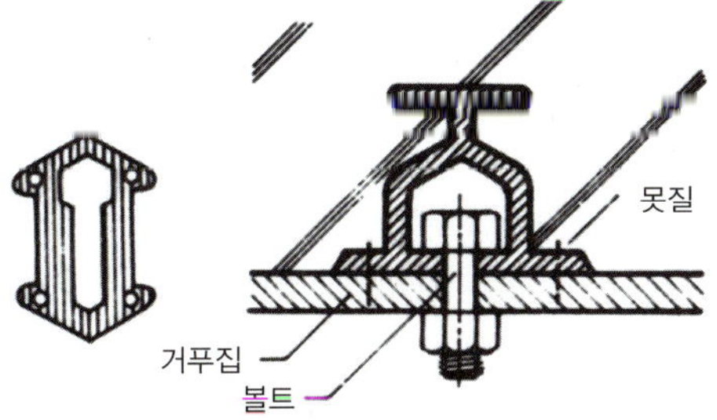

현수식 슬라이드형 인서트

인서트

INTERIOR ARCHITECTURE MATERIALS

유 리

08

8.1 개요

유리는 광선 ray 을 투과 transmission 시켜 투명 transparency 하고 아름다운 광택 gossiness 과 내구성 durability 을 가진 반영구적인 불연재료 non-combustible materials 이다. 품질이 균일하게 대량생산이 가능하고 표면마감처리에 따라 다양하게 표현될 수 있는 재료이지만 충격강도 impact strength 에 약하여 파손 damage 되기 쉽고 열에 약한 성질 등 다른 재료에 비하여 떨어지는 결점도 있다.

현대에 와서는 유리의 다양한 제품개발과 생산 및 시공법 발달로 사용범위가 점차 넓어져가고 있다. 따라서 유리는 빼놓을 수 없는 중요한 재료 중의 하나기도 하다. 특히 실내건축에서도 장식적인 측면에서뿐만 아니라 디자인적인 측면까지 고려하여 마감을 결정짓는 중요한 재료로 쓰이고 있다.

유리는 규산 silicic acid 과 같은 산성분 acid component 과 염기성분 alkali component 을 함유한 원료를 혼합하여 1,400~1,600℃ 정도의 온도로 용융 fusion, melting 하여 다시 냉각시킨 후 결정화되지 않게 고화 solidify 하여 만든 재료이다.

8.2 유리의 일반적 성질

역학적 성질	◉ 비중 : 유리의 성분 component 에 따라 2.2~6.3의 범위에서 달라지는데, 보통판유리는 2.5 내외로서 대리석 marble 과 비슷한 무게이다. 유리의 무게는 두께 1㎜당 넓이 1㎡ 무게로 표시할 때가 많다. ◉ 경도 : 유리의 성분과 열처리 heat treatment 에 따라 달라지는데, 5~7 정도이고 보통유리는 모스 Moh's 경도로 약 6 정도이며, 정장석 orthoclase 과 비슷한 단단함을 가지고 있다. ◉ 강도 : 유리의 두께, 조성 composition 및 열처리에 따라 차이가 있다. 압축강도는 5,000~12,000kgf/㎠, 인장강도는 300~800kgf/㎠, 휨강도는 250~750kgf/㎠이다. 유리의 강도는 휨강도 bending strength 를 말하며 두께가 얇을수록 크다. 따라서 얇을수록 많이 휘어질 수 있다는 것이다. 또한 같은 두께의 반투명유리 obscure glass 는 투명유리 clear glass 의 80% 정도이다.
열 및 전기적 성질	◉ 열전도율 : 보통판유리는 열전도율 heat conductivity 이 약 0.6kcal/mh℃로서 철재보다 상당히 적고 비열 specific heat 은 크므로 부분적으로 급히 가열 heating 하거니 냉각 cooling 시키면 파괴 rupture, failure 되기 쉽다. ◉ 연화점 및 내열성 : 보통판유리가 가열되어 녹는 온도인 연화점 softening point 은 720~750℃ 정도로 낮아 화재가 발생하면 유리는 용융한다. 열에 견딜 수 있는 내열성 heat proofness 은 2mm 유리 두께에서는 105℃ 이상, 3mm 유리 두께에서는 80~100℃ 이상, 5mm 유리 두께에서는 60℃ 이상에서 부분적인 온도차가 발생하면 파괴된다. ◉ 전기 : 유리는 건조상태에서 부도체 nonconductor 이나 공중의 습도 humidity 가 많게 되면 유리 표면에 습기가 흡착 adhesion by suction 되므로 절연성 nonconductivity 이 적어진다.
광학적 성질	◉ 굴절 : 유리의 성분, 두께, 표면의 평활도 smooth proper limit, 맑은 정도 등에 따라 다르다. 굴절률 reflection factor 은 1.5~1.9(보통판유리는 1.52 정도)이고 납 lead 을 함유하면 높아진다. 여기서 굴절률은 공기중 빛의 속도와 유리 중 속도의 비율을 말한다. ◉ 반사 : 유리면에는 빛의 정반사 regular reflection 와 확산반사 diffused reflection, 즉 난반사 irregular reflection 가 일어나는데 입사각 angle of incidence 이 클수록 확산도는 적어지고 90° 정도에서는 정반사가 되며 전반사 total reflection 에 가깝게 된다. 반사는 굴절률과 입사각에 비례하여 증대한다. ◉ 흡수 : 일반적으로 깨끗한 창유리의 흡수율 absorptivity 은 2~6% 정도이고 두께, 불순물, 착색 정도가 심할수록 흡수율이 높아진다. ◉ 투과 : 유리의 맑은 정도, 착색 유무, 표면 상태 등에 따라 투과율 transmission factor 은 달라진다. 투명유리는 최고 92%이고, 불투명유리 ground glass, frosted glass 는 80~85% 정도이다. 두께가 두꺼울수록 투과율은 감소하고 광선의 파장 wave length 이 짧으면 투과율은 떨어진다.

8.3 유리의 종류

(1) 일반용 판유리

보통판유리	◉ 보통판유리 sheet glass 는 건축물의 창호, 출입구 등에 사용되는 판유리 plate glass 로서 맑은 판유리와 서리판유리로 구분한다. 맑은판유리 clear glass 는 표면이 제조된 그대로의 평활한 면을 가진 것으로 투명판유리 clear sheet glass 라고도 하고, 서리판유리 obscured glass 는 한 면을 규사 silica sand 등으로 갈거나 때리거나 기타 부식 등의 방법으로 표면의 광택을 지워 불투명한 상태로 하여 명확히 볼 수 없게 가공한 것으로 주로 실내 칸막이 또는 장식용으로 쓰이고 흐린판유리 dim glass 라고도 한다. ◉ 보통판유리의 두께는 보통 6㎜ 이하로서 2㎜, 3㎜, 4㎜, 5㎜의 것이 있으며, 이러한 두께의 판유리를 얇은 판유리 또는 박판유리 laminated glass 라 하고, 두께 6㎜ 이상의 두꺼운 판유리, 즉 두께 6㎜, 8㎜, 10㎜, 12㎜, 15㎜의 것을 두꺼운 판유리 또는 후판유리 thick plate glass 라고 한다. 얇은 판유리는 주로 채광용으로 창호에 쓰이는데, 일반적으로 목제창호에는 2㎜, 강제창호에는 3㎜ 두께를 사용한다. 두꺼운 판유리는 채광용보다는 실내차단용, 칸막이벽 partition wall, 통유리문 wholly glass door, 특수구조 등에 쓰인다. 보통판유리의 크기는 두께가 2㎜인 경우 최대 규정 크기는 600㎜×1,200㎜이고, 두께가 3㎜, 4㎜, 5㎜인 경우 최대 규정 크기는 1,800㎜×1,200㎜이다. ◉ 보통판유리는 기포 foam, 이물 different thing 의 혼입, 균열 crack, 모서리 결함 defect of angle, 줄금 crackle 및 표면파상 surface wave like, 반점 spot, 흐림 dim, 긁힘 scratch, 만곡 curve 등의 결함 defect 이 없어야 하며, 이러한 결함이 없는 유리를 양질의 유리, 즉 고급유리라 할 수 있다. 유리는 9.29㎡(100ft²) 1상자 단위로 판매되고 있다.
무늬유리	◉ 무늬유리 embossed glass 는 투명유리의 한면이나 양면에 무늬가 새겨진 반투명 유리 semi-transparent glass 로서, 장식적 효과를 내고 실내의장 겸 투시방지 seeing through prevention 를 위해 만든 것이다. 무늬모양은 미스트라이트, 새완자, 고도 등 여러 가지가 있다. 무늬유리의 두께는 무늬 모양에 따라 2㎜, 3㎜, 4㎜, 5㎜, 6㎜의 것이 있다. ◉ 무늬유리는 무늬가 갖는 독특한 기능만으로도 아늑한 실내 분위기 ambiance 를 연출 direction 하고, 맞은편으로부터의 투시를 적당히 차단 cutting off 하여 프라이버시 privacy 를 확보해주는 특징 때문에 일반주택의 창호, 호텔, 사무실, 매장 등의 실내칸막이벽에 주로 쓰인다.
연마판유리	◉ 연마판유리 polised plate glass 는 후판유리의 양면 또는 한 면을 연마 polishing · 가공 working, fabricating 하여 평활하게 만든 판유리로서 마판유리 polished plate glass 라고도 한다. ◉ 연마판유리는 투시성 perspectiveness 및 투명성 transparency 이 우수한 고급유리로서 쇼윈도 show window 의 큰 개구부나 고급건축물의 외부 창유리 exterior window glass 로 쓰인다.

플로트판유리	◉ 플로트판유리 float plate glass 는 플로트공법 float process 에 의해 생산되는 맑은유리로 연마판유리와 같은 정도의 평활한 표면이고 광택이 우수하여 다시 연마하지 않고 그대로 사용할 수 있다. ◉ 플로트판유리는 거울유리 mirror glass 나 강화유리, 접합유리, 복층유리에 쓰인다. 두께는 3㎜, 4㎜, 5㎜, 6㎜, 8㎜,10㎜, 12㎜, 15㎜, 19㎜의 것이 있다.
망입유리	◉ 망입유리 wire glass 는 유리 내부에 금속망 metal wire 을 삽입하고 압착 · 성형한 판유리로서 망유리, 철망유리 wired glass 또는 그물유리라고 한다. 망입유리에 사용되는 금속망의 원료는 철, 놋쇠, 알루미늄 등이며 망형 net form 은 사각형, 능형, 육각형, 팔각형 등이 있다. ◉ 망입유리는 외부로부터의 충격에 [illegible] 파손될 때에도 유리파편 [illegible] 이 금속망에 붙어 있어 파편이 튀지 않아 상해를 주지 않을 뿐만 아니라 연소 combustion 도 방지할 수 있어 유리의 파손방지 damage prevention, 파편비산방지 piece scattering prevention, 도난 및 화재방지, 위험한 천장, 엘리베이터의 문, 진동 vibration 에 의하여 파손되기 쉬운 곳에 쓰인다. 망입유리의 두께는 7㎜, 10㎜의 것이 있다.

보통판유리(맑은유리)

보통판유리(서리판유리)

연마판유리

플로트판유리

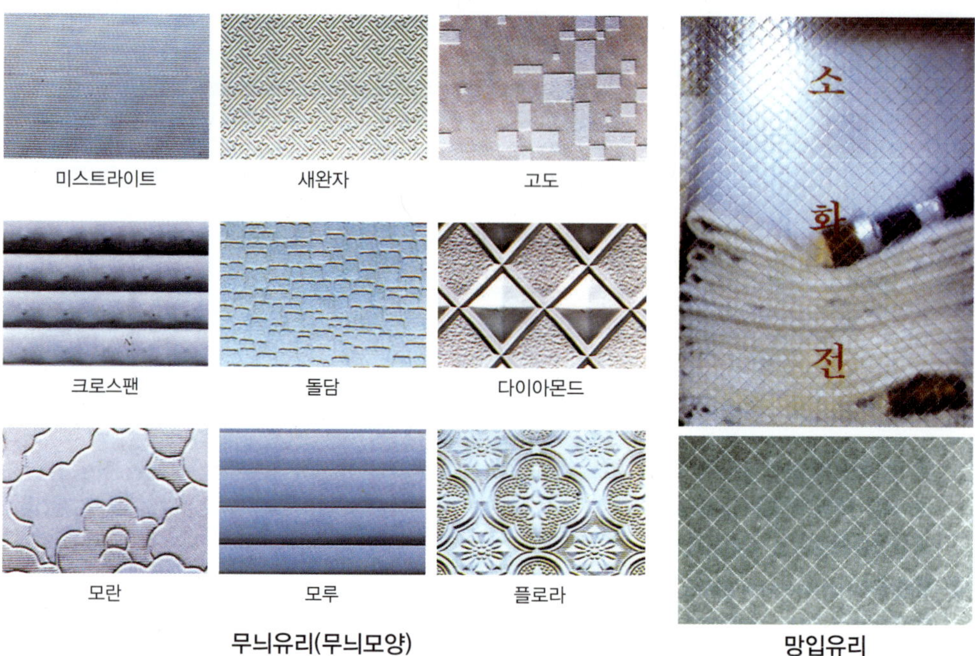

무늬유리(무늬모양)

망입유리

(2) 특수용 판유리

반사유리	◉ 반사유리 reflectorized glass 는 유리 표면에 반사막 reflecting film 으로 특수코팅 special coating 하여 열과 빛의 반사에 따른 거울효과를 낸 유리이다. 이 반사막이 광선을 차단 · 반사시켜 실내에서 볼 때는 시계 visual field 에 전혀 지장이 없으나 외부에서는 거울처럼 보인다 하여 거울유리라고도 한다. ◉ 반사유리는 빛의 반사에 따른 거울 효과로 주위 경관을 건축물에 투영 projection 시켜 빛의 조건과 보는 시각에 따라 아름다운 외관을 연출함으로써 건축물에 고급스러움과 예술성 artistry 을 부여해주는 역할을 한다. 또한 반사코팅 reflectior coating 에 사용된 반사막의 종류와 두께에 따라 가시광선 visible rays 투과율이 다르고 다양한 색상을 나타내어 선택의 폭이 넓어지고, 빛의 성질을 변화시켜 주어 쾌적한 실내환경을 조성할 수 있으며, 직사광선 direct rays 을 차단해 커튼의 기능을 대신해 줄 뿐만 아니라 냉 · 난방부하를 줄여주어 에너지절약도 할 수 있다. 그리고 내부에서는 외부를 자연스럽게 볼 수 있고 밖의 시선은 차단되어 프라이버시 privacy 가 보호된다. ◉ 반사유리의 두께는 3㎜, 5㎜, 6㎜, 10㎜, 12㎜의 5종 있으나 두께 6㎜가 많이 쓰인다. 반사유리는 특히 공기조절 설비 air conditioning equipment 를 갖춘 건축물에 사용하기 좋다. 반사유리를 사용한 우리나라 건축물로서 하얏트호텔과 63빌딩은 금빛 코팅 gold color coating 한 것이고, 교보빌딩은 은빛 코팅 silver color coating 한 것이다.

열선흡수유리	◉ 열선흡수유리 heat ray absorbing glass 는 보통판유리 조성에 금속산화물 metallic oxide (산화철 · 니켈 · 코발트 등)을 미량 첨가하여 열선흡수 heat ray absorbing 를 크게 하고 착색 coloring 이 되게 한 유리로서 일명 단열유리 heat insulation glass 라고도 한다. ◉ 열선흡수유리는 태양의 복사에너지 radiant energy 를 일반 판유리보다 약 4~6배 정도 흡수하고 가시광선을 부드럽게 하여 쾌적한 분위기를 만들어주는 특성이 있다. 서향 일광을 받는 창, 공기조절 설비가 있는 건축물이나 칸막이 등에 사용한다. 색상은 녹색, 청색, 갈색 등이 있는데, 녹색 계통이 가장 많이 사용된다.
열선반사유리	◉ 열선반사유리 solar reflective glass 는 유리 한 면에 열선반사막 heat reflective membrane (금속, 금속산화물)을 입힌 판유리로서 단열효과가 매우 우수하다. 특히 실내에서는 밖을 볼 수 있지만 외부에서는 실내가 안 보이고 거울처럼 보이므로 주위 경관이 광선 조건에 따라 다양하게 투영되는 효과가 있다. ◉ 열선반사유리는 사무실건축물의 창에 많이 사용되고 색상은 청색과 갈색계통의 것이 있다. 열선반사유리 시공시 특히 종이나 테이프 tape 등을 붙이지 않도록 유의하여야 한다.
로이유리	◉ 로이유리 low-emissivity glass 는 유리 표면에 엷은 금속막 metallic membrane 을 입힌 판유리로서 열선반사유리의 일종이다. 태양열을 반사하는 열선반사유리와는 달리 빛을 파장 wave length 별로 흡수 · 반사하는 성질을 이용한 것이다. ◉ 로이유리는 난방기구 heating fixture 에서 발생된 열선을 대부분 창문에서 내부로 반사시켜 난방효율을 극대화시켜주기 때문에 난방과 보온에 매우 효과적이다. 일반건축물 특히 고층건축물의 창 또는 로비 lobby 등 내형 스크린 창 screen window 에 사용한다.
색유리	◉ 색유리 coloured glass 는 판유리에 착색제 coloring agent 를 넣어 만들거나 판유리 한 면에 특수필름코팅 special film coating 하여 여러 가지 패턴 pattern 과 색상을 낸 유리로서 컬러유리 color glass 라고도 한다. 가시광선 visual rays 의 일부를 적당히 투과시켜 눈부심을 부드럽게 해주고 쾌적한 실내환경은 조성해준다. 가시광선투과율이 낮아 외부로부터 프라이버시를 보호해준다. ◉ 특수필름코팅 special film coating 한 색유리는 코팅의 종류와 코팅막 coating membrane 의 두께에 따라 가시광선의 투과율이 다르다. 코팅막에 따라 소프트코팅 soft coating (코팅막이 약하여 다양한 색상 연출 가능)과 하드코팅 hard film coating (코팅막이 강하여 가공 및 열처리가 가능함)으로 구분된다. 코팅막의 밀도 density 가 높고 균일한 코팅으로 되어 있을수록 좋은 색유리라 할 수 있다. ◉ 색유리는 햇빛조절 sunshine regulation 이 필요한 건축물의 창과 건축물 로비의 대형 창, 천장 등의 장식용 또는 실내칸막이 등의 프라이버시 privacy 보호가 요구되는 곳에 사용한다. 또한 사무실, 매장, 호텔 등 건축물의 내부마감재 및 장식용으로 많이 쓰이고 있다. ◉ 색유리를 작은 조각으로 잘라 타일형 tile shape 으로 만든 반투명 translucency 또는 불투명한 untransparency 모자이크글라스 mosaic glass 는 벽, 천장 등의 장식용으로 쓰인다.

스팬드럴유리	◉ 스팬드럴유리 spandrel glass 는 플로트판유리의 한쪽 면에 세라믹질 ceramic quality 의 도료를 코팅한 다음 고온에서 융착 fusion · 반강화 semi-strengthening 시킨 불투명한 장식용 유리의 일종이다. ◉ 스팬드럴유리는 강화공정에서 열처리 heat treatment 하므로 일반유리에 비해 내구성 및 강도가 높고 열에 강하다. 또한 다양한 색상을 나타낼 수 있으므로 각종 인테리어에 응용이 가능하고 스팬드럴 spandrel 부분의 보, 기둥 및 기타 구조재 등을 감추기 위해 창이나 커튼월에 curtain wall 끼워 넣는다.
강화유리	◉ 강화유리 tempered glass, strong glass 는 맑은유리, 색유리 등을 열처리한 후 급랭 · 강화시킴으로써 투시성은 같으나 강도와 내열성 heat proofness, thermal endurance 을 높인 안전유리 safety glass 의 일종이다. 따라서 강화유리를 강화안전유리 tempered safety glass 라고도 한다. 여기서 안전유리란 유리의 성질을 강하고 질기게 개선하여 잘 깨지지 않고 또 깨져도 파편 piece 이 비산 scattering 하지 않으며, 인체에 주는 피해가 작도록 만든 특수유리를 말한다. ◉ 강화유리는 일반적으로 보통판유리보다 5배 정도의 내충격강도 quake impact strength 를 가지며 무게를 견디는 힘은 3~5배나 된다. 강도가 높으므로 파손율 damaging proportion 이 낮으며, 만일 강한 충격으로 파손될 때에도 끝이 날카롭지 않은 작은 입자 particle 로 부서지기 때문에 파편에 의한 상해 wound 가 없는 유리일 뿐만 아니라 보통판유리는 온도의 차이가 70℃이면 파손되는데 비해 강화유리는 200℃의 온도변화에도 견디는 강한 내열성 heat proofness 을 갖고 있다. ◉ 강화유리는 안전을 고려해야 할 건축물의 전면 front 에 많이 사용되며, 특히 테두리 없는 유리문, 에스컬레이터 및 난간의 옆판, 엘리베이터의 창, 고층건축물의 창이나 출입문 등에 많이 사용되고 있다. 강화유리 사용시 재가공 reprocessing 이 극히 곤란하므로 제작 전에 소정의 치수로 가공해야 하고, 특히 12mm짜리는 절단이 불가능하므로 열처리 heat treatment 전에 소요치수로 절단한다.
착색강화유리	◉ 착색강화유리 coloured strong glass 는 연마판유리를 원판 original plate 으로 하여 유리보다 융점 melting point 이 낮은 세라믹컬러 ceramics colour 를 도포 application 하고 열처리하여 융착시킨 불투명한 강화유리이다. ◉ 착색강화유리는 커튼월의 스팬드럴 또는 벽 등에 쓰인다.
스테인드유리	◉ 스테인드유리 stained glass 는 색유리를 쓰거나 색을 칠하여 무늬 및 그림을 나타낸 황홀한 색채의 장식용 판유리로서 다양한 문양을 나타낸 것이 특징이다. ◉ 여러 가지 색유리를 도안에 따라 절단하여 I자형 납살 lead rib 에 끼워맞춰서 모양을 내게 한 교회 church 의 창, 천장 또는 상업건축의 장식용으로 주로 사용한다.
에칭유리	◉ 에칭유리 etching glass 는 유리의 표면을 초고성능 조각기 sculpture machine 로 특수가공처리 special manufacturing dealing 하여 만든 유리로서 조각유리 sculpture glass 라고도 한다. 5㎜ 이상의 후판유리에 아름다운 그림이나 글 또는 문양을 새겨 넣어 유리 자체에 예술성을 부여한 유리라 할 수 있다. 에칭유리는 맑은유리만이 아니라 반사유리, 색유리 등의 유리로도 가공할 수 있어서 그 용도에 따라 주변환경과 훌륭한 조화를 이루게 할 수 있는 이점이 있다.

에칭유리	◉ 에칭유리는 완전 주문 생산되는 유리로서 실내장식, 층계의 난간 옆, 상업건축물의 주출입문 main-entrance door 및 유리파티션 glass partition 등에 주로 사용한다.
곡면유리	◉ 곡면유리 curved surface glass 는 판유리를 열처리하여 구부려 가공한 유리이다. 건축물의 여러 굽은 곳에 사용하기에 적합한 유리로 만든 것이라 할 수 있다. ◉ 곡면유리는 건축물의 외벽 코너 exterior wall corner, 실내 · 외 천장, 건축물 사이의 연결통로, 출입구 등에 사용되고 실내건축에서 장식용으로 사용되기도 한다.
인테리어유리	◉ 인테리어유리 interior glass 는 맑은판유리 표면에 인테리어필름 interior film 을 입혀 만든 유리로서 색유리의 일종이라 할 수 있다. 여기서 인테리어필름이란 필름 자체에 여러 가지 색상 및 무늬가 있는 [illegible] 가공해 만든 것을 말한다. ◉ 인테리어유리는 맑은판유리 한 장의 한 면에만 인테리어필름을 입혀서 만든 것이 보통이지만 맑은판유리 양면에 입혀서 만들기도 한다. 인테리어유리는 사무실 · 상업용 건축물의 내벽마감 또는 실내칸막이, 계단옆판, 난간 · 출입문 등에 사용되고 있다.

열선흡수유리

반사유리

열선반사유리

로이 유리

스팬드럴유리

색유리

에칭유리

강화유리 파손현상

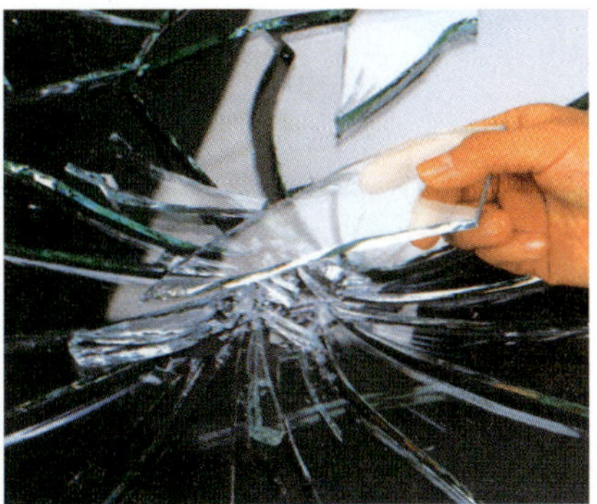

맑은유리 파손현상

강화유리

곡면유리

인테리어유리

(3) 성형품 유리

복층유리	◉ 복층유리 pair glass 는 2장 또는 3장의 판유리에 스페이서 spacer 를 이용하여 간격을 일정하게 유지시켜 주고 유리 사이에 건조한 공기를 넣거나 진공상태 vacuum state 로 한 후 밀봉 tight sealing · 접착하여 만든 유리제품이다. 복층유리를 이중유리 double glass 또는 겹유리 pair glass 라고도 한다. ◉ 복층유리의 두께는 2장의 판유리 두께에 공기층 air layer 의 두께를 더한 것으로 한다. 예를 들면 5㎜ 판유리 2장과 공기층이 6㎜인 복층유리 두께는 16㎜가 되며 16(5+A6+5)으로도 표시한다. 국내에서 생산되는 두께는 12㎜(3+A6+3), 16㎜(5+A6+5), 18㎜(6+A6+6), 22㎜(5+A12+5), 24㎜(6+A12+6), 28㎜(8+A12+8)가 있다. ◉ 복층유리는 단열 · 방서 · 방음효과가 크고, 결로방지용으로도 우수하다. 특히 창호용으로 사용할 경우 창호유리에서 빠져나가는 열에너지의 양을 현저하게 줄여줌으로써 단열효과를 높여준다. 따라서 에너지절약을 위하여 일반 주택에서부터 고층빌딩까지 외부창에는 복층유리를 많이 사용하고 있다.
접합유리	◉ 접합유리 laminated glass 는 2장 또는 그 이상의 판유리 사이에 투명하면서도 접착성 adhesiveness 이 강한 접합필름 laminated film 인 폴리비닐부티랄 필름 polyvinyl butyral film : PVB 등을 삽입하여 진공상태에서 온도와 압력을 높여 완벽하게 밀착경화 adherent hardening 시키는 공정을 거쳐 만들어진 유리제품이다. ◉ 접합유리는 충격 흡수력 impact absorptivity 이 우수하고 쉽게 파손되지 않는 안전성 stability 과 소음을 흡수 · 차단해주며 단열 및 자외선을 차단해주는 효과도 있다. ◉ 접합유리의 두께는 2장의 판유리 두께에 폴리비닐부티랄 필름(PVB)의 두께(0.4㎜, 0.8㎜)를 더한 것으로 한다. 예를 들면 3㎜판유리 + 0.4㎜PVB + 3㎜판유리 = 6.4㎜이다. ◉ 접합유리는 창이나 실내의 유리문, 채광지붕 daylighting roof 등 안전과 미려함이 필요한 곳, 실내벽면의 장치물이나 바닥, 칸막이, 조명장식 등 독특한 실내분위기 연출이 필요한 부위에 주로 사용한다.

인테리어접합유리	◉ 인테리어접합유리 interior laminated glass 는 맑은판유리 2장 사이에 인테리어 특수필름을 삽입하여 접합유리와 같이 만든 유리제품이다. 여기서 인테리어 특수필름 interior special film 은 기존의 접합유리에 사용된 접합필름인 PVB(폴리비닐부티랄 필름)와 달리 인테리어유리에 사용한 인테리어필름과 같이 필름 자체에 다양한 색상과 문양 또는 금속성 느낌까지 갖도록 여러 가지 종류로 만들어 단독으로 또는 조합하여 접합유리에 사용함으로써 디자인 효과를 높일 수 있다. ◉ 인테리어접합유리는 인테리어유리보다 안전성, 단열 및 방음효과도 있다. 인테리어 접합유리를 사용함으로써 미적 감각을 높여 공간 분위기를 연출할 수 있을 뿐만 아니라 태양빛을 알맞게 조절하여 실내를 온화하게 만들고 프라이버시 보호까지 가능케 한 기능성 유리 functional nature glass 라 할 수 있다. ◉ 인테리어접합유리는 실내건축의 벽면, 바닥, 조명, 기타 장식 등 인테리어디자인 재료로 주로 사용되고 창, 유리문, 채광지붕 등의 장식용으로도 사용되고 있다. ◉ 인테리어 접합유리의 두께는 맑은판유리 두께 구성에 인테리어 특수필름 두께를 더한 것으로 한다. 인테리어 특수필름의 두께는 시중생산품으로 0.38㎜, 0.76㎜, 1.52㎜, 2.28㎜의 것이 있다. 예를 들면 3㎜판두께＋필름두께 0.38㎜＋3㎜ 판두께＝6.38㎜이다.
유리블록	◉ 유리블록 glass block 은 2장의 성형유리조각 molding glass fragment 을 맞추어 합쳐서 고열로 융착시켜 일체로 하고 내부에는 건조공기를 봉입 sealed 한 중공유리제 블록으로서 속빈 유리블록 hollow glass block 또는 데크유리 deck glass 라고도 한다. ◉ 유리블록은 채광과 외장을 겸한 벽체용으로 채광을 유지시키면서 외부의 시선을 차단하는 실이나 큰 창을 내기 어려운 경우 또는 습기를 해결하는 실의 칸막이벽용으로 활용하면 감각적인 공간연출 space production 이 가능하다. 또한 열전도가 벽돌의 1/4 정도여서 실내의 냉 · 난방 효과도 있다. ◉ 유리블록의 모양은 정방형, 장방형이 있고 둥근형, 곡면 등에 쓰이도록 만든 이형 등이 있다. 유리빛깔에 따라 무색유리블록 colorless glass block, 착색유리블록 colored glass block 으로 구분하기도 한다.
프리즘유리	◉ 프리즘유리 prism glass 는 투시광선의 방향을 변화시키거나 집중 또는 확산시킬 목적으로 프리즘 prism 의 이론을 응용하여 만든 유리제품으로서 한 면은 톱니모양의 돌기가 열지어 있고 다른 면은 평활한 판유리로 되어 있다. 프리즘유리를 데크유리 deck glass, 톱라이트유리 top light glass 또는 포도유리 pavement glass 라고도 한다. ◉ 프리즘유리는 바닥면이나 지하실 또는 지붕 등의 채광용으로 쓰인다. 형상은 각형, 원형, 특수형 등이 있다.
유리타일	◉ 유리타일 glass tile 은 색유리를 작은조각으로 잘라 타일형 tile type 으로 만든 것이다. 색채가 다양하고 불흡수성 non-water absorptiveness 이며 절단 · 가공이 자유롭다. ◉ 유리타일은 벽, 기둥면에 붙이는 장식용으로 쓰인다.

U자형 유리패널	◉ U자형 유리패널은 유리의 외형 및 단면이 U자형을 닮은 유리패널 glass panel 로서 원형 및 곡면 등 특이한 부위에 시공하기 용이하게 또한 조명효과 illumination effect 를 갖도록 만든 특수용 반투명 곡면유리의 일종이다. U자형 유리패널을 U-Glass라고도 한다. ◉ U자형 유리패널은 인테리어 유리칸막이 interior glass partition, 계단실, 복도벽, 내부천장 등 내장재로 또는 외부 커튼월 등 외장재로도 사용되고 있다.

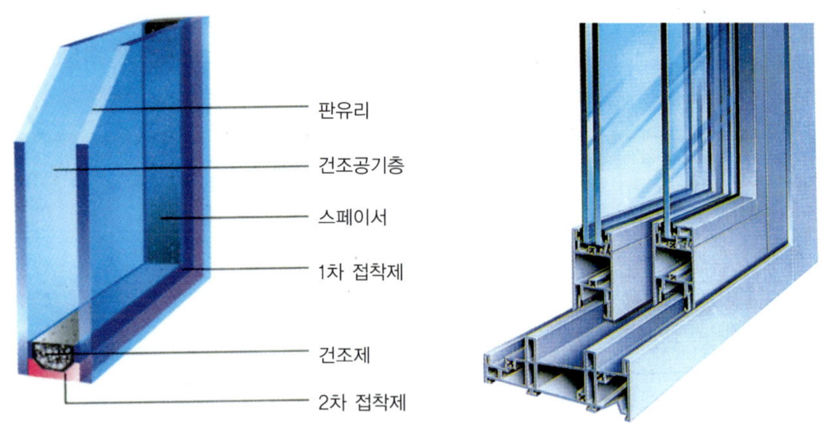

복층유리

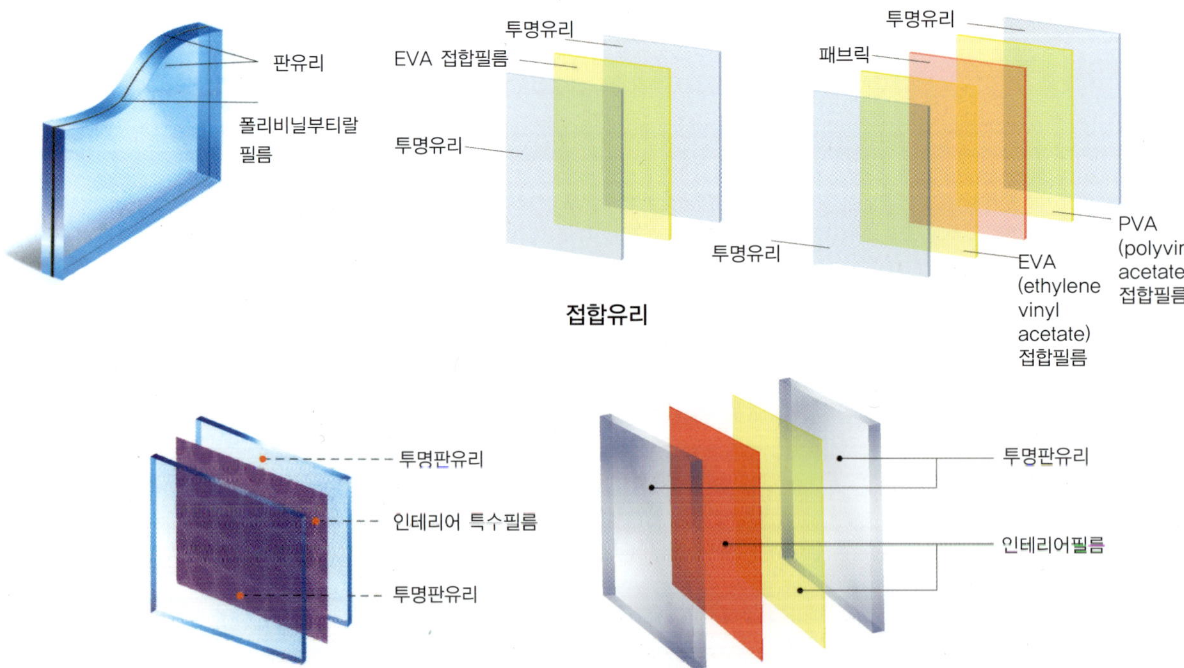

접합유리

인테리어 접합유리

➡ PVB(polyvinyl butyral film) 등 접합필름에 나뭇잎, 꽃잎, 갈대 등의 자연소재를 접합하여 자연친화적인 분위기를 나타내는 접합유리

➡ 한지의 독특한 분위기를 나타내는 접합유리

➡ 대리석 원석의 느낌을 그대로 나타내는 석재유리

➡ 강화유리가 파손될 때 생기는 작은 유리알갱이를 이용하여 미적 감각을 높이는 접합유리

➡ 식물 및 방사류를 넣어 다양한 인테리어 효과를 나게 하는 접합유리

인테리어 접합유리

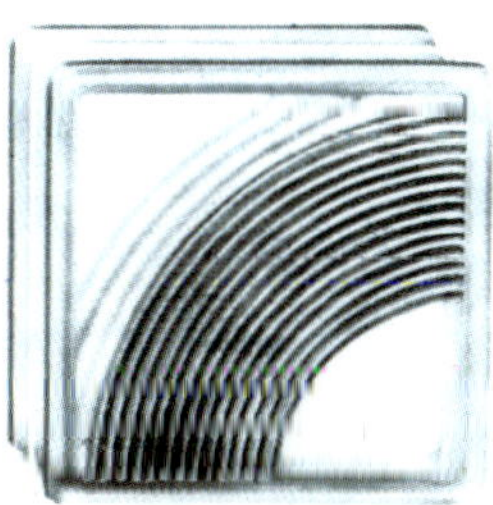

유리블록

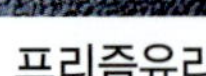

프리즘유리

U-Glass

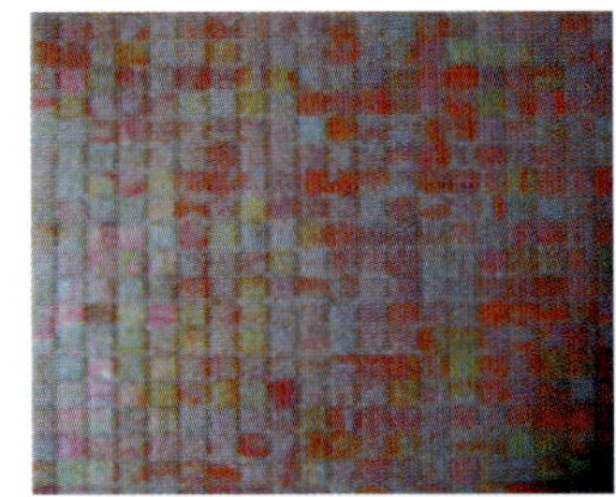

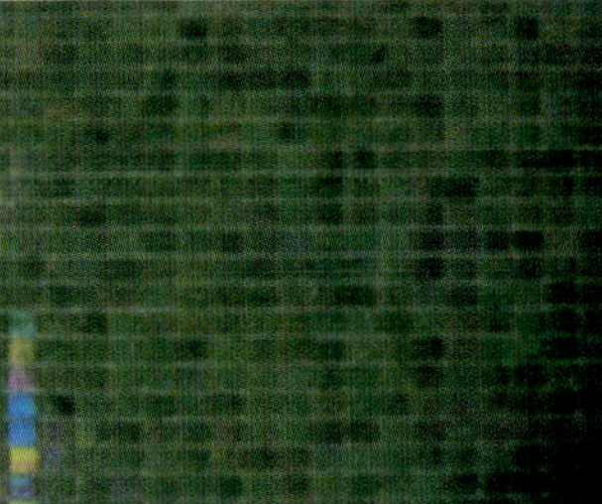

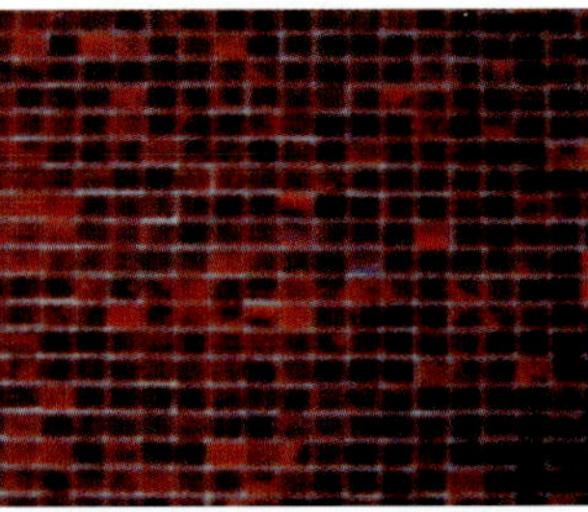

유리타일

INTERIOR ARCHITECTURE MATERIALS

도장재료

09

9.1 개요

도장재료 painting materials, coating materials 라 함은 도장용 재료, 즉 도료 paint and varnish 를 말한다. 도료는 물체의 표면에 바르면 굳어져 피막 membrane 을 형성함으로써 표면의 부식 · 오손 · 충해 등을 막고, 광택 · 색채를 나타나게 하는 유동성 물질 liquidity substance 이다. 도장 painting, coating 은 물체의 표면에 도료를 사용하여 도막 paint skin 을 형성케 하는 작업공정이다.

도료의 사용 목적은 건축물이나 공작물 등의 표면에 도장함으로써 내식성 · 방부성 · 내후성 · 내화성 · 내열성 · 내구성 · 내화학성 등을 증가시키고 방수성 · 방습성 · 내모마성 등을 높이며 착색 · 광택 · 무늬 등으로 외관을 아름답게 미화 beautification 시키기 위한 것이다.

도료는 그 종류가 매우 많고 특히 제조회사가 개발한 제품에 특유의 제품명을 표시하여 시판하는 도료도 많다. 따라서 한국산업규격(KS)에 합격한 것을 사용하는 것이 좋고, 특정제품은 제조회사의 설명서 등에서 도료의 용도 · 특성 · 건조시간 · 사용방법 등을 검토한 후 사용목적에 적합한 것을 선정하여 사용하도록 한다.

근래에 와서는 도료가 공해 public nuisance, pollution 발생원으로 지적을 받게 됨에 따라 공해문제를 고려한 무공해 nothing pollution 및 저공해 low pollution 도료를 개발하여 사용하고 있는 추세이며, 고분자화학 macromolecular chemical 의 발달로 새로운 성능을 가진 합성수지계의 도료가 개발되어 사용되고 있다.

9.2 도료의 구성 및 원료

도료의 구성

- 도료는 도막형성 요소 coating film forming agent 와 도막형성 조요소 helping coating film forming agent 로 구성되어 있다. 도막형성 요소는 도막을 형성하기 위해 도료에 포함되는 성분, 즉 도포한 후 도막으로 남는 성분으로서, 투명도료에서는 유지 fats and oils · 수지 resin 등과 같은 도막형성 주요소와 건조제 drying agent · 가소제 plasticizer 와 같은 도막형성 부요소로 나눈다. 도막형성 요소는 도료의 가장 중요한 성분이다. 또한 도료의 색을 나타내고 도막성능 coating performance 향상을 보강하기 위한 안료 pigment 가 있다. 특히 안료가 함유되어 있는 도료에서 안료를 제거한 부분을 전색제 vehicle 라고 한다.
- 도막형성 조요소는 도료의 유동성 fluidity 를 증가하고 도장을 용이하게 하기 위해 도료에 포함되는 성분으로서 용제 solvent 또는 희석제 thinner, dilution 를 말한다.

도료의 원료

- 도료의 원료는 도료의 종류에 따라 여러 가지가 있지만 구성상 유지, 수지, 안료, 용제, 희석제, 건조제, 가소제 등이 있다.
- 유지는 도료를 칠하여 공중에 방치하면 공기 중의 산소와 화합하여 탄력성 flexibility 있는 굳은 도막의 일부가 되는 것이다. 유지의 종류를 구분하여 대표적인 것을 들면 다음과 같다.
  - 건성유 drying oil : 아마인유 linseed oil, 대마유 hempseed oil, 동유 tung oil 등
  - 반건성유 semi drying oil : 어유 fish oil, 대두유 soybean oil, 지방유 fat oil 등
  - 보일드유 boiled oil : 건성유나 반건성유 그대로는 건조가 느리고 불순물도 함유되어 있으므로 이들에 적당히 건조제를 가하여 수분과 불순물을 제거하여 건조성 dryness 을 촉진시킨 것으로서 유성도료 oil paint 에 많이 쓰인다.
- 수지 resin 는 원래의 의미로 나무의 진 sap 을 말한 것으로 천연수지 natural resin 와 합성수지 synthetic resin 로 대별한다. 천연수지 이상으로 합성수지가 여러 종류와 특징을 갖는 것이 생산되고 품질이 안정되어 널리 이용되고 있다.
  - 천연수지 : 로진 rosin, 댐머 dammer, 코펄 copal, 셸락 shellac, 앰버 amber, 에스테르고무 ester gum 등
  - 합성수지 : 알키드수지 alkyd resin, 페놀수지 phenol resin, 에폭시수지 epoxy resin, 아크릴수지 acryl resin, 폴리우레탄수지 polyurethane resin
- 안료 pigment 는 광물질 또는 유기질의 고체분말 soild powder 로서 물, 기름, 알코올 alcohol 등에 녹지 않는 착색제 colour agent 이다. 도료를 착색하고, 유색의 불투명한 도막을 만듦과 동시에 도막의 기계적 성질을 보강한다. 안료는 색 및 성분상 여러 종류가 있으며 성분에 따라 무기안료와 유기안료로 대별한다. 그리고 무기안료의 일종으로 보는 것으로 체질안료가 있다.
  - 무기안료 inorganic pigment : 백색(아연화, 연백 등), 흑색(흑연 등), 황색 · 등색(황연, 아연황, 황토 등), 적색 · 갈색(연단, 산화철 등), 청색(감청 등), 녹색(산화크롬녹, 크롬녹 등)
  - 유기안료 organic pigment : 황색(hansa yellow 등), 적색(troicin red, permanent red 등), 백색(백악, 호분 등), 황갈색(황석분, 규석분 등)

- 체질안료 body pigment, filler : 중정석 baryte, 알루미나 alumina, 백악 white chalk, 도토 kaolin, 석고 gypsum, 규석분 silica, 활석 talcum 등

◉ 용제 solvent 는 액체에 물질을 녹여서 하나의 용액 solution 을 만들 때 녹이고 있는 액체를 말하는 것으로서 도막을 형성하는데 필요한 유동성 liguidity 을 얻기 위해 배합하는 것이다. 알코올 alcohol, 케톤 ketone, 에스테르 ester, 탄화수소 등 여러 종류가 있다.

◉ 희석제 thinner, diluent 는 점도 viscosity 를 적게 하여 솔질 brushing 이 잘되게 하는 것으로 칠 바탕에 침투하여 교착 sticking 이 잘 되게 하고 빨리 휘발함으로써 용해물의 피막만을 남긴다. 신전제 thinner, dilution 또는 신너 thinner 라고도 하며 대부분은 휘발성 volatility 이 있어 휘발성 용제 spirit solvent 라고도 한다. 종류로는 테레빈유 turpentine oil, 벤진 benzine, 휘발유 volatile oil, gasoline 등이 있다.

◉ 건조제 drying agent, desiccating agent 는 도료의 건조를 촉진 promotion 시키기 위하여 사용하는 것으로서 일반적으로 연 lead, 망간 mangan, 코발트 cobalt 의 산화물 oxide 이나 염류 salts 등이 사용된다. 종류로는 코발트건조제(수지산 코발트, 리놀렌산 코발트 등), 망간건조제(2산화망간, 수지산 망간, 리놀렌산 망간 등), 연건조제(수지산 연, 리놀렌산 연 등), 아연건조제(아연화 등), 칼슘건조제가 있다. 시판품은 이들을 적당한 용제에 녹여 황산납 sulphuric acid lead, 아연화 zinc flowers, 연백 white lead 등과 혼합한 것으로서 액상 드라이어 liquid-like dryer, 분상 드라이어 powder-like dryer, 호상 드라이어 flour-like dryer 등이 있다.

◉ 가소제 plasticzer 는 건조된 도막에 탄성 elasticity, 교착성 stickiness, 가소성 plasticity 등을 줌으로써 내구력을 증가시키는데 쓰이는 것으로서, 프탈산디옥틸 dioctyl phthalate acid, 피마자유 castor bean oil 등이 있다.

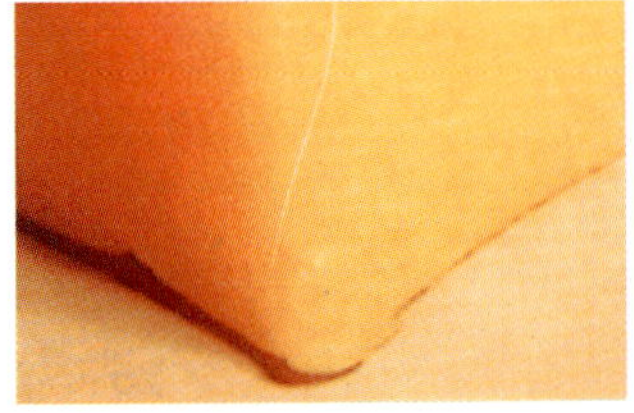

유지 · 수지

안료 : 착색제

건조제 · 가소제

도료의 원료

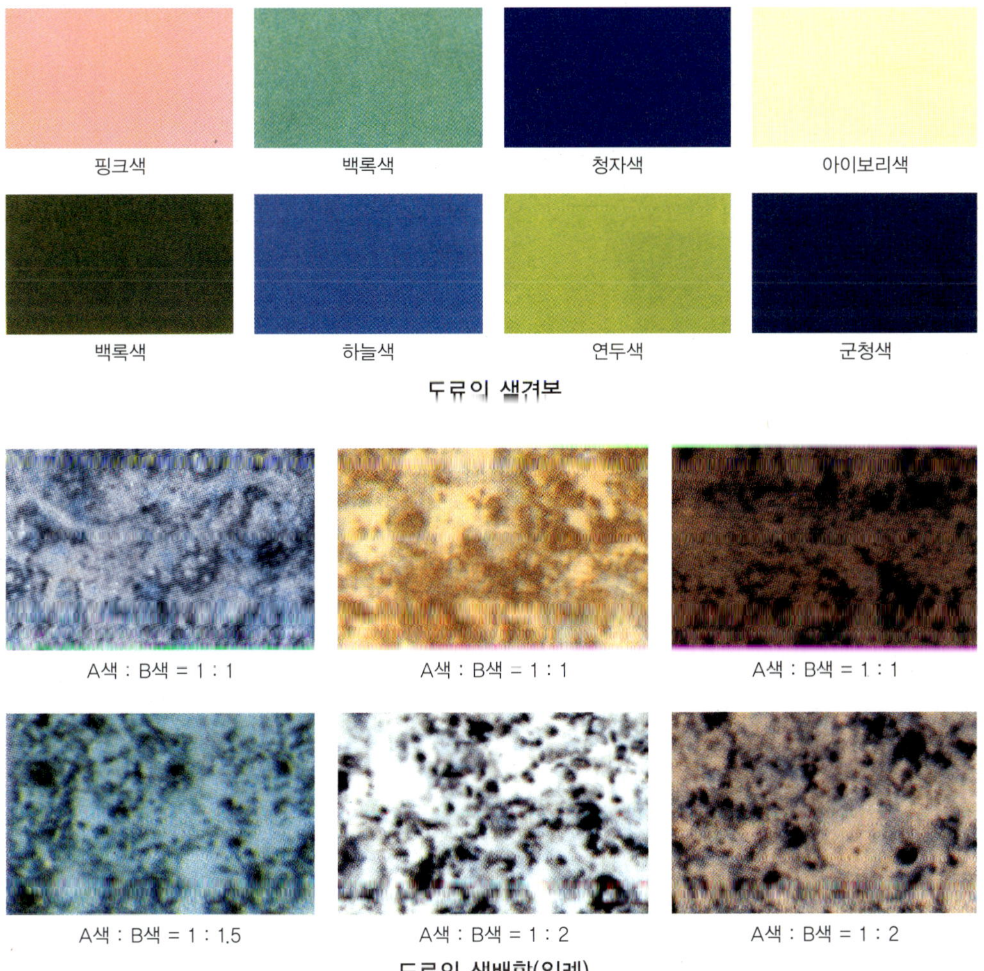

도료의 색견본

도료의 색배합(일례)

9.3 도료의 종류

(1) 페인트

개요	◉ 페인트 paint 란 광의로는 도료 전반을 뜻하며 협의로는 유성도료 oil paint 를 뜻한다. 또한 일반적으로 불투명피막 transparent membrane 을 형성하는 도료를 페인트라 한다. ◉ 페인트는 유성페인트(안료+보일드유+희석제)와 수성페인트(안료+아교 또는 카세인+물)가 있다.
유성페인트	◉ 유성페인트 oil paint 는 보일드유 boiled oil 에 안료를 혼합시킨 도료이다. 보일드유량의 다소에 따라 견련페인트 stiff paste paint 와 조합페인트 ready mixed paint 로 구분한다. 여기서 보일드유는 아마인유 linseed oil, 들기름 perilla oil, 마실유 hempssed oil, 동백기름 camellia oil, 대두유 soybean oil 와 같은 식물성 기름에 건조제를 넣어 가열 · 정제 refining 한 유성페인트용 건성유 drying oil 를 말한 것으로 건조가 빨리 진행되고 피막 강도를 증대시킨다. 유성페인트는 역사가 가장 오래된 도료이지만 지금은 합성수지에 밀려서 사용량이 많이 줄었다. ◉ 견련페인트는 사용할 때 보일드유와 건조제를 넣고 배합하여 건조시간을 조절하면서 사용하는 페인트이다. 이 도료는 사용시 보일드유로 녹이는 어려움이 있으나, 도장의 목적에 적합하게 자유로이 조합할 수 있으며, 저장 중 쉽게 변질되지 않고 기후, 풍토 등의 목적에 적합하게 자유로이 조합할 수 있어 보통 페인트와 같이 사용되며, 특수하게 배합하여 바닥칠용, 겹칠용 도료 또는 퍼티 putty 로도 사용한다. ◉ 조합페인트는 도장하기 전 보일드유, 건조제 등을 가할 필요 없이 도장에 직접 사용할 수 있도록 각 재료를 알맞게 배합하여 제조한 도료이다. 이 페인트는 값이 싸고 비교적 두꺼운 도막을 만든다는 장점이 있지만 건조가 늦고 내후성 weatherability, 내약품성 chemical proofness, 변색성 color changeableness 등 일반적으로 도막 성질이 불량하므로 새로운 합성수지 도료로 대체되고 있는 실정이다. 조합페인트는 목재, 철재, 석고판류의 도장에 사용되고 있다.
수성페인트	◉ 수성페인트 water paint 는 안료를 적은 양의 물로 용해하여 수용성 교착제(아교, 카세인, 전분)와 혼합한 분말상태의 도료를 말한다. 즉 물을 용제로 하는 도료를 총칭한 것이다. 수성도료라고도 한다. ◉ 수성페인트에는 유기질페인트 organic paint, 무기질페인트 inorganic paint, 에멀션페인트 emulsion paint 가 있다. 유기질페인트는 유기질의 수용성 호재 water soluble flouriness 인 카세인 casein, 전분풀 starch glue, 폴리비닐알코올 polyvinyl alcohol 등을 안료에 혼합하여 제조된 도료이고, 무기질페인트는 마그네시아시멘트 magnesia cement, 백색시멘트 white cement 등을 고착제 fixing agent 로 사용하여 제조된 도료이다. 에멀션페인트는 수성페인트에 합성수지와 유화제 emulsifier 를 섞은 것으로서 수성페인트와 유성페인트의 특질을 겸비한 유화액상 emulsion liquid-like 의 페인트이다. ◉ 수성페인트는 무광택 unlustre, 불연성 incombustibility, 무취 scentless, 내알칼리성 alkali proofness 일 뿐만 아니라 취급하기에 간단하고 건조가 빠르며 작업성 workingness 도 좋은 도료이다. 그러나 특히 내구성과 내수성이 떨어지므로 최근에는 합성수지도료 synthetic resin paint 등에 밀려 별로 사용되지 않는다. 다만, 수성페인트 중에서 에멀션페인트는 내구성 · 내수성이 가장 크고 칠한 면이 아름다울 뿐만 아니라 피막이 먼지 등으로 오염된 것을 비눗물로 쉽게 제거할 수 있는 이점 때문에 실내 · 외 어느 곳이든 사용되고 있다.

(2) 바니시

개요	◉ 바니시 varnish 는 천연수지, 합성수지 등을 건성유와 같이 가열 · 융합시켜 건조제를 넣고 용제로 녹인 도료이다. 바니시를 용제의 종류에 따라 유성바니시와 휘발성바니시로 대별한다. 일반적으로 불투명피막 opaque membrane 을 형성하는 도료를 페인트라고 하는 반면 광택이 있는 투명한 피막을 만드는 것을 바니시라고 한다. ◉ 바니시는 건조가 빠르고 광택, 작업성, 점착성 cohesiveness 등이 좋으나 내약품성이 나쁘다. 칠하면 매끄럽고 광택이 나고 투명막으로 되므로 주로 옥내 목부 바탕의 투명마감 도료로 사용된다.
유성바니시	◉ 유용성 수지 solvent soluble resin 를 건성유에 가열 · 융합 fusion 하고, 건조제를 첨가한 다음 휘발성 용제로 희석한 것이 유성바니시 oil varnish 이다. 염료를 넣은 바니시를 바니시스테인 varnish stain 이라 한다. 바니시는 유지의 종류 및 양, 수지의 종류에 따라 스파바니시 spar varnish, 코펄바니시 copal varnish 등 여러 가지가 있다. ◉ 유성바니시는 무색 또는 담갈색의 투명도료 clear paint and varnish 로 서 일반적으로 목재부 도장에 사용한다. 특히 나무결 wood grain 을 아름답게 보이게 한다. 유성페인트보다 내후성이 작아서 옥외에는 별로 사용하지 않는다.
휘발성바니시	◉ 수지류를 휘발성 용제에 녹여 만든 도료가 휘발성바니시 spirit varnish 이다. 천연수지를 주체로 한 것을 래크 lack 라 하고 합성수지를 주체로 한 것을 래커라 한다. 래크는 수지류를 휘발성 용제로 녹인 투명도료의 일종으로서 피막은 유성바니시보다 약하다. ◉ 휘발성바니시는 건조가 빠르고 견경하고 광택이 있으나 내열, 내광성이 없어서 마감용으로는 부적당하고 내장 또는 가구 등에 쓰인다.

(3) 래커

개요	◉ 래커 lacquer 는 니트로셀룰로오스 nitrocellulose 와 같은 용제에 용해시킨 섬유계 유도체에 합성수지, 가소제 및 안료를 첨가한 도료이다. 성분으로서 가장 많이 사용된 것이 니트로셀룰로오스(초화면 cellulosic)이고, 니트로셀룰로오스의 성질을 그대로 가지고 있으므로 래커를 니트로셀룰로오스도료라고도 한다. ◉ 래커는 래커에나멜과 클리어래커로 구분하는데 보통 래커라 하면 클리어래커를 말한다. ◉ 래커는 건조가 빠르고 도막이 견고하며 광택이 좋고 연마가 용이하며 불점착성 unadhesivness, 내마멸성 wearing proofness, 내수성, 내유성, 내후성 등이 강한 고급도료이다. 결점으로는 도막이 얇고 부착력 bond strength 이 약하다. 용도에 따라 금속용, 목부용, 외부용, 솔칠용 등이 있다.
클리어래커	◉ 클리어래커 clear lacquer 는 안료가 들어가지 않는 투명래커 clear lacquer 로서 주로 목재면의 투명도장 transparent finish clear coating 에 쓰이는 도료이다. 유성바니시에 비하여 도막은 얇지만 견고하고 담색으로서 우아한 광택이 있다. 내후성이 좋지 않아 외부에 사용하기에는 적당하지 않고 내부용으로 주로 쓰인다. ◉ 목재 전용 래커는 부착성 bonding property 이 좋고 도막의 가소성 plasticity 이 특히 우수하다. 금속 전용 래커는 금속면의 변속 denaturalization of speed 을 방지하는 성질을 가지며 광택을 보호한다.

래커에나멜	◉ 래커에나멜 lacquer enamel 은 클리어래커에 안료를 첨가한 불투명도료이다. 속건성 quick dryness, 물점착성, 내광성 lustrous proofness 이고 도막이 단단하면서 광택이 좋으며, 특히 연마성이 좋다. 결점으로는 도막이 얇으며 밀착력 close adherence force 이 떨어지기 때문에 바탕칠을 잘 해야 한다. ◉ 내후성에 따라 외부용, 내부용으로 구분되고, 외부용은 내후성이 높게 만들어진 것으로 주로 자동차 등의 외장용으로 사용되고 내부용은 내후성이 낮은 실내의 도장에 사용한다.

(4) 에나멜페인트

개요	◉ 에나멜페인트 enamal paint 는 바니시에 안료를 혼합하여 만든 유색불투명도료 coloured opaque paint 이다. 유성페인트와 유성바니시와의 중간성 제품이다. 보통 에나멜 enamal 이라고 부른다. ◉ 에나멜페인트는 건조가 대체적으로 빠른 편이며 광택이 잘 나고 내수성 · 내열성 · 내유성 · 내약품성이 좋은 고급도료이다. 특히 외부용은 경도 hardness 가 크고 내후성이 좋다. 용제로 희석시켜 적당한 농도로 하여 사용한다. ◉ 사용 원료에 따라 여러 가지가 있다. 유성에나멜, 합성수지 에나멜, 알루미늄페인트 등이 있다.
유성에나멜, 합성수지 에나멜	◉ 유성에나멜 oil enamel 은 유성바니시에 안료를 혼합하여 만든 유색불투명도료로서 유성에나멜 페인트라고도 한다. 건조는 약간 더디지만 피막이 튼튼하고 광택이 있으며 내수성이 높은 것이 특징이다. 유성페인트와 비교하여 건조시간, 도막의 평활 정도, 광택, 경도 등이 뛰어난 것이 다르다. ◉ 합성수지 에나멜 synthetic resin enamel 은 합성수지 바니시 synthetic resin varnish 에 안료를 혼합하여 만든 유색불투명도료로서, 일반적으로 건조가 빠르고 광택이 나며 내수성 및 내구성이 우수하다. 목재, 철재 등의 도장에 사용된다.
알루미늄 페인트	◉ 알루미늄페인트 aluminium paint 는 알루미늄의 박판 thin plate 을 미세한 분말로 만든 알루미늄분말 aluminium powder 을 넣은 안료를 스파바니시에 혼합하여 만든 불투명도료로서, 알루미늄분말과 골드사이즈 goldsize 를 혼합한 액상품인 은색에나멜 silver colour enamel 과 거의 같다. 은분페인트 powdered silver paint 라고도 한다. ◉ 알루미늄페인트는 광선 및 열 반사력이 강하고 내열 · 방열성이 높다. 따라서 난방라디에이터 heating radiator 에 칠하면 열을 발산시키는 효과를 나타내고 도막은 알루미늄 도막 aluminium paint skin 이므로 분해되기 어려우며 수분 및 습기가 통과하기 어려워 내구성이 매우 좋아진다. 따라서 녹막이도료 rust proof paint, rust resisting paint, 내수도료 water proof paint, water resisting paint 로 쓰인다.

(5) 합성수지도료

개요	◉ 합성수지도료 synthetic resin paint는 합성수지를 주체로 만든 도료의 총칭이다. 일반적으로 유성페인트와 바니시에 비해 건조시간이 빠르고 도막 paint skin이 단단하며 방화성 fire preventiveness이 있고 내산·내알칼리성이 있어 콘크리트나 플라스터 palster 등에 바를 수 있을 뿐만 아니라 투명한 합성수지를 사용하면 더욱 신명한 색을 낼 수 있는 장점이 있어 다방면에 많이 사용되는 도료이다. ◉ 합성수지도료는 합성수지를 용제에 희석 dilution하여 만든 도료인 합성수지페인트 synthetic resin paint, 합성수지를 건성유에 가열·용해하여 만든 도료인 합성수지 바니시 synthetic resin varnish, 안료를 물로 용해하여 합성수지 교착제와 혼합하여 만든 도료인 합성수지 수성페인트 synthetic resin water paint로 조성상 분류하기도 한다.
페놀수지도료	◉ 페놀수지도료 phenol resin paint는 내수성, 내후성, 내열성, 내산성이 우수하며 또한 속건성(10시간 이내)이고 내알칼리성도 있다. ◉ 콘크리트 또는 모르타르 바탕면의 도장에 사용한다.
비닐계수지도료	◉ 비닐계 수지도료 vinyl resin paint는 여러 종류가 있지만 초산비닐수지도료, 염화비닐수지도료가 대표적으로 사용되고 있다. ◉ 초산비닐수지도료 polyvinyl acetate resin paint는 도막이 무색투명 achromatic transparency하여 광선, 열에 의하여 변색이 적고 유연성 softness이 있으며 난열성 heating resistance, 내용제성 solvent resistance 등의 양호한 장점이 있다. 철재, 목재 등의 바탕용 도장에 사용한다. ◉ 염화비닐수지도료 polyvinyl chloride resin paint는 내수성, 내약품성 등이 우수하고 내산성도 있어 철재의 방청을 위한 초벌용으로도 적합하다.
에폭시수지도료	◉ 에폭시수지도료 epoxy resin paint는 내수성, 내약품성, 접착성 adhesiveness이 우수하고 단단하며 내마모성이 좋다. 또한 물, 약품, 오염가스 등에 대한 내성 risistance이 현 도료 중에서 가장 우수하다고 볼 수 있다. ◉ 에폭시수지도료는 특히 내수성, 내약품성, 내산성, 내알칼리성이 좋은 특징이 있어 이에 필요한 곳의 바닥 등의 도장에 사용된다.
알키드수지도료	◉ 알키드수지도료 alkyd resin paint는 부착성, 내후성, 건조성, 보색성 additive complementary color nature 또는 다른 도료와의 혼합성 mixedness, 용해성 solubility 등이 일반적으로 좋다. 유성도료와 같이 간단하게 취급할 수 있으며 값이 싸서 많이 사용되고 있다. 단점으로는 내수성 특히 건조 초기의 내수성이 다른 도료에 비해 떨어지며 내알칼리성이 좋지 않다. ◉ 알키드수지도료 중 알키드수지에나멜 alkyd resin enamel은 무광택용 도료로서 접착력·내구력이 강하여 철재 및 목재시설물 등의 도장에 사용된다. 또한 알키드수지 바니시 alkyd resin varnish는 내수성 및 내후성이 우수하여 목재시설물 등의 도장에 사용되고 있다.
폴리에스테르수지도료	◉ 폴리에스테르수지도료 polyester resin paint는 용제 solvent를 사용하지 않는 전형적인 무용제 바니시로 한 번만 칠해도 아름답고 두꺼운 도막을 형성한다. 이 도막은 강도, 내약품성이 좋다. 그러나 내후성은 좋지 않다. ◉ 폴리에스테르수지도료는 공기와 접촉하지 않아도 건조되므로 밀폐된 부분이나 깊은 곳의 도장에 유리하고 목재용 도료로도 사용한다.

멜라민수지 도료	◉ 멜라민수지도료 melamin resin paint 는 무색투명하며 도막이 굳고 광택이 양호하다. 내수성과 내구성이 좋지 않아 알키드수지와 혼합하여 사용한다. ◉ 멜라민수지도료를 구워 붙이면 매우 단단하고 광택이 있는 법랑질 porcelain enamel 의 도막을 만들며 변색이 적고 내후성이 양호하여 철재 등의 고급마무리용 도장에 사용한다.
실리콘수지 도료	◉ 실리콘수지도료 silicon resin paint 는 내열성, 내한성, 내후성이 우수한 특성을 가지고 있어서 내열성 있는 알루미늄을 혼합하여 내열도료 heat resisting paint 로 사용된다. ◉ 실리콘수지도료의 도막은 발수성 water repellency 이 있어 방수제로도 우수하며 자연건조형 natural seasoning type 과 소부형 fire burnt type 이 있다.
합성수지 에멀션 페인트	◉ 합성수지에멀션페인트 synthetic resin emulsion paint 는 수성페인트에 합성수지와 유화제 emulsifier 를 혼합한 도료로서 내수성, 내후성, 내세척성 washing proofness 이 좋고, 특히 내알칼리성이 강하다. ◉ 합성수지에멀션페인트는 콘크리트면, 시멘트모르타르면 외에 회반죽, 플라스터, 석고보드 plaster board 바탕에 사용한다.

(6) 특수도료

개요	◉ 특수도료 special paint 는 특수한 용도에 쓰이거나 특수한 방법으로 도장하는 도료 또는 특수한 원료를 주성분으로 하는 도료의 총칭이다. 특수페인트라고도 한다. ◉ 특수도료에는 여러 종류가 있지만 대표적으로 사용하는 도료로는 방청도료, 방화도료, 발광도료, 방균도료, 다채무늬도료, 복층무늬도료 등이 있다.
방청도료	◉ 방청도료 rust proof paint 는 철강 표면이나 금속바탕에 녹이 슬지 않게 할 목적으로 사용되는 도료이다. 녹막이도료, 방식도료 anti-corrosive paint 라고도 한다. 방청도료에는 광명단조합페인트, 크롬산아연방청페인트, 알루미늄도료, 역청질도료, 아연말프라이머, 에칭프라이머, 징크로메이트도료 등이 있다. ◉ 광명단조합페인트 red lead base readymixed paint 는 광명단 red lead 과 방청안료 rust proof pigment 등을 도장에 직접 사용할 수 있도록 알맞게 배합하여 제조된 도료로서 내수성, 내알칼리성, 접착성, 방청력 rust prevention power 이 우수하여 철재 등의 녹막이도료로 많이 사용한다. ◉ 크롬산아연방청페인트 zinc chromate rust preventing paint 는 알키드수지 alkyd resin 와 방청안료를 주성분으로 한 도료로서 부착력 및 내구력이 우수하고 방청성 rust preventivness 이 좋아 철재물의 방청 보호용으로 사용한다. ◉ 알루미늄도료 aluminium paint 는 알루미늄분말 aluminium powder 을 원료로 한 도료로서 방청성이 있어 방청효과뿐만 아니라 알루미늄분말의 특성상 광선, 열반사 heat reflection 의 효과를 내기도 한다. 철재 등의 정벌칠 setting coat, finish coating 에도 많이 쓰인다. ◉ 역청질도료 bituminous paint 는 역청질을 주원료로 한 도료로서 역청질의 종류 및 기름의 혼입에 따라 녹막이효과는 달라지고 일시적인 방청 목적으로는 무난하지만 장기적으로는 완선한 방청도료라고 할 수 없다.

방청도료	◉ 아연말프라이머 zinc oxide primer 는 아연말과 전색제를 혼합하여 만든 방청프라이머 rust proof primer 로서 접착력, 내구력, 부식방지력이 우수하여 철재물, 특히 아연도금강판재 galvanized sheet iron material 의 방식용 프라이머로 사용한다. ◉ 에칭프라이머 etching primer 는 금속면의 바름 바탕처리를 위한 도료로서, 이 도료를 바른 위에 다른 방청도료를 바르면 부착성이 좋고 방청효과도 크다. 워시프라이머 wash primer 라고도 한다. ◉ 징크로메이트도료 zincromate paint 는 녹막이효과가 좋아 알루미늄판 aluminum plate 이나 아연철판 galvanized plate 의 초벌용으로 적합하다.
내화도료	◉ 내화도료 refractory paint 는 도막이 높은 화열에 견디는 무기질도료 inorganic paint 로서 도막이 연소성 combustibility 을 방지하기 위해 부여한 도료 incombustibility paint 이다. 일반적으로 내화도료의 전색제로는 염화비닐 polyvinyl chloride 과 초산비닐 polyvinyl acetate 의 공중합체 copolymer, 아민계수지 amine resin, 실리콘수지 silicon resin 등이 사용되며, 이들은 난연성 incombustibility 인 동시에 가열에 따라 염소화합물 chlorine chemical compound 의 경우에는 염소가스 chloric gas, 아민화합물 amine chemical compound 의 경우에는 암모니아가스 ammonia gas 를 발생하여 연소를 방지하는 작용을 한다. ◉ 일반도료의 도막은 가연성 inflammability 이지만, 불연성 바탕에 도장한 도막은 잘 타지 않는다. 그러나 이런 경우라도 특히 고온에서는 인화 flash 하여 그 인화성이 그리고 불연성 non-flammability 바탕을 주체로 하는 구조물이라도 그 도막 때문에 화재를 당하는 경우가 있다. 따라서 이와 같은 도막의 연소성을 방지하기 위하여 내화도료를 사용한다. 내화도료는 철골구조물 등의 내화피복재 fire proofing protective materials 로 많이 쓰이고 있다.
방화도료	◉ 방화도료 fire retardant paint 는 가연성 물질에 도장하여 인화 · 연소를 방지 또는 지연시킬 목적으로 사용하는 도료이다. ◉ 염화비닐수지 polyvinyl chloride resin 또는 프탈산수지 phthalic acid resin, 바니시 vanish 등의 전색제에 염화파라핀 chloride paraffin, 산화안티몬 oxidation antimony 등 소화성 가스 slakingness gas 발생제 genetic agent 를 가한 것이 많이 사용되고 있다. ◉ 불연성 및 난연성 칠은 콘크리트 및 금속에, 발포성 칠은 목재 · 천 등에 사용한다.
발광도료	◉ 발광도료 luminous paint 는 형광체 fluorescent body, 인광체 phosphorescent body 의 안료를 적당히 전색제에 넣어 만든 도료로서 형광도료 fluorescent paint 와 인광도료 phosphorescent paint 가 있다. ◉ 형광도료는 형광성 안료인 아연 zinc 및 카드뮴 cadmium 의 황화물 sulfide 을 사용하여 만든 도료로서 광고, 장식, 표지, 그림 등에 사용한다. ◉ 인광도료는 인광성 안료인 칼슘 calcium, 바륨 barium 의 황화물을 사용하여 만든 도료로서 공공장소 public place 등의 야간 표시용, 위험방지용 또는 문자판 등에 사용한다.
방균도료	◉ 방균도료 fungus resistering paint 는 페놀수지 등의 합성수지를 주체로 하여 곰팡이 mold 제거제 remover agent 를 섞은 것으로서, 수용성 water solubility 방균페인트 fungus resistant paint, 아크릴수지 acrylic resin 방균페인트, 우레탄 urethane 방균페인트가 있다. 또한 상온건조용과 소부용이 있다. ◉ 습기가 많은 장소에 곰팡이가 발생하면 미관상 좋지 않고 금속의 부식, 누전 electricity leak 의 원인이 되므로 이를 사전에 제거하기 위하여 사용하고 주로 콘크리트 또는 모르타르면에 칠한다.

다채무늬도료	◉ 다채무늬도료 multi color pattern paint 는 도장면에 여러 가지 색과 무늬를 주어 다채로운 표면을 형성케 하는 도료로서 도장 효과를 올릴 목적으로 사용한다. ◉ 주로 내부 벽면에 사용되고 석고보드, 시멘트모르타르바름면, 목재, 슬레이트 등에도 사용하여 미장 효과를 내게 한다. 도장은 뿜칠 spray 로 한다.
복층무늬도료	◉ 복층무늬도료 maisonette pattern paint 는 합성수지와 체질안료 body pigment 를 혼합하여 만든 입체무늬모양을 내는 도료로서 시중에서는 본타일 bone-tile 이라고도 부른다. 또한 콘크리트 및 모르타르 바탕에 많이 사용되는 뿜칠용 도료 spraying paint 이다. 복층무늬도료에는 사용하는 합성수지에 따라 수용성 복층무늬도료, 아크릴 복층무늬도료, 에폭시 복층무늬도료 등이 있다. ◉ 수용성 복층무늬도료는 water soluble maisonette pattern paint 아크릴 공중합체 copolymer 에멀션을 주성분으로 한 도료로서 내수성, 은폐력 concealment ability, 내후성, 내오염성, 작업성 및 내알칼리성 등이 우수하다. 입체감 cubic effect 을 지닌 무늬를 형성케하므로 주로 내부용으로 사용한다. ◉ 아크릴 복층무늬도료 acrylic maisonette pattern paint 는 아크릴수지를 주성분으로 한 도료로서 색상보유력, 내수성, 내알칼리성 및 내오염성 등이 우수하다. 입체감을 지닌 무늬를 형성케하므로 내·외부용으로 사용한다. ◉ 에폭시 복층무늬도료 epoxy maisonette pattern paint 는 에폭시 에멀션을 주성분으로 한 중도무늬형 medium pattern type 의 도료로서 부착성, 내수성, 내후성, 내오염성, 색상보유력 및 광택 등이 우수하다. 입체감을 지닌 무늬를 형성케 하므로 내·외부용으로 사용한다.
롤러무늬 마무리도료	◉ 롤러무늬마무리도료 roller pattern finishing paint 는 합성수지페인트 synthetic paint 와 무기질혼화재 inorganic admixture, 안료 pigment 등을 공장에서 배합하여 제품화한 수용성 도료로서, 시멘트계와 합성수지에멀션계로 대별할 수 있으며, 주로 내장용으로 사용한다. ◉ 롤러무늬마무리도료는 각종 무늬를 형성시키는 무늬롤러 pattern roller 를 사용하여 다양한 모양으로 마무리할 수 있다. 종류로는 시멘트, 세골재, 안료 등을 공장에서 배합하여 만든 시멘트스터코 cement stucco 를 사용한 시멘트스터코마무리도료 cement stucco finishing paint, 시멘트, 세골재, 무기질 혼화재, 안료 등을 공장에서 배합하여 만든 무늬형성재 pattern formative material 를 사용한 시멘트계 롤러무늬마무리도료 cement roller pattern finishing paint, 합성수지에멀션, 탄산칼슘, 충진재, 세골재, 안료 등을 공장에서 배합하여 만든 무늬형성재를 사용한 합성수지계 롤러무늬마무리도료 synthetic resin roller pattern finishing paint 가 있다.
낙서방지용 도료	◉ 낙서방지용 도료 scribbling preventive paint 는 아크릴수지를 주성분으로 하여 수성페인트의 결점인 내오염성 taint proofness 을 개량하여 만든 도료로서 내오염성뿐만 아니라 내구성, 내알칼리성, 내수성도 우수하다. 오염되기 쉬운 곳 또는 어린이들이 낙서 scribbling 를 심하게 하는 곳에 주로 사용한다. ◉ 보통 사용되는 수성페인트와 달리 높은 광택과 내오염성을 강화시킨 고광택수성페인트 high glossy water paint, 낙서를 물·석유·합성세제 synthetic detergent 등으로 세척 washing 할 수 있는 유성낙서방지용 도료 oil scribbling preventive paint 가 있다.

방염도료	◉ 방염도료 flameproof paint 는 염화고무수지 chlorinated rubber resin 를 주성분으로 한 발포성 도료 foamyiness paint 로서 주로 합판, 목재 등과 같은 가연성 소지에 사용하는 도료이다. ◉ 화재 발생 초기에 연소 combustion 를 방지하고 지연시키는 효과가 있고 도막이 투명하면서 견고하여 내수성, 내유성이 있는 도료이다.
옻칠 및 캐슈칠	◉ 옻칠 oriental lacquer 은 옻나무껍질에 상처를 내어 그 분비물 secretion 을 채취한 수액 fluid 을 정제 refining 하여 착색 · 도료화한 천연수지도료 natural resin paint 로서 주로 한국, 중국, 일본에서 사용하는 동양 특유의 고급도료이다. 옻칠은 견고한 도막을 만들고 광택이 좋으며 용제에 녹지 않는다. 특히 공기중의 산소를 흡수하여 옻칠이 산화 oxidation 됨으로써 건조되는 것이 다른 도료와 다른 점이다. 결점으로는 건조가 더디며 도막에 유연성이 없고 외부에서 사용하면 햇빛에 의하여 광택을 잃기 쉽다. 따라서 실내 [illegible] ◉ 캐슈칠 cashew paint 은 열대성 식물인 캐슈나무에서 채취한 액 liquid 에 석탄산 carbolic acid, 멜라민 melamine, 알키드 alkyd 등과 알데히드 aldehyde 로 공축합 copolymerization 하여 제조된 도료이다. 이 캐슈칠은 성분과 성능이 옻칠과 유사하므로 희귀제품인 옻칠의 대용품으로 사용되고 있다. 캐슈칠은 옻칠과 같이 칠하는 면이 단단하고 평활하면서 광택도 좋은 편이지만 옻칠에 비해 탄성 elasticity 또는 밀착성 adhesiveness 이 떨어지는 것이 단점이다. 캐슈칠을 캐슈 수지 도료 cashew resin paint 라고도 한다.

도료

클리어래커(목재면)

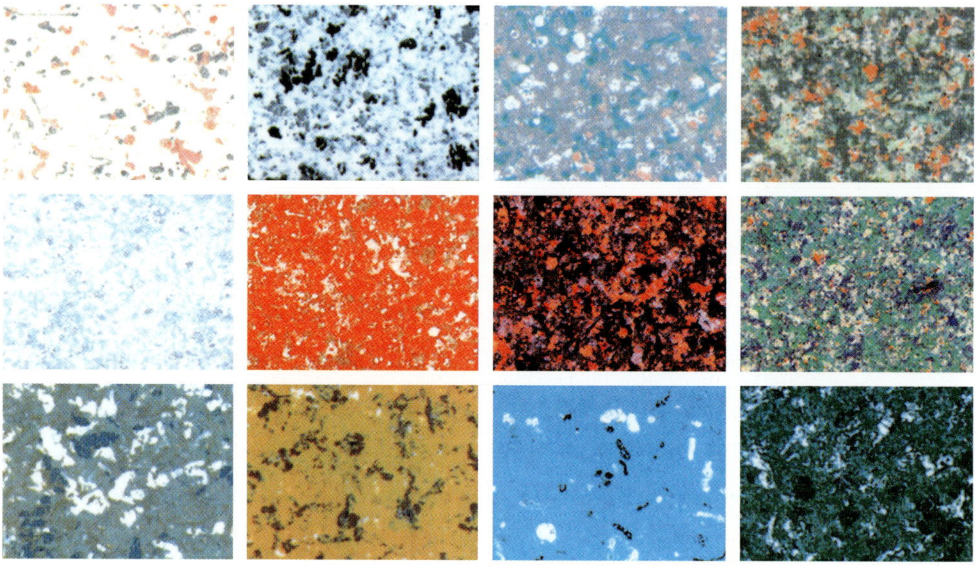

다채무늬도료

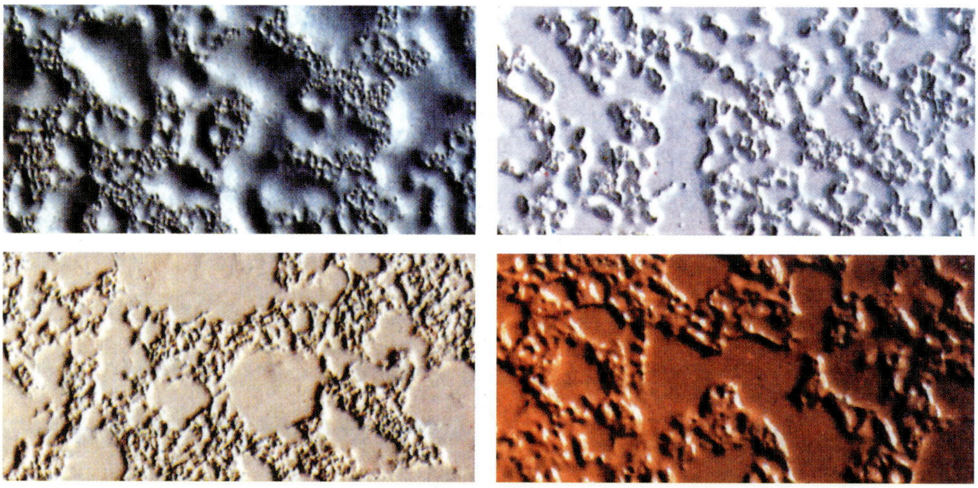

복층무늬도료

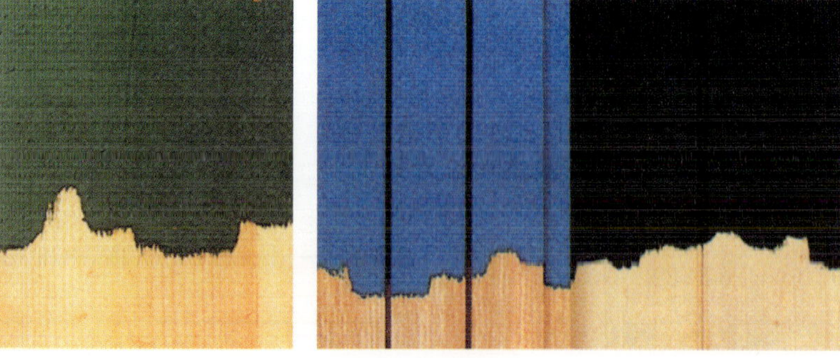

조합페인트(목재면)

각종 페인트 효과

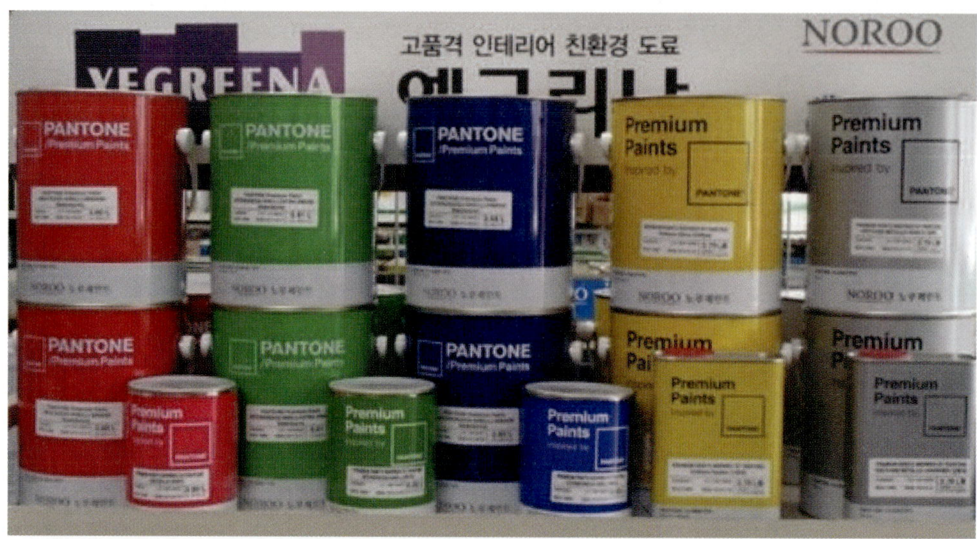
고품격 인테리어 친환경 도료
NOROO
PANTONE
/Premium Paints
Premium
Paints

합성수지도료

INTERIOR ARCHITECTURE MATERIALS

미장재료

10

10.1 개요

미장재료 plastering materials 는 건축물의 내 · 외벽, 바닥, 천장 등에 적당한 두께로 발라 마무리하는데 사용되는 재료이다. 미장재료는 다른 재료와 혼합하여 내화 fire resisting · 방수 water proofing · 차음 sound insulasion · 단열 heat insulation 효과를 낼 수 있고 다양한 형태로 성형할 수 있을 뿐만 아니라 이음매 없이 바탕을 처리할 수 있으며 마무리하는 방법도 다양하여 여러 형태로 디자인할 수 있다.

또한 가소성 plasticity 이 크다는 장점이 있다. 반면 대부분 재료혼합시 물을 사용하므로 경화시간 hardness time 이 길고 균질성 homogeneity 확보가 어렵다는 단점이 있다. 미장재료는 시공 후 거의 최종마무리 final finishing 가 되고 그 바탕이 되므로 양질의 재료를 선택 · 사용하여야 한다. 적절한 강도와 내구성이 있고 작업성이 좋으며, 연성 ductility 및 가소성이 유지되고 부착성 adhesiveness 이 좋은 미장재료가 양질의 재료라 할 수 있다.

10.2 미장재료의 구성재료

결합재	◉ 결합재 binder 는 그 자체가 물리적 또는 화학적으로 고화 solidifying 하여 미장바름의 주체가 되는 재료로 시멘트, 석회, 석고, 돌로마이트석회, 점토 등이 있다. ◉ 시멘트 cement 로는 포틀랜드시멘트 portland cement, 고로슬래그시멘트 blast furnace slag cement, 플라이애시시멘트 fly ash cement 가 사용되고 백색시멘트로는 백색포틀랜드시멘트 whlte portland cement 가 사용된다. ◉ 석회 lime 는 미장용으로 소석회 hydralic lime 를 사용하는데, 물로 반죽하여 바르면 건조하면서 굳어지는 특성을 이용하여 회반죽 lime plater, 회사벽 lime and sand plastered wall 의 주원료로 사용한다.

결합재	◉ 석고 gypsum 는 석고원석 gypsum original stone 을 가열하면 소석고 burnt gypsum 가 된다. 이 소석고에 물을 가하면 차츰 용해 dissolution 되어 결정수 water of crystailization 를 얻어 경화되는 특성을 이용하여 석고플라스터 gypsum plaster 의 주원료로 사용한다. ◉ 돌로마이트석회 dolomite lime 는 소석회보다 점성 viscosity 이 커서 풀 starch 을 넣을 필요 없이 미장용으로 사용할 수 있는 이점 때문에 돌로마이트 플라스터 dolomite plaster 의 주원료로 사용한다. ◉ 점토 clay 는 미장용으로 진흙 clay, 새벽흙 plaster clay, 황토 loess 등이 있고, 이 점토에 모래 sand, 짚여물 straw fiber 등을 반죽하여 흙바름 clay coat 에 사용한다.
골재	◉ 골재 aggregate 는 결합재의 결점인 수축・균열과 팽창 및 보수성 water retentivity 부족을 보완하거나 응결경화시간 조절 또는 치장 목적으로 쓰이는 재료로 모래, 종석, 경량골재, 돌가루 등이 있다. ◉ 모래 sand 는 천연모래 또는 암석을 부순 모래로서 유해한 먼지, 흙, 유기불순물 organic impurities, 염화물 chloride 등이 포함되지 않고 내화성 및 내구성이 있는 것을 사용한다. 색모래 colour sand 는 모래를 인공적으로 착색제조한 것을 사용한다. ◉ 경량골재 light weight aggregate 는 무기질계 경량단열골재 light weight insulating aggregate 인 펄라이트 perlite 및 질석 vermiculite 또는 팽창 혈암 expanded shale 및 소성플라이애시 plastic fly ash 등이 사용되고 유기질계 경량골재인 합성수지의 발포골재 foaming aggregate 도 사용되는데, 이 골재는 특히 시험 또는 신뢰할 수 있는 자료에 의해서 품질이 인정된 것을 사용하여야 한다. ◉ 종석 stone chip 은 인조석바름 artificial stone finish 또는 테라조바름 terrazzo finish 에 주로 사용되는 여러 종류의 작은 돌로서 화강석, 백회석 white lime, 대리석, 석회석 lime stone, 기타 자연석을 부수어 잔알로 만든 것을 사용한다. ◉ 돌가루 stone dust 는 화강석, 석회석 등을 분쇄하여 얻는 돌의 분말로서 무배합 [illegible] mix 및 시멘트모르타르 cement mortar 를 바를 때 생기는 균열을 방지하기 위하여 시멘트모르타르 등에 혼입하는 데 쓰인다.
보강재료	◉ 보강재료 reinforced materials 는 주로 증량 목적으로 혼합하며, 그 자체는 직접 고화 solidifying 에 관계하지 않고 바름재료의 성질을 개선하기 위해 사용되는 재료로서 여물, 풀, 수염 등이 있다. ◉ 여물 provender, fiber 은 미장바름에 있어 재료의 끈기를 돋우고 재료가 처져 떨어지는 것을 방지하고 흙손질 floating 이 쉽게 퍼져나가는 효과를 주기 위해 사용하는 재료이다. 여물의 섬유는 질기고 가늘고 부드럽고 흰색일수록 상품가치가 있다. 여물은 짚여물 straw fiber, 마분지 mill board 여물인 짚여물, 생여물 rawfiber, 로프삼여물 rope hemp fiber, 흰털삼여물 white hair hemp fiber 인 삼여물 hemp fiber, 종이여물 pulp fiber, 털여물 wool fiber, 종려털여물 palm leaf fiber 등 기타 여물로 구분하기도 한다.

보강재료	◉ 풀 glue 은 점성이 늘어나 바르기 쉽고 물기를 유지하며 바름 후 부착이 잘되게 하기 위해 사용하는 재료로서 주로 해초풀 seaweed glue 을 써왔으나 근래에는 합성수지계의 화학합성 풀 chemical composition glue 을 쓰기도 한다. 해초풀은 청각채 glue plant (해초류의 일종), 말 potamogeton axyphyllus, 도박 grateloupia 을 물에 끓여 그 해초용액 seaweed solution 을 채로 걸러 회반죽 등에 섞어 쓰는 풀이다. 화합합성 풀은 합성수지 에멀션 synthetic emulsion, 초산비닐수지 에멀션 polyvinyl acetate emulsion, 메틸셀룰로오스 methyl-cellulose, PVA polyvinyl alchol 등이 쓰인다. ◉ 수염 awn 은 미장바름벽이 바탕에서 떨어지는 것을 방지하기 위해 사용하는 것으로서 충분히 건조되고 질긴 삼 hemp, 어저귀 Indian mallow(줄기 껍질을 이용), 종려털 hemp palm wool 또는 마닐라삼 Manila hemp 을 사용한다.
혼화재료	◉ 혼화재료 admixture additive 는 작업성 workingness 증대, 착색, 방수, 내화, 단열, 차음, 방재, 음향 등의 효과를 얻기 위하여 또는 미장바름에 있어서 응결시간 setting time 을 단축시켜 신속하게 하거나 반대로 연장시키기 위하여 사용하는 재료이다. 혼화재료는 미장바름의 목적, 바탕 재료 및 형상 등에 따라 선택 사용되어야 한다. ◉ 작업성을 좋게 하고 증량되며 재료의 경제성을 높여주기 위한 혼화재료로 소석회 hydraulic lime, 돌로마이트 dolomite, 석회석분 lime stone dust, 규석분 silex dust, 고로슬래그가루 granulated slag powder 등이 쓰이고, 최근에는 플라이애시 fly-ash, 포졸란 pozolan, 메틸셀룰로오스 methyl cellulose 등이 사용되고 있다. ◉ 착색제 colouring admixture 는 주로 회반죽, 인조석 반죽 등에 착색을 하기 위해 사용한다. 색깔을 내는 무기질 안료의 예로서 빨강은 제2산화철 second oxideiron, 노랑은 크롬산바륨 chrome acid barium, 파랑은 군청 ultramarine, 초록은 산화크롬 oxide chrome, 갈색은 이산화망간 second oxide mangan, 검정은 카본블랙 carbon black 등이 사용된다. ◉ 방수효과를 내기 위한 방수제 waterproof agent 로는 공극 충전 filling 에 의한 것으로 소석회, 점토 clay, 석분 stone powder 등이 사용되고 화학반응에 의한 것은 물유리 water glass, 명반 alum 등이 있다. ◉ 방동 antifreezing 을 목적으로 사용되는 방동제 antifreezing agent 로는 염화석회 lime chloride, 식염이 주로 쓰인다. 때로는 AE제 air-entraining agent 를 방동제로 쓰기도 한다. ◉ 응결시간 setting time 조절을 위해 미장바름에 첨가되는 재료인 응결조절제 setting regulation agent 중 응결시간을 촉진시키기 위해 사용되는 촉진제 accelerator agent 로는 염화석회, 물유리 등이 있고, 특히 응결시간을 단축시키기 위해 사용되는 급결제 quick setting agent 로는 염화칼슘 calcium chloride, 규산소 silicic alkali 등이 있다. 반대로 응결시간을 연장시키기 위해 사용되는 지연제 retarder 로는 석고플라스터(소석고) 등이 있다.

10.3 미장재료의 분류

개요	◉ 미장재료 사용 중 형상을 보면 마감면을 형성해가면서 점차 고결 consolidation, 즉 구성재료 간에 뭉치면서 굳어져간다. 이러한 고결과정은 미장재료의 종류에 따라 다르다. 고결과정별로 구분하여 미장재료의 종류를 기경성, 수경성, 화학경화성, 고화성으로 분류할 수 있다. ◉ 미장재료는 현장에서 배합하여 사용하는 것이 일반적이지만 현장에서 시공시 편리하게 사용할 수 있도록 하기 위해 공장에서 시멘트, 골재, 혼화재료 등을 기배합하여 만들어진 기배합 미장재료 already mixed plastering materials 도 있다.
기경성 및 수경성 미장재료	◉ 기경성 anhydraulicity 은 공기중에서 완전히 경화 hardening 되는 성질, 즉 건조에 의해 경화하는 성질을 말하는 것으로, 진흙질인 진흙, 새벽흙, 석회질인 회반죽, 회사벽, 돌로마이트플라스터가 기경성에 해당된다. ◉ 수경성 hydraulicity 은 물과 반응하여 경화하고 차차 강도가 높아져가는 성질을 말하는 것으로, 석고질인 석고플라스터(혼합석고플라스터, 보드용 플라스터)와 무수석고 anhydrous gypsum 인 경석고 플라스터, 시멘트모르타르, 인조석바름재, 테라조현장바름재가 수경성에 해당된다.
화학경화성 및 고화성 미장재료	◉ 화학경화성 chemical hardening 은 화학반응에 의해 경화되는 성질을 말하는 것으로, 미장재료로서 이에 해당되는 것으로는 2액형 에폭시수지 바닥마감재 등이 있다. ◉ 고화성 soildness 은 액상의 물질이 고체화 solidify 되어가는 성질을 말하는 것으로, 미장재료로서 이에 해당되는 것으로는 용융아스팔트 바닥마감재, 아스팔트모르타르 등이 있나.
기배합 미장재료	◉ 기배합 미장재료 already mixed plastering materials 에는 라스바탕용 기배합 시멘트 모르타르 already mixed cement mortar, 시멘트모르타르 엷게 바름재 cement mortar tin plastered materials, 거친마무리재 rough finishing materials, 기배합 석고플라스터 already mixed gypsum plaster, 기배합 돌로마이트 플라스터 already mixed dolomite, 기배합 회반죽 already mixed limeplaster, 단열모르타르 heat insulation mortar, 수지플라스터 resin plaster, 셀프레벨링재 self leveling materials, 롤러 마무리바름재 roller finshing plastering materials 등이 있다.

10.4 각종 미장재료

시멘트모르타르

◉ 미장재료 중 가장 많이 사용되고 있는 시멘트모르타르 cement mortar 는 시멘트를 결합재 binder 로 하고 모래를 골재로 하여 이를 혼합 · 물반죽하여 쓰는 미장재료이다. 보통 모르타르바름이라고 하면 시멘트모르타르바름 cement mortar coating, cement plastering 을 말한다. 시멘트모르타르는 다른 미장재료보다 내구성 및 강도가 큰 이점을 갖고 있다. 실내에서 사용되는 시멘트모르타르는 마감재보다 바탕재로서의 효능이 큰 편이라 할 수 있다.

◉ 시멘트모르타르에 사용되는 구성재료를 들면 다음과 같다.

- 시멘트 : 보통포틀랜드시멘트, 고로슬래그시멘트, 플라이애시시멘트, 실리카시멘트 및 백색포틀랜드시멘트가 대부분 쓰인다.
- 모래 : 강모래를 사용하는 것이 원칙이고 부순모래도 사용하는 경우가 있다. 특히 바다모래를 사용하는 경우에는 물씻기를 충분히 하여 염분 salt 을 완전히 제거한 다음 사용한다. 모래는 깨끗하고 유기질 물이나 기타 유해한 흙, 먼지 등이 함유되지 않는 양질의 것을 체 sieve, screen 로 쳐서 사용한다.
- 혼화재료 : 시멘트, 모래 이외에 혼화재료를 사용하는 경우에는 혼화재료로서 돌가루 stone dust, 플라이애시 fly ash, 규산백토 clay silicate, 돌로마이트석회 dolomite lime, 소석회 hydraulic lime, slaked lime 등과 합성수지계 혼화재 synthetic resin additive 를 사용한다.

◉ 시멘트모르타르의 종류는 다음과 같다.

- 보통시멘트모르타르 normal cement mortar : 일반용으로 사용되는 모르타르로서, 시멘트와 모래로 구성된다. 실내 · 외에 바탕바름재로 주로 많이 사용되고, 마감재 또는 벽돌쌓기 등의 조적용 접착제로도 사용한다. 시멘트와 모래의 배합(용적비)은 시멘트 : 모래 = 1 : 3으로 하는 것이 일반적이다.
- 백시멘트모르타르 white cement mortar : 치장용으로 주로 사용되는 모르타르로서 백색포틀랜드시멘트, 색소, 돌가루, 모래로 구성된다. 실내 치장용으로 또는 타일 및 대리석붙임의 치장줄눈재로도 사용한다. 백시멘트와 모래의 배합(용적비)은 백시멘트 : 모래 = 1 : 2로 하는 것이 일반적이다.
- 액체방수모르타르 liquid water proofing mortar : 방수용으로 사용되는 모르타르로서 시멘트, 방수제(염화칼슘, 물유리)로 구성된다. 방수제 희석액 dilution liquid 과 시멘트를 지정하는 비율로 정확히 계량하여 반죽해서 쓴다. 간단한 방수공사에 사용한다.
- 발수제 모르타르 water-repellent agent mortar : 간이 방수용으로 사용되는 모르타르로서 시멘트, 발수제 water repellent 인 지방산 비누 fatty acid soap 및 아스팔트계로 구성된다. 시멘트와 발수제를 지정된 비율로 혼합하여 사용한다.
- 규산질 모르타르 siliceous mortar : 주로 충전용 use of filling 으로 사용되는 모르타르로서 시멘트, 규산질광물분말 siliceous minerl flour, 모래를 구성재료로 하고, 이를 지정하는 비율로 혼합하여 사용한다.

시멘트모르타르

- 바라이트모르타르 barite mortar : 방사선 차단용 use of cutting off 으로 사용되는 모르타르로서 중원소 heavy element 바륨 barium 을 원료로 하는 분말재인 바라이트 barite, 시멘트, 모래로 구성된다. 이 구성재료를 지정된 비율로 혼합하여 사용한다.
- 질석모르타르 vermiculite mortar : 단열이나 보온용으로 사용되는 모르타르로서 질석, 시멘트로 구성된다. 시멘트에 질석을 혼합하여 만든 모르타르이다.
- 합성수지 혼화모르타르 synthetic resin admixture mortar : 특수치장용으로 사용하기 위해 만들어진 모르타르로서, 시멘트, 각종 합성수지, 모래가 구성재료가 되며, 이를 지정된 비율로 혼합하여 만든 것이다.

◉ 이외 보통시멘트모르타르 및 백시멘트모르타르를 보통모르타르 normal mortar, 액체방수모르타르 및 발수제모르타르 또는 규산질모르타르를 방수모르타르 water proof mortar, 바라이트모르타르 등을 특수모르타르 special mortar 로 구분한다.

색시멘트모르타르

◉ 색시멘트모르타르 coloured cement mortar 는 주로 치장용으로 색조 colour tone 의 효과를 이용하기 위하여 만들어진 모르타르로서 시멘트, 모래, 안료, 경화제 등을 배합하여 쇠흙손 마감에 적합하도록 만든 것이다. 때로는 경질골재 hard aggregate, 시멘트분산제 cement dispersing agent 를 혼입하기도 한다.

◉ 시멘트의 색조효과를 내기 좋은 백시멘트를 주로 사용하고 보통시멘트는 짙은색 이외에는 사용하지 않는다. 모래는 깨끗한 흰모래 또는 색모래를 사용하고 안료는 지정된 색깔을 낼 수 있는 안료를 사용하며, 경화를 촉진시키기 위한 경화제 harder agent 로는 일반적으로 염화칼슘 calcium chloride 을 사용한다. 경질골재를 사용하는 경우에는 일반적으로 실리카질 silica 의 경질골재를 사용하고 용도에 따라서는 철분 혹은 철입자 iron particle 를 사용하기도 한다. 색시멘트모르타르를 상표용 컬러시멘트모르타르라고도 한다.

인조석바름 및 테라조바름재

◉ 인조석바름 artificial stone finish 및 테라조바름 tarrazzo finish 의 구성재료는 다음과 같다.

- 시멘트, 모래 : 인조석용은 보통포틀랜드시멘트 또는 백색포틀랜드시멘트이고, 테라조용은 백색포틀랜드시멘트만을 쓴다. 모래는 유해한 물질이 포함되지 않는 양질의 천연모래 또는 부순모래를 사용한다.
- 종석 chip : 인조석용은 화강석, 석회석 등의 부순돌이고, 테라조용은 주로 대리석, 화강석의 부순돌이다. 종석의 크기는 체로 쳐서 정확한 입도를 가진 것을 사용하여 물씻기를 철저히 한다. 또한 종석이 지나치게 납작하거나 얇지 않은 것을 사용한다. 종석알의 크기는 다음 표를 표준으로 한다.

종석알의 크기

인조석바름		테라조바름	
5㎜체 통과분	100%	15㎜체 통과분	100%
2.5㎜체 통과분	50%	5㎜체 통과분	50%
1.2㎜체 통과분	0	2.5㎜체 통과분	0

(주) 인조석바름에서는 2.5㎜체 통과분이 전량의 1/2 정도, 테라조바름에서는 5㎜체 통과분이 전량의 1/2 정도를 표준으로 한다.

인조석바름 및 테라조바름재	• 안료 pigment : 무수용성 non-water solubility 이고 내식성 corrosin resistance 이며, 특히 내알칼리성 alkali proofness 이고 태양광선 또는 100℃ 이하에서는 변질되지 않은 양질의 것을 사용한다. 안료는 퇴색하지 않는 안정적이고 미세분말인 것일수록 고급품이라 할 수 있다. 안료의 종류는 노랑(황토, 산화황토, 바륨, 크롬황), 빨강(주토, 산화철, 산화망간), 파랑(코발트청, 군청), 초록(크롬초록, 코발트초록), 검정(유연, 망간검정, 카본검정) 등이 있다. • 돌가루 stone dust, stone powder : 인조석바름 및 테라조바름할 때 생기는 균열을 방지하기 위하여 필요시 사용한다. 백색 미세분 돌가루이다. ◉ 인조석 바름은 시멘트, 종석, 안료, 돌가루 등을 배합하여 반죽한 것을 모르타르 바름 바탕 위에 바르는 것으로 천연의 석재와 유사하게 마무리한 것이다. 인조석 바름으로 한 마감면은 다른 미장재료로 마감한 면보다 수밀 water tight 하고 내구성 durability 이 있으며 외관이 좋을 뿐만 아니라 시공방법도 쉬운 편이어서 바닥, 계단, 벽 등에 널리 쓰인다. ◉ 테조조바름은 인조석바름의 하나로서, 인조석바름에 비해 시멘트는 백색포틀랜드 시멘트만을 사용하고 안료를 충분히 사용하며 종석은 대리석의 부순알이 크고 좋은 것을 쓴 것이 특징이다. 인조석바름보다는 고급바름이라 할 수 있다. 구미 각국에서는 인조석바름을 테라조바름으로 통칭하고 있다.
석고플라스터	◉ 석고플라스터 gypsum plaster 는 소석고 burnt gypsum 를 주원료로 하고 골재(모래 등), 보강재료(여물, 종려털 등), 혼화재료(응결시간조절재로서 아교질재 등)를 혼합하여 반죽한 것으로, 수경성이므로 회반죽에 비해 경화건조 hardening dryness 가 빠르고 경도 hardness 도 크다. 주로 벽, 천장 등의 미장재로 사용한다. ◉ 석고플라스터의 종류에는 혼합석고플라스터(기배합석고플라스터), 보드용 석고플라스터, 순석고플라스터, 경석고플라스터 등이 있다. • 혼합석고플라스터 mixing gypsum plaster : 혼합석고플라스터는 소석고, 소석회 hydraulic lime, 완경제 retarder 를 혼합한 혼합석고 mixing gypsum 에 한수석 white marble, 여물 provender 등을 공장에서 미리 혼합하여 제조된 석고플라스터의 일종이다. 이를 현장에서는 물만 혼입하여 바로 사용할 수 있기 때문에 기배합석고플라스터 ready mixed gypsum plaster 라고도 한다. 이 혼합석고플라스터는 소석고의 팽창성 expansiveness 과 소석회의 수축성 contractibility 을 상호보완한 제품이라 할 수 있다. 초벌용 first coating 과 정벌용 setting coating 으로 구분하며, 초벌용은 물과 모래 등을 혼합하여 즉시 사용할 수 있고, 정벌용은 물만을 혼합하여 사용할 수 있도록 만든 것이다. 일반적으로 석고플라스터라 함은 혼합석고플라스터를 말한다. • 보드용 석고플라스터 boarding gypsum plaster : 혼합석고플라스터와 같이 기배합 ready mixed 재료로서 물 및 골재를 혼합하여 즉시 사용할 수 있다. 주원료는 회학석고 chemical gypsum 를 사용하고 여물을 넣을 수도 있다. 부착성 adhesiveness 이 좋아 석고보드 붙임면이나 모르타르 및 콘크리트 등의 초벌바름용 first coat 으로 사용한다.

석고플라스터	• 순석고플라스터 pure gypsum plaster : 소석고와 현장에서 만든 생석회 quick lime 의 석회죽 lime paste, lime milk 을 혼합한 플라스터이다. 초벌용과 정벌용으로 구분되며, 석회죽을 만드는데 큰 소화조 digestor 와 상당한 기간이 필요하고 현장에서의 배합관리 mixing control 가 어려워 특수한 경우 외는 사용하지 않는다. 순석고플라스터를 크림용 석고플라스터 cream gypsum plaster 라고도 한다. • 경석고플라스터 anhydrite plaster : 소석고를 고온(300℃ 이상)으로 가열하면 무수 anhydrous 의 경석고 anhydrite 가 된다. 이 경석고에 물을 가해도 거의 경화하지 않으므로 소량의 명반 alum, 붕사 borax, 규사 silica 등을 혼합하면 경화성이 되돌아오므로 이렇게 처리한 경석고의 분말에 명반을 가하여 만든 것이 경석고플라스터이다. 약간 붉은 빛을 띤 백색을 나타내고 경화속도는 느리지만 일단 경화되면 단단하게 굳는다. 또한 점도 viscosity 가 있어 바르기 쉽고 경화한 것은 현저히 강도가 크며, 표면의 경도가 커서 광택성 lustrousness 을 갖고 있다. 결점은 산성재료 acid material 이므로 철류에 접촉하면 녹슬게 하는 성질이 있으므로 철부에는 녹막이칠 rust proof painting 등의 초벌바름하여 절연 insulation 시킬 필요가 있고, 석회계나 다른 소석고계 플라스터와 혼합하여 사용할 수 없을 뿐만 아니라 여물 provender 도 혼용할 수 없다. 석고플라스터 중 가장 경질이므로 벽바름재뿐만 아니라 바닥바름에 쓰이기도 한다. 경석고플라스터를 킨스시멘트 keen's cement, flooring cement, gypsum cement 라고도 한다. ◉ 석고플라스터에 시멘트, 소석회, 돌로마이트플라스터 등을 혼합하여 사용하면 안 되므로 이에 유의한다.
돌로마이트플라스터	◉ 돌로마이트플라스터 dolomite plaster 는 돌로마이트석회 dolomite lime 에 모래, 여물을 혼합반죽한 것으로서, 필요에 따라 시멘트를 혼입할 때도 있다. ◉ 소석회보다 점성 viscosity 이 높아 풀을 넣을 필요가 없기 때문에 변색 color change, stain, 냄새, 곰팡이가 없다. 또한 보수성 water holdingness 이 크고 응결시간이 길어 바르기 좋다. 회반죽에 비하여 조기강도 short time strength 및 최종강도 final strength 도 크다. 착색하기도 쉽다. 그러나 건조수축 drying shrinkage 이 커서 균열이 생기기 쉽고 수증기나 물에 약한 것이 결점이다. 주로 바름벽 재료로 사용한다.
회반죽 및 회사벽	◉ 회반죽 lime plaster 은 주원료인 소석회, 해초풀 seaweed grass 에 모래, 여물 등을 혼합하여 만든 것으로 목조바탕, 콘크리트 블록 및 벽돌바탕 등에 바르는 미장재료이다. 회반죽바름 lime plaster coating 은 일반적으로 연약하고 비내수성 non-water resistance 이며 경화건조에 의한 수축률은 미장바름 중 가장 크지만 여물로서 균열을 분산 · 경감시킨다. 또한 다른 미장재료에 비해 건조에 시일이 걸리고 다소 연질 softness 이지만 외관이 온유하고 시공을 잘하면 균열 · 박락 peeling off 될 우려가 없는 비교적 값이 싼 재료이다. 회반죽은 주로 우리나라나 일본에서 오래 전부터 바름벽 재료로 쓰여왔던 재료이다.

회반죽 및 회사벽	◉ 회사벽 lime, loess, sand mixed plaster 은 석회죽 lime cream, lime paste 에 모래를 넣어 반죽한 것으로서, 필요에 따라 시멘트 또는 여물을 혼입하기도 한다. 재래식 흙벽의 정벌바름에 쓰인다. 또한 석회죽과 모래, 황토, 회백토(풍화토)를 섞어 쓸 때도 있는데 이것을 회삼물 loess and sand plaster 이라고도 한다. 회삼물은 내부 벽돌벽면, 회반죽바름의 고름질 dubbing, dubbing out 등에 쓰인다.
흙바름 및 황토바름재	◉ 흙바름 clay coat 은 진흙, 새벽흙 plastering clay, 모래, 짚여물 등을 물반죽하여 외벽 wattle wall 바탕, 산자 lattice sticks across roof rafters 바탕 등에 바르는 것을 말하는 것으로 여기서 진흙은 빛깔이 붉고 차진 흙으로서 잔돌알, 불순물이 혼입되지 않은 부드럽고, 차진 것으로 15㎜체를 통과하는 정도의 것을 쓴다. 새벽흙은 누른 빛깔의 차진 흙에 잔모래를 섞어서 진흙 등을 바른 뒤 덧바르는 흙이다. 흙바름의 균열을 방지할 목적으로 쓰이는 짚여물은 볏짚을 약 6㎝ 정도의 길이로 썰어 진흙반죽 clay dough 에 혼입한다. ◉ 황토바름 loess coat 은 황토분말 loess powder 을 물과 혼합하여 바르는 것을 말한다. 여기서 황토분말은 황토를 건조시켜 가루로 만든 것으로서 황갈색이나 분홍색을 띠고 있는 고생대 palaeozoic era 의 퇴적물 deposit 로 실리카와 알루미나, 철, 마그네슘 magnesium, 나트륨 natrium, 칼륨 kalium 등 여러 가지 무기질을 함유하고 있다고 알려져 있다. 따라서 황토분말 자체가 적절한 온도의 자동조절 기능 automatic regulating function, 적절한 습도 유지, 원적외선 far infrared radiation 다량 방사, 세균번식 bacteria breeding 억제 등의 기능이 있다하여 근래에는 황토분말을 사용한 황토바름을 많이 하고 있다.
규조토바름재	◉ 규조토 diatom earth 는 일종의 해초류 seaweeds 인 규조 diatom 가 죽어 그 껍질이 오랜 기간동안 침적 deposition 하여 지층을 형성한 화석 fossil 으로서 다공질로 되어 있고 백색, 회색, 담황색의 색깔에 흡수성 absorptivness 이 풍부하고 가볍고 무르며, 백색의 점토와 비슷하다. 이러한 규조토를 분말로 만들어 이 분말에 보강재료로 탄소섬유 carbon fiber 를 혼입하고 필요에 따라 골재나 혼화제를 넣어 미장재료로 만든 것이 규조토바름재 diatom earth coating material 이다. 여기 탄소섬유 carbon fiber 는 유기섬유 organic fiber 를 소성하여 거의 탄소만 남기고 섬유로 한 것을 말한다. ◉ 규조토바름재는 최근 개발된 재료로서 규조토가 가진 보온, 단열, 방로, 조습, 방음 등의 성능을 활용하여 내장마감재로 주로 사용한다. 외장마감재로 사용할 경우에는 흡수방지제 water absorption preventive agent 를 혼입하고, 내장마감재로 사용할 경우에는 접착제를 희석시킨 용액을 사용하여 혼합하는 것이 좋다.
합성수지 플라스터, 에멀션형 용제 및 고무라텍스형 합성수지	◉ 합성수지 플라스터 synthetic resin plaster 는 합성수지에멀션 synthetic emulsion, 탄산칼슘 calcium carbonate, 기타 충전재, 골재 및 안료 등을 공장에서 배합하여 만든 기배합 미장재료의 일종으로서 적당량의 물을 더하여 반죽상태로 사용한다. 주로 경량콘크리트패널 light weight concrete panel 등의 내장공사에 사용된다. ◉ 에멀션형 용제 및 고무라텍스형 합성수지는 합성수지에멀션, 고무라텍스 rubber latex 및 용제형 합성수지 또는 합성고무 synthetic rubber 에 무기질분말 inorganic powder, 가는모래 fine sand 및 안료를 혼입한 합성수지 페이스트 synthetic paste 또는 합성수지 모르타르 synthetic mortar 를 말하는 것으로 바닥 마무리할 때 주로 사용하는 미장재료이다.

합성고분자 바닥바름재	◉ 합성고분자 바닥바름재 floor plastering material 는 에폭시수지 epoxy resin, 폴리에스테르 polyester 및 폴리우레탄 polyurethane 의 합성고분자계 재료에 촉진제 accelerator agent, 경화제 hardnes agent, 골재 등을 공장에서 배합하여 만든 기배합 미장재료이다. 주재료인 합성고분자 synthetic polymeric 의 종류에 따라 에폭시수지 바닥바름재, 폴리우레탄 바닥바름재, 폴리에스테르 바닥바름재의 3종류가 있다. ◉ 합성고분자 바닥바름재는 방진성 isolatedness, 방활성 slip isolatedness, 탄력성 flexibility, 내수성 water resistance 및 내약품성 chemical proofness 등이 요구되는 바닥의 마감바름에 사용된다.
셀프레벨링재	◉ 셀프레벨링재 self leveling material 는 스스로 편평 flat 한 표면을 만드는 자체 유동성 fluidity 를 가진 [illegible] 바닥바름재로 사용한다. 셀프레벨링재는 대부분 기배합 미장재료이며 균열 및 박리 peeling 에 대한 안전성 stability 이 우수하다. ◉ 셀프레벨링재는 석고계 셀프레벨링재 gypsum system self leveling material 와 시멘트계 셀프레벨링재 cement system self leveling material 의 2종류가 있다. 석고계 셀프레벨링재는 석고에 모래, 경화지연제 hardening retarder, 유동화제 super plasticizer 등을 혼합하여 자체 평탄성이 있게 한 것이고, 시멘트계 셀프레벨링재는 포틀랜드시멘트에 모래, 분산제 dispersing agent, 유동화제 등을 혼합하여 자체 평탄성이 있게 한 것으로서 필요한 경우 팽창성 expansiveness 혼화재료를 사용하기도 한다. 특히 석고계 셀프레벨링재는 물이 닿지 않는 실내에서만 사용한다.
단열모르타르	◉ 단열모르타르 heat insulation mortar 는 바닥, 벽, 천장 등의 열손실 방지를 목적으로 경량단열골재 light weight heat insulation aggregate 를 주재료로 하여 만든 모르타르이다. 단열모르타르의 품질은 적절한 열전도율 thermal conductivity, 부착강도 bond strength 및 내화성 또는 난연성이 있는 재료로서 외부 마감용의 경우는 내수성 및 내후성이 있는 것이어야 한다. ◉ 단열모르타르의 구성재료로는 시멘트, 골재, 물, 보강재, 혼화재료, 착색제로서 시멘트는 보통포틀랜드시멘트, 고로슬래그시멘트, 플라이애시시멘트이고, 골재는 경량골재로서 펄라이트, 석회석, 화성암 등을 고온에서 발포 gas foaming 시킨 무기질 또는 유기질의 경량 인공골재 light weight artificial aggregate 가 주종이며, 보강재로서는 내알칼리처리 alkali proof dealing 가 된 유리섬유 또는 난연처리 incombustible dealing 가 된 부직포 non-woven cloth 등이고, 혼화재료로는 포졸란 pozzolan, 석회석분 lime stone powder, 감수제 water reaucing agent, 폴리머분산제 polymer dispersing agent 이다. 착색제로 coloring agent 는 순수한 광물질이나 합성분말착색제 composite powder coloring agent 로서 내알칼리성이며 퇴색 fading 하지 않는 것을 사용한다. 단열모르타르는 구성재료를 공장에서 배합하여 만든 기배합 미장재료로서 적당량의 물을 더하여 반죽상태로 사용하는 것이 보통이다.

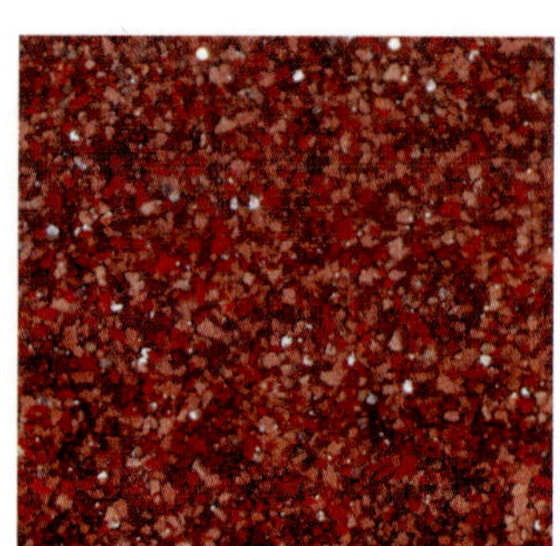
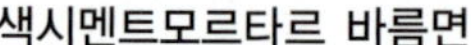

색시멘트모르타르 바름면

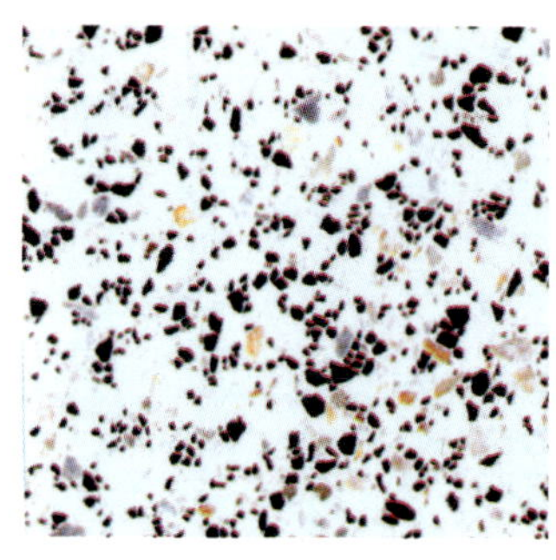
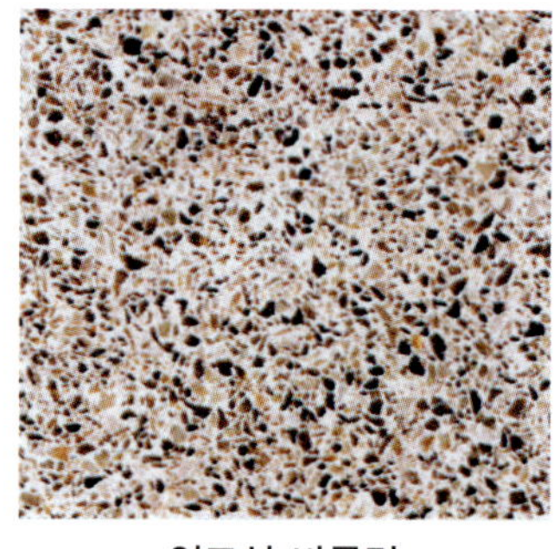
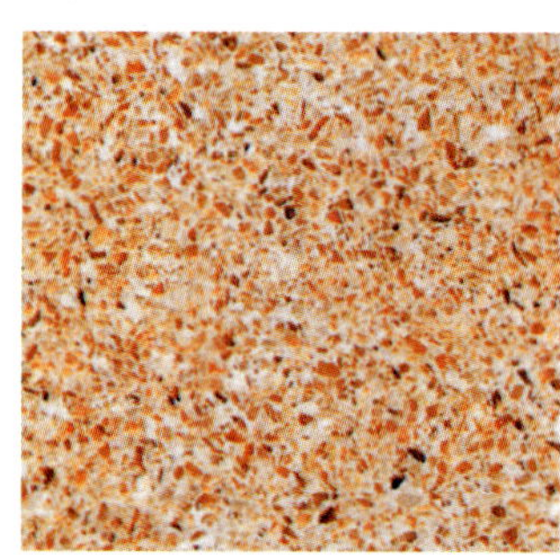

인조석 바름면

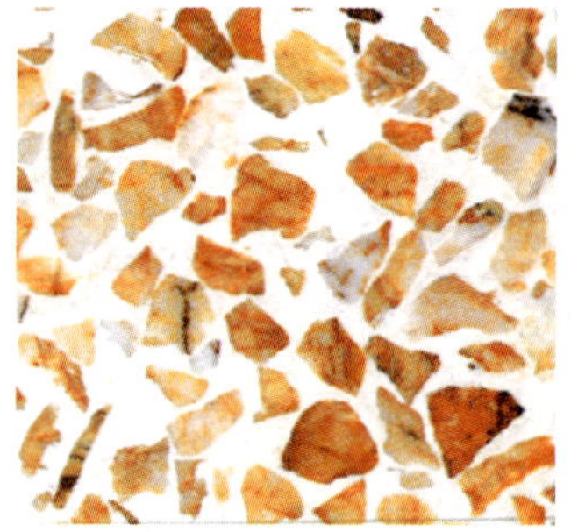

테라조 바름면

석고플라스터 바름면

회반죽 바름면

황토 바름면

규조토 바름면

합성수지모르타르 바름면

셀프레벨링재 바름

INTERIOR ARCHITECTURE MATERIALS

방수재료

11

11.1 개요

건축물의 지붕, 벽, 바닥 및 지하실 등 방수가 필요한 부분에는 방수처리 water proof dealing 를 하여야 한다. 방수 water proofing, waterproof 란 건축물 내·외부를 통하여 침투하는 물이나 습기를 차단하는 것을 말하는 것으로 이에, 방수용 재료가 사용된다. 벽돌벽, 블록 및 돌벽체에서는 지중에서 습기가 상승하므로 방수층 waterproof course 을 설치하는 것이 좋고, 실내건축에서는 지층에 접하는 목조마루 또는 벽체 등의 마감재가 비내수성 치장재 non-waterproofness decorative material 인 경우에는 방수하여야 한다.

또한 실내의 화장실, 세탁실, 목욕실, 개수대 등 물을 자주 사용하는 곳에는 특히 방수와 습기를 방지하기 위한 방습 damp proofing 조치를 철저히 하여야 한다. 방수재료 waterproof material 는 용도와 기능에 따라 여러 종류가 사용되고, 새로운 재료가 계속 개발되고 있다.

최근에는 유기합성화학 organic synthetic chemistry 의 발달에 의해 합성고분자 방수재료 synthetic polymeric waterproof material 가 용도와 기능에 따라 여러 종류가 개발되어 사용되고 있는 추세이다. 본 장에서는 실내건축에서 주로 사용하는 방수재료인 아스팔트 방수재료, 시멘트방수제, 시트방수재료, 도막방수재료, 방습재료 등에 대하여 기술하고자 한다.

11.2 아스팔트 방수재료

아스팔트	◉ 아스팔트 asphalt 는 석유 petroleum 를 정제 refining 할 때 원유 crude petroleum 가 천연 또는 인공적으로 증발 evaporation · 산화 oxidation · 중합 polymerization 등으로 된 고체 binder 또는 반고체 semi-solide body 의 역청질 bituminous 혼합물로서 가열하면 서서히 액화 liquefaction 한다. ◉ 아스팔트는 천연아스팔트와 석유아스팔트로 분류한다. 천연아스팔트 natural asphalt 는 지표상에서 자연의 힘에 의하여 산출된 아스팔트를 말하고 석유아스팔트는 천연으로 산출된 원유에서 인위적으로 만든 아스팔트를 말한다. 건축공사에서는 주로 석유아스팔트가 쓰인다. ◉ 석유아스팔트 petroleum asphalt 는 증류 distillation 방법에 따라 스트레이트 아스팔트와 블로운 아스팔트로 구분한다. 스트레이트 아스팔트 straight asphalt 는 원유를 건류 dry distillation 또는 증류한 잔류유 residuary oil 를 정제한 것으로 접착력이 강하고 방수성능은 좋으나 연화점 softening 이 낮고 내후성이 약하며 온도에 의한 변화가 크므로 주로 지하방수 등에 사용한다. ◉ 블로운 아스팔트 blown asphalt 는 [illegible] 감온성 sensitivity 이 적고 연화점이 높고 안전하여 방수공사에 많이 사용된다.
아스팔트 프라이머	◉ 아스팔트 프라이머 asphalt primer 는 아스팔트를 휘발성 용제 solvent 로 용해 dissolution 한 비교적 저점도의 흑갈색 액상재료이다. 여기에 사용되는 아스팔트는 블로운 아스팔트가 많이 사용되고 용제로는 솔벤트 나프타 solvent naphtha 및 휘발유 gasoline 가 사용된다. ◉ 아스팔트 프라이머를 방수바탕에 도포하면 그 표면에 침투하여 강력한 아스팔트피막 asphalt coating 을 형성하여 방수층의 접착성 adhesiveness 을 향상시킨다. 따라서 방수 및 방습 시공시 바탕에 도포하거나 금속방식용 또는 목재의 방부용 등에 사용된다.
아스팔트 컴파운드	◉ 아스팔트 컴파운드 asphalt compound 는 블로운 아스팔트에 동물성 또는 식물성 섬유를 혼합하여 내열성 heat proofness · 내한성 cold proofness · 점착성 cohesiveness · 내후성 weatherability 등을 개량한 것이다. ◉ 아스팔트 컴파운드는 주로 방수층 waterproof layer 에 쓰이고 내산재 acid proof material 로도 쓰인다.
아스팔트 펠트	◉ 아스팔트 펠트 asphalt felt 는 유기성 섬유 organic fiber 인 목면 cottom, 양모 wool, 마사 hemp yarn, 폐지 waste paper 등을 펠트 felt 상으로 만든 원지에 연질의 스트레이트 아스팔트로 가열 · 용융 fusion 하여 흡수시킨 후 건조시켜 롤형으로 만든 것이다. ◉ 아스팔트 펠트는 주로 아스팔트 방수 중간층 재료로 이용되고 내외벽의 방수 · 방습재료로도 사용한다.
아스팔트 루핑	◉ 아스팔트 루핑 asphalt roofing 은 동물성 또는 식물성 섬유를 원료로 하여 만든 펠트에 스트레이트 아스팔트를 침투시키고, 다시 그 양면에 블로운 아스팔트로 피복하여 그 표면에 끈적거리지 않도록 석분, 모래 등을 살포하여 시트상 제품으로 만든 것이다. ◉ 아스팔트 루핑은 흡수성, 투습성 moisture permeability 이 적고 유연하며 내후성이 크고 내산성 · 내염성 salt proofness 이 있어 방수공사의 바탕깔기용으로 많이 사용된다.

아스팔트 펠트

아스팔트 루핑

11.3 시멘트 방수재료

시멘트 방수제

- 시멘트 방수제 water proof agent of cement 는 모르타르 또는 콘크리트에 혼입하면 물리적 · 화학적으로 모체 parent body 의 공극을 메우고 이를 수밀 water tight 하게 하여 방수작용을 하는 재료이다.
- 시멘트 방수제의 종류는 여러 가지가 있으나, 이들의 대부분은 특허품으로 판매되고 있다. 시멘트 방수제의 종류를 상태 또는 주성분에 따라 다음과 같이 분류할 수 있다.

상태에 의한 분류

액체 방수제	액상 liquid state 으로 만들어진 방수제 waterproof agent 를 말한 것으로서, 모르타르에 혼입하여 방수효과를 내기 위한 액체방수공사에 사용한다.
분말 방수제	분말상 powder state 으로 만들어진 방수제를 말한 것으로서, 주로 방수모르타르를 만드는데 사용한다.
교질 방수제	교질상 stickiness state 으로 만들어진 방수제를 말한 것으로서, 사용시 물을 가하여 적당한 농도로 풀어 쓸 수 있게 만든 것이다.

주성분에 의한 분류

염화칼슘계 방수제	염화칼슘 calcium chloride 을 주성분으로 한 방수제는 경화촉진제 accelerator 이므로 급결에 의한 초기의 방수효과가 있으나 철물류의 녹발생을 촉진시킬 우려가 있어 사용시 주의를 요한다.

구분	종류	내용
시멘트 방수제	규산소다계 방수제	규산소다 silicic acid soda 를 주성분으로 한 방수제는 모르타르나 콘크리트 속의 공극을 메워 치밀한 조직을 만들어 방수 성능을 갖게 한다. 다만, 혼입량이 시멘트 대비 중량비로 1~3% 이상 다량으로 혼입하면 급결성 quick setting property 이 되므로 오히려 좋지 않다. 규산소다 수용액은 조청 treacle 과 같다 하여 물유리 water glass 라고도 한다.
	지방산계 방수제	지방산 fatty acid 을 주성분으로 한 방수제는 모르타르나 콘크리트 속의 공극을 치밀하게 메우는 방수제로서 가장 많이 사용한다. 그러나 물 속에 오래 잠겨 있으면 방수성능이 저하되는 성질이 있고, [illegible] [illegible] chloride, 규산나트륨 silicic acid natrium 을 배합하는 경우가 많다.
	파라핀계 방수제	파라핀을 주성분으로 한 방수제는 발수성 water repellentness 이 우수하여 모르타르나 콘크리트 속에 혼입하면 발수효과를 얻을 수 있는 이점을 이용하여 방수제로 사용한다.
	수용성 폴리머계 방수제	수용성 폴리머 soluble polymer 를 주성분으로 한 방수제는 모르타르나 콘크리트 속에 혼입하면 치밀한 조직을 형성시켜 줌으로써 결과적으로 방수제의 기능을 갖게 한다.

- 시멘트 방수제는 공극 속의 틈을 잘 막으면서 부착성이 좋아야 하고, 경화시 건조수축 drying shrinkage 이나 균열 발생이 없어야 하며 산이나 알칼리 등에 영향을 받지 않고 철물류를 부식시키지 않으면서 열이나 광선에 영향을 받지 않는 것이어야 한다. 즉 이러한 특성을 갖는 방수제가 양질의 방수제라 할 수 있다.

시멘트 액체 방수재료

- 시멘트 액체방수 cement liquid waterproof 는 시멘트 및 액체방수제 등을 혼합한 것을 사용, 모체 parent body 이의 빈틈을 채우고 수밀하게 하는 방수방법을 말한다.
- 시멘트 액체방수에 소요되는 재료는 시멘트, 모래, 물, 방수제, 보조재료 assistance material 이며, 재료의 혼합은 방수제 제조자가 지정하는 비율로 혼입하여 충분히 비빈다. 시멘트는 1종 보통포틀랜드시멘트를 사용하고, [illegible] 진흙, 먼지 등 유해량이 함유되지 않는 것을 사용한다. 액체방수제는 소정사용량, 사용방법 등이 명시되고 방수성능 및 시험결과 등이 지정된 성능에 적합한지 확인되었거나 신뢰할 수 있는 것을 사용한다. 보조재료로는 지수제 still water agent, 접착제 adhesive agent, 방동제 antifreezing agent, 보수제 repair agent, 경화촉진제 accelerator agent 등이 있으며 필요시 사용한다.

방수 모르타르 및 방수 시멘트풀

- 방수모르타르 waterproof mortar 는 방수제를 혼입하여 만든 모르타르로서 방수성능이 있는 것을 말한다. 시멘트 액체방수층 바름에 사용한다.
- 방수시멘트풀 waterproof cement paste 은 방수모르타르에서 모래를 넣지 않고 시멘트와 액체방수제를 혼합하여 만든 것으로서 시멘트액체 방수층에 얇게 바르는데 사용한다.
- 방수모르타르의 주성분인 방수제의 배합(중량비)은 방수제 : 시멘트 : 모래 : 물 = 1 : 2.5 : 5 : 4 또는 1 : 2.5 : 7.5 : 5의 비율로 배합하고, 방수시멘트풀의 주성분인 방수제의 배합(중량비)은 방수제 : 시멘트 : 물 = 1 : 2.0~2.5 : 4 또는 1 : 3.0~3.5 : 2.5의 비율로 배합한다.

방수제

11.4 도막방수재료

도막방수 재료 및 그 분류	◉ 도료상태의 합성수지나 합성고무 용액 및 가루 등으로 만들어진 방수재료를 바탕면에 여러 번 칠하여 상당한 두께의 방수막 waterproof membrane 을 형성케 하는 방수 방법을 도막방수 coating water proof 라 한다. ◉ 도막방수재료 coating water proof material 는 내후 · 내수 · 내알칼리 · 내유 · 내마모 · 난연성 등을 구비하고 신장능력 extension ability 과 접착성 adhesiveness 이 좋아야 한다. 또한 다른 방수에 비해 비싸지 않아야 도막방수재료로 많이 사용할 수 있다. ◉ 도막방수재료의 종류는 다양하고 이들의 특허품도 많아 선택 · 사용하는데 주의해야 한다. 따라서 제조회사가 제시한 성능 등에 대한 자료를 면밀히 검토하고 선정시험(국가공인시험기관, 현장시험)을 실시한 후 선택 · 결정하는 것이 바람직하다. ◉ 도막방수재료에는 유제형 emulsion type 과 용제형 solvent type 으로 분류하고, 또한 1성분형 one element system type 과 2성분형 two element system type 으로 분류한다. 유제형은 수지유제 resin emulsion agent 를 바탕면에 여러 번 발라 도막 paint skin 을 형성하는 도막방수재료로서 아크릴수지계, 에폭시계 등의 도막방수제 coating water proof agent 가 있다. 용제형은 고분자재료 macromolecule material 인 고무도료 rubber paint 를 여러 번 칠하여 도막을 형성하는 도막방수제로서 아크릴고무계, 우레탄고무계, 클로로프렌고무계 등의 도막방수제가 있다. ◉ 1성분형은 미리 시공 가능한 상태로 배합되어 있어 현장에서 그대로 사용할 수 있도록 만든 도막방수제로서 아크릴수지계, 아크릴고무계, 클로로프렌고무계, 고무아스팔트계 등이 이에 해당한다. 2성분형은 현장에서 사용하기 직전에 용제 또는 혼화제 등을 혼입하여 만들어 사용하는 도막방수제로서 우레탄고무계, 에폭시계 등이 이에 해당한다.
도막방수 재료 종류별 특성	◉ 아크릴수지계 도막방수제 acrylic resin coating waterproof agent : 아크릴수지계는 습윤한 바탕면에도 시공이 가능하고 도막의 유연성 softness 으로 바탕 균열에 저항성 resistantness 이 우수하며 용제를 함유하지 않으므로 화재, 중독 위험이 없다. 그러나 건조시간이 길다는 단점이 있다.

도막방수 재료 종류별 특성	◉ 에폭시계 도막방수제 epoxy coating waterproof agent : 에폭시계는 내약품성 chemical proofness, 내부식성 corrosion proofness, 내마모성 abrasion resistance, 내충격성 impact resistance 이 우수하고 접착성 adhesiveness 도 좋다. 방수층을 겸한 바닥 마무리재료로 또한 바탕콘크리트의 균열보수에도 사용되고 있다. 따라서 고가이지만 많이 사용되고 있다. ◉ 아크릴고무계 도막방수제 acrylic rubber coating waterproof agent : 아크릴고무계는 신축성 expansiveness 이 있어 복잡한 부위에도 시공이 용이하고 화재, 중독의 위험성 dangerousness 이 없으며 착색이 자유롭다. 벽면에 뿜칠시공 spray construction 이 가능하다. ◉ 우레탄고무계 도막방수제 urethane rubber coating waterproof agent : 우레탄고무계는 유연성 있고, 촉감이 부드러우며, 마히지 · 무미지 성질이 우수할 뿐만 아니라 컬러마감재 color finishing material 로도 시공이 가능하므로 지붕벽, 주차장 등의 바닥에 적합하다. 따라서 지붕방수로 널리 많이 시공되고 있다. ◉ 클로로프렌고무계 도막방수제 chloroprene rubber coating waterproof agent : 클로로프렌 chloroprene 고무계는 바탕에 바르면 균질한 고무상의 탄성도막 elastic paint skin 을 형성하므로 인성 toughness 이 우수하고 노출용으로도 시공이 가능하다. 그러나 시공 중 중독위험성이 있으므로 주의해야 한다.

도막방수제

11.5 시트방수재료

시트방수 재료 및 그 분류	◉ 시트방수 sheet waterproof 는 합성고무계나 합성수지계 또는 아스팔트를 원료로 만든 얇은 시트(두께 1~3㎜ 정도)를 접착제나 토치 torch 를 사용하여 모체 parent body 에 방수층을 형성하는 방수방법을 말한다. 시트방수는 방수층이 튼튼하고 시공이 용이하며 다소 신축성이 있어 안전한 편이므로 목욕탕, 지하실 등에 많이 쓰인다.

시트방수 재료 및 그 분류	◉ 시트방수재료 sheet waterproof material 는 개량 아스팔트 시트 improvable asphalt sheet 와 합성고분자계 시트로 구분할 수 있으나 합성고분자계 시트가 주로 사용된다. 개량아스팔트 시트는 기존의 아스팔트방수의 장점을 확보하면서 용융아스팔트 liquid asphalt 를 사용하지 않으므로 아스팔트 냄새, 화상 등의 우려를 다소 개선하고 대체로 1겹의 방수층으로 시공할 수 있도록 기존의 아스팔트 방수의 단점을 보완 · 개량한 시트방수재료이다. ◉ 합성고분자계 시트 synthetic polymeric sheet 는 합성고무계 시트 synthetic rubber sheet 와 합성수지계 시트 synthetic resin sheet 로 대별되는데, 합성고무계 시트는 신장능력 extensive ability 이 크고 시공성 constructiveness 도 우수하지만 시공시 인장하며 조여 붙이면 열화 degradation 를 받기 쉽다. 이에 해당하는 제품으로는 클로로프렌고무계 시트 chloroprene rubber sheet, 폴리이소부틸렌고무계 시트 polyisobutylene rubber sheet, 부틸고무계 시트 butyl rubber sheet 등이 있다. 합성수지계 시트는 가격이 싸고 비교적 견고하며 신장능력이 작으므로 시공하기 쉽다. 이에 해당하는 제품으로는 염화비닐계 시트 polyvinyl chlorid sheet, 폴리에틸렌계 시트 polyethylene sheet 등이 있다. ◉ 시트방수시공시 사용되는 접착제 adhesive agent 는 고무계, 합성수지계, 아스팔트계가 있는데 접착제마다 그 효력이 현저히 다른 것들이 많기 때문에 선정시 주의가 필요하다.

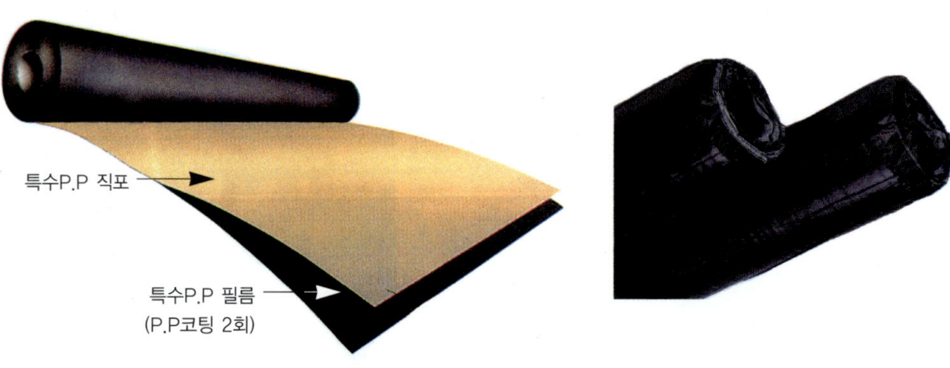

시트방수재료

INTERIOR ARCHITECTURE MATERIALS

플라스틱 재료

12

12.1 개요

플라스틱은 가소성 plasticity 을 가진 고분자 화합물(분자량이 10,000 이상인 큰 화합물), 즉 열 · 압력 등에 의하여 자유자재로 고체물질로 만들어지는 천연 또는 합성의 고분자 화합물 high polymer 에 대한 총칭이다. 일반적으로 합성수지 synthetic resins 를 뜻한 것으로 합성수지는 석탄, 섬유, 천연가스 등의 원료를 인공적으로 합성시켜 얻어진 고분자 화합물로 합성수지가 가소성이 풍부한 성질이 있어 플라스틱과 같은 뜻으로 쓰이는 경우가 많다.

플라스틱은 여러 가지 우수한 장점 때문에 수장재, 피복재, 접착재, 도료, 실링재 등 건축재료로서 많이 사용되고 있다. 또한 석유화학공업 발전으로 원료 공급이 풍부해짐에 따라 새로운 제품 개발과 지속적인 품질 향상으로 다른 재료 못지 않게 그 사용 범위가 확대되어 가고 있는 실정이다.

12.2 플라스틱의 일반적 특성 및 장단점

장점	◉ 비교적 저온에서 가공 manufacturing · 성형 forming 이 가능하고 성형에 있어 치수나 복잡한 모양에 관계없이 정확한 치수로 가공할 수 있다. 또한 방적 spinning 이 가능하고 가공에서 절단, 구멍뚫기 등이 용이하다. ◉ 내수성 및 내투습성 vapour permeable resistance 이 양호하고 각종 산이나 알칼리 · 염류 · 가스 등에 대한 저항성 resistantness 과 부식성 corrosivness 에 대한 저항성이 다른 재료에 비해 월등히 우수하다. 따라서 내구성이 크다. ◉ 일반적으로 투명 또는 백색의 물질이므로 적당한 안료 pigment 나 염료 dye 를 첨가함에 따라 상당히 광범위하게 착색 colouring 이 가능하다. 또한 높은 투명도를 이용한 용도로 개발이 가능하다. ◉ 표면이 평활하고 탄성 elasticity 이 좋고 신장률 extenstive proportion 이 크다.

장점	◉ 상호간 접착 adhesion 이 잘 되고 금속, 목재, 유리 등 다른 재료에 잘 접착되는 등 피막형 성능이 우수하다. ◉ 일반적으로 전기절연성이 양호하여 절연재료로 사용하기 좋다. ◉ 비중이 보통 0.9~2.0 정도로서 비교적 가볍기 때문에 경량화된 제품 개발이 가능하다.
단점	◉ 강도 및 탄성계수 elastic modulus 가 작아 구조재료의 사용에 제한을 받는다. ◉ 화열 fire heat 에 약하고 열에 의한 팽창 expansion · 수축 shrinkage 이 크다. 또한 내후성 weatherability 이 약하다. ◉ 내마모성 abrasive proofness 및 표면경도 surface strength 가 약하다. 플라스틱보 [illegible] 쉬우며, 특히 열을 가한 경우에 마모 abrasion 가 촉진되는 경우가 있다.

12.3 플라스틱의 종류

열가소성수지	◉ 플라스틱은 여러 종류가 있으나 열에 대한 성질로 보아 열가소성수지와 열경화성수지로 대별할 수 있다. ◉ 열가소성수지 thermoplastic resin 는 가열하거나 용제 vehicle, medium 에 녹여서 자유롭게 가공할 수 있는 수지로서 열가소성플라스틱 thermoplastics 이라고도 하다 ◉ 열가소성수지는 열을 가하면 연화 softening 또는 용융 fusion 되고 이것을 냉각하면 그 형태가 붕괴되지 않고 다시 굳어지는 성질을 가지고 있어 2차 성형이 가능하다. 따라서 보통 자유로운 형상으로 성형하는 것이 가능하다. ◉ 열가소성수지는 성형하기에 좋고 투광성 permeableness 이 좋지만 강도 및 연화점 softening point 이 낮은 결점이 있어 구조재료로 사용하기에는 적당하지 않지만 가격이 비교적 저렴하다는 점에서 마감재로 사용하기에 적당하다. ◉ 열가소성수지의 종류와 그 용도를 건축재료와 관련하여 들면 다음과 같다. • 아크릴수지 acrylic resin : 유리대용품, 채광판, 칸막이용 등 • 염화비닐수지 polyvinyl chloride resin ; P.V.C : 바닥용 타일, 시트, 도료, 접착제, 파이프, 조인트 재료, 블라인드, 지붕재 등 • 폴리에틸렌수지 polyethylene resin ; P.E : 방수, 방습필름, 벽재, 발포보온판, 전선피복 • 폴리스티렌수지 polystyrene resin ; P.S : 창유리, 파이프, 발포보온판, 벽용타일, 채광용, 도료, 블라인드, 천장재, 전기용품 등 • 메타크릴수지 polymethyl methacrylate ; PMMA : 도료, 접착제, 조명기구 등 • 폴리초산비닐수지 polyvinyl acetate resin : PAV도료, 접착제, 유리제품, 비닐론 원료 등

열경화성수지	◉ 열경화성수지 thermosetting resin 는 고형체로 된 후 용제에도 녹지 않고 열을 가하여도 연화되지 않는 수지로서 열경화성플라스틱 thermosetting plastics 이라고도 한다. ◉ 열경화성수지는 강도와 열경화점 thermosetting point 이 높다. 열과 압력을 가하면 가소성이 나타나 원하는 모양으로 만들 수 있으나 한 번 냉각되었다가 굳으면 다시 열을 가해도 부드러워지지 않는다. 따라서 2차 성형이 어렵다. ◉ 열경화성수지의 종류와 그 용도를 건축재료와 관련하여 들면 다음과 같다. • 페놀수지 phenol-formaldehyde resin : 내수합판의 접착제, 단열재, 내산도료, 파이프, 전기절연도료 등 • 요소수지 urea formaldehyde resin : 내수합판의 접착제, 도료, 마감재, 가구재 등 • 멜라민수지 melamine formaldehyde resin : 마감재, 멜라민화장판, 가구재, 전기부품 등 • 폴리에스테르수지 polyester resin ; FRP : 창호, 루버, 도료, 욕조, 접착제 등 • 폴리우레탄수지 polyurethane resin : 방수제, 실링재, 내수피막재 등 • 알키드수지 alkyd resin : 도료, 접착제 등 • 실리콘수지 silicon resin : 방수피막, 발포보온판, 도료, 접착제 등 • 에폭시수지 epoxy resin : 접착제, 도료, 방수제 등. 특히 경금속의 접착 및 도료에 유용

12.4 고무 및 합성고무

고무류	◉ 고무 rubber 는 열대지방의 천연고무나무에서 채취하는 고무라텍스 rubber latex 를 가류제 vulcanized agent 등으로 처리하여 물리적 성질을 개량한 것이다. 고무류에는 라텍스 latex · 생고무 crude rubber, raw rubber · 가황고무 vulcanization ruber · 고무 유도체 rubber inductor 등이 있다. ◉ 라텍스 latex 는 고무나무의 수피에서 분비되는 기름과 같은 상태의 즙액 juice liquid 으로서 이 라텍스를 정제 refining 하여 만든 것이 생고무이다. 생고무는 생고무 그대로의 제품은 거의 없다. ◉ 가황고무는 생고무에 유황 sulphur 을 혼합하여 그 성질을 개량한 것으로 광선, 열에 약한 생고무를 개량한 고무이다. 전선피복, 파이프, 패킹 packing 등에 광범위하게 사용된다. ◉ 고무 유도제는 생고무에 여러 가지 화학약품을 첨가하여 작용시킨 것으로 생고무에 염소 · 염산을 작용시키면 염화고무 chlorinated rubber · 염산고무 hydrochloric acid rubber 가 된다. 염화고무는 가소제나 안료를 넣어서 도료로 쓰이고 염산고무는 내수성 · 내유성 oil-tight proofness · 유연성이 좋아 포장재료로 사용한다. 환화고무 cyclized rubber, cyclo-rubber 는 내알칼리성이 강하여 녹여서 접착제, 도료, 전기절연재료로 사용한다.

합성고무	◉ 합성고무 synthetic rubber 는 인조고무 artificial rubber 를 말한 것으로서 천연고무 natural rubber 보다 내유성 · 내열성 등이 훨씬 우수하다. 또한 강도도 크다. 종류에는 부나에스 GR-S, 부나엔 GR-N, 네오프렌 Neoprene 등이 있다. ◉ 합성고무는 공업용으로 많이 이용되며, 접착제, 패킹재 packing materials, 라이닝재 lining materials, 전선피복제 등으로 많이 사용되고 있다.

12.5 바닥용 타일 및 시트

염화비닐타일	◉ 염화비닐타일 polyvinyl chloride tile 은 염화비닐을 주원료로 하여 롤러로 만든 것이다. 안료를 섞어 만들기 때문에 여러 가지 색깔이 있고 아스팔트타일 보다 더 선명하고 엷은 색도 있다. 두께는 2~3mm이고, 30cm 각의 크기를 표준으로 하고 쪽매판 무늬 마루판 및 [illegible] 형태 등의 무늬판 patterned plate 이 있다. ◉ 염화비닐타일은 탄력성이 좋고 내마모성 및 내약품성 등이 우수하여 주로 바닥판 재료로 사용되고 계단의 논슬립용으로도 사용한다. 염화비닐타일의 상품으로는 플라스틱타일 plastics tile, 비닐아스타일 vinyl-as-tile, 논슬립 non-slip 등이 있다.
아스팔트타일	◉ 아스팔트타일 asphalt tile 은 아스팔트와 쿠마론인덴수지 cumarone-inden resin 를 주원료로 하여 착색 · 열압한 것으로서 두께는 3mm 정도이고 크기는 30cm 각이 표준이다 ◉ 아스팔트타일은 내화학성 chemical proofness, 내마멸성 wearing proofness 이 우수하고 자국이 나도 곧 회복되므로 바닥마감재로 쓰인다. 그러나 내유성 및 내열성이 낮은 결점이 있다. 아스팔트타일의 상품으로는 아스타일 as-tile, 에스타일 s-tile 등이 있다.
비닐타일	◉ 비닐타일 vinyl tile 은 아스팔트, 합성수지, 광물분말 mineal powder, 안료 등을 혼합 · 가열하여 시트형 sheet type 으로 만들어 30cm 각 정도로 절단한 판이다. 염화비닐을 주원료로 만든 비닐타일과 쿠마론인덴수지를 주원료로 만든 비닐아스타일 vinyl as-tile 등이 있다. ◉ 비닐타일은 촉감, 미관, 탄력이 좋고 내화학성이 있으며, 마멸성이 적어 자국이 나도 곧 회복되므로 바닥마감재로 사용한다.
비닐시트	◉ 비닐시트 vinyl sheet, polyvinyl chloride sheet 는 염화비닐과 초산비닐 vinyl chloride 의 공중합체 copolymer 를 원료로 하여 펄프 등을 충전제로 쓰고 안료를 혼합하여 열압 · 성형한 시트로서 두루마리형으로 되어 있다. ◉ 비닐시트는 여러 가지 색채를 나타내고 부드럽고 보행감이 좋으며 자국이 나도 회복되기 쉽고 마모도 적으므로 주거공간의 바닥, 즉 마루, 온돌, 콘크리트바닥 등의 바닥 마감재로 많이 쓰인다.

스펀지 매트	◉ 스펀지 매트 sponge mat 은 염화비닐수지를 원료로 하고 가소제 plasticizer, 충전제, 발포제 forming agent 등을 혼입하여 스펀지층 위에 두께 0.3㎜의 염화비닐의 착색막을 붙여서 만든 것이다. ◉ 스펀지 매트는 탄력성이 크고 내마모성, 단열성, 방음성이 우수하므로 바닥 및 내벽재로 쓰인다.
리놀늄, 리놀륨타일	◉ 리놀륨 linoleum 은 리녹신 linoxyn 에 수지, 고무질 물질, 코르크분말 cork powder, 안료 등을 섞어 마포 hemp cloth 같은 데 발라 두꺼운 종이 모양으로 압연 · 성형한 제품이다. 리놀륨은 깨끗하고 부드러우며 내열성 및 탄력성이 있어 바닥재로 사용하고, 벽의 수장재로도 쓰인다. ◉ 리놀륨타일 linoleum tile 은 리놀륨과 동질이고 뒤에 마포를 대지 않고 30㎝ 각 또는 90㎝×180㎝의 크기로 절단한 것으로서 단색과 대리석 무늬가 있으며, 주로 바닥재로 사용한다.

염화비닐타일 색상

마루판 무늬형태

대리석판 무늬형태

논슬립용

염화비닐 타일

아스팔트 타일

비닐타일

비닐시트

스펀지 매트

리놀륨 · 리놀륨타일

12.6 판상제품

폴리에스테르 치장판 및 강화판	◉ 폴리에스테르치장판 polyester decorated board 은 합판 plywood, 하드보드 hard board 등의 표면에 폴리에스테르수지 피막 membrane 을 입힌 넓은 판으로서, 경도는 크나 열 및 습기에는 약하다. 폴리에스테르치장판은 투명처리되어 있고 바탕에 색채나 무늬 등을 코팅시켜 의장 효과를 내도록 만들어져 있어 천장판, 내벽판 등에 사용한다. ◉ 폴리에스테르강화판 polyester hard board 은 유리섬유 glassfiber, fiberglass 를 폴리에스테르수지에 혼입하여 상온 · 가압하여 성형한 판으로서, 골판과 평판이 있다. 내구성이 좋고 알칼리 이외의 화학약품에 저항성이 있어 수장재 또는 설비재로 사용한다.
멜라민 치장판	◉ 멜라민치장판 melamine decorated board 은 두꺼운 종이에 페놀수지를 침투시켜 부착시킨 바탕에 색종이나 나무무늬판 wooden pattern board 등을 붙이고 멜라민수지를 침투시킨 종이를 씌우고 압력을 가하여 성형한 판이다. ◉ 멜라민치장판은 경도는 크나 내열 · 내수성이 부족하다. 따라서 외장재보다 내장재, 가구재로 쓰인다. 상품으로는 포마이카 formica, 데콜라 decola 등이 있다.
아크릴 투명판 및 폴리스티렌 투명판	◉ 아크릴투명판 acrylate board 은 입상 granulous 아크릴 원료를 열압하여 성형한 얇은 판으로서, 무색투명판 achromatic transparent board 과 착색반투명판 stained translucency board 이 있다. 투과율이 90% 정도이고 유리에 비해 가볍고 잘 깨지지 않아 유리 대용품의 채광판 lighting board 으로 사용한다. 상품으로는 아크릴라이트 acrylite, 플렉시 글라스 plexi-glass 등이 있다. ◉ 폴리스티렌투명판 polystyrene transparent board 은 폴리스티렌수지를 가열하여 틀 mold 에 주입 · 성형한 것으로서 무색투명하며 투과율이 90% 이상이므로 채광판으로 사용하고 착색판 stained board 은 장식용으로 사용한다.
염화비닐수장판 및 염화비닐 투명판	◉ 염화비닐수장판 polyvinyl chloride board 은 합판, 경질섬유판 등의 바탕에 무늬가 있는 종이, 헝겊 등을 붙이고 염화비닐투명막 polyvinyl chloride transparent membrane 을 씌운 판으로서 아름다운 색채와 무늬가 있어 실내장식재, 가구재 등에 쓰인다. ◉ 염화비닐투명판 polyvinyl transparent board 은 입상 염화비닐 원료를 가열 · 가압하여 성형한 판으로서 무색투명판, 착색투명판 등이 있고 주로 채광 및 장식용으로 쓰인다.
페놀수지 경화판 및 페놀수지 치장판	◉ 페놀수지경화판 phenol formaldehyde hard board 은 제조 방법에 따라 배클라이트평판 bakelite board 과 강화목재적층판 tempered timber laminated plate 으로 구분한다. 배클라이트평판은 종이에 페놀수지를 침투시켜 가열 · 가압하여 만든 얇은 판으로서 종이의 색에 따라 여러 가지 아름다운 색채를 나타내고, 합판 대용으로 쓰인다. 강화목재적층판은 목재 박판을 페놀수지액에 담갔다가 여러 매씩 겹쳐 가열 · 가압하여 만든 판으로서 견고하므로 구조체나 벽체에 사용한다. ◉ 페놀수지치장판 phenol formaldehyde decorated board 은 합판 표면에 페놀수지를 침투시킨 종이를 한 층만 붙이고 가열 · 가압하여 만든 판으로서 페놀수지판 phenol formaldehyde board 의 일종이다. 주로 벽 · 천장의 수장재로 쓰인다.

폴리에스테르치장판

멜라민치장판

아크릴투명판

폴리에스테르강화판

염화비닐수장판

페놀수시경화판
(강화목재적층판)

페놀수지경화판
(배클라이트평판)

12.7 비닐레더 및 필름

비닐레더	◉ 비닐레더 vinyl leather 는 염화비닐 polyvinyl chloride 에 가소제, 안료, 안정제 stabilizing agent 를 혼합한 후 이를 바탕이 되는 면포 cotton cloth 와 함께 캘린더 롤러 calender roller 에 통과시켜 만든 것이다. ◉ 비닐레더는 색채, 모양, 무늬 등이 다양하고 표면이 가죽모양의 레더스킨 leather skin 으로 만든 것이므로 벽지, 천장지와 가구 등에 많이 이용되고 있다. 두께는 0.5㎜~1㎜이고 폭은 1m에 길이는 10m 두루마리 roll 로 만들어져 있고 면포로 된 것은 찢어지지 않고 튼튼한 편이다.
비닐필름	◉ 비닐필름 vinyl film 은 염화비닐 또는 폴리에틸렌수지에 가소제를 혼합하여 캘린더 롤러로 압축하여 만든 얇은 막 membrane 으로 되어 있는 것으로서, 염화비닐을 원료로 하여 만든 필름인 염화비닐필름 polyvinyl chloride film 과 폴리에틸렌수지를 원료로 하여 만든 필름인 폴리에틸렌필름 polyethylene film 두 가지가 있다. [illegible] 인테리어 필름재 interior film materials 라고 부르고, 이는 시트재 sheet materials 의 일종이라 할 수 있다. 비닐필름에는 연질품, 경질품이 있고 필름 자체의 투명도에 따라 투명, 반투명, 불투명으로 구분하기도 한다. ◉ 실내건축에 사용되는 비닐필름은 부분적인 마감재로 사용되는 경우가 많은데, 다양한 질감과 색상 및 패턴의 것이 생산되어 사용되고 있다. 투명유리 clear glass 에 장식적인 효과 또는 시각적 차단을 위해 비닐필름을 붙이거나 목재, 천재 등의 마감면에 다양한 질감, 색상 및 패턴의 비닐필름을 붙여 장식품 등으로 사용하는 경우가 많고 또한 바닥재 · 벽재 등 소재의 마감바탕에 오염되거나 유지관리를 위해 비닐필름을 붙이는 경우도 있다. 따라서 습기가 없고 요철 unevenness 이 없는 마감 바탕면 이라면 어느 부위에도 시공이 가능하고 손쉽게 새로운 분위기를 연출 production 할 수 있으므로 실내건축에서 뿐만 아니라 다방면으로 사용이 증가하는 추세이다.

비닐레더

비닐필름

인테리어필름

12.8 기타 플라스틱 제품

플라스틱관	◉ 플라스틱관 plastic pipe 으로는 경질염화비닐관 hard vinyl chloride pipe, 폴리에틸렌수지관 polyethylene resin pipe 이 있다. 경질염화비닐관을 통상 PVC관(PVC파이프)이라 하고, 폴리에틸렌수지관을 PE관(PE파이프)이라고 한다. ◉ 플라스틱관은 내식성이 있고 가공이 용이하며 용제접착 solvent adhesion 이 가능하고 전기불량도체 electric non-conductor 이므로 급·배수관 및 전선관 등에 주로 많이 사용되고 있다. PE파이프는 PVC파이프에 비해 내한 및 내열성이 뛰어나 가격이 비싼 편이다.
합성수지제 창호틀 및 블라인드	◉ 합성수지제 창호틀인 합성수지 창틀 및 문틀은 목제, 철제 창틀 및 문틀에 비해 내식성, 내수성, 내약품성, 내구성 등이 우수하고, 경량이면서 강도가 있고, 유지관리에 용이하며 값도 저렴한 편이어서 많이 활용되고 있다. ◉ 합성수지제 블라인드 blind 는 염화비닐 및 폴리스티렌 등을 주원료로 하여 만든 엷은 판 thin plate 으로 제작된 베니션블라인드 venetian blind 와 각종 합성섬유로 제작한 두루마리 블라인드 roll blind 또는 가로당김 블라인드 등이 있다. 여러 색깔이나 모양을 다양하게 만들 수 있고 경량이 장점이지만 열팽창률 thermal expansion coeffient 이 크고 변색 discolouration 되는 결점도 있다.
합성수지 도료 및 접착제	◉ 합성수지도료 synthetic resin paint 는 천연수지의 도료와 유사한 고성능 high performance 인공화합물 artificial chemical compound 을 주체로 하여 만든 도료이다. 합성수지도료는 알키드수지, 페놀수지, 에폭시수지, 아크릴수지, 폴리우레탄수지 등의 합성수지를 주원료로 만든 것이므로 건조시간이 빠르고 도막이 견고하며 내산성, 알칼리성이어서 콘크리트나 회반죽 바탕에 주로 사용한다. 투명한 합성수지를 사용하면 선명한 색을 낼 수 있고, 안료를 첨가하여 만들면 여러 가지 색을 낼 수도 있다. ◉ 합성수지접착제 synthetic resin adhesive 는 여러 종류의 합성수지를 사용하여 만든 접착제 adhesive, binder 로서 천연품 또는 그것의 가공품인 접착제보다 내구성, 내수성, 접착성이 우수하여 합판, 집성재 등을 제작하는데 많이 이용되고 있다. 사용하는 합성수지의 종류에 따라 그 성능이 다양하고 종류도 많다.
합성수지 섬유제품	◉ 합성수지 섬유제품 synthetic resin fiber goods 은 합성수지를 용해하여 실로 만들고 그것으로 직물을 만들어 제작된 제품을 말한 것으로서 실내장식, 흡음재, 벽지, 커튼지, 천장지, 수장재 등으로 이용한다. ◉ 합성수지 섬유에는 합성수지의 종류에 따라 여러 종류가 있으나 건축에 사용되는 것으로는 염화비닐리덴 섬유, 비닐계 섬유가 있다. 염화비닐리덴 섬유 polyvinylidene chloride fiber 는 염화비닐에서 얻은 염화비닐리덴을 용해하여 만든 실로 짠 직물로서 천으로 된 것과 망사 gauze 로 된 것이 있다. 강도, 내수성, 내화학성, 난연성 등이 있어 이를 이용하여 베니션블라인드 venetian blind, 양탄자 carpet, 벽지 등 여러 곳에 사용된다. 비닐계 섬유 vinyl fiber 는 염화비닐 또는 폴리비닐알코올 polyvinyl alcohol 을 원료로 하여 용해시켜 실로 만들고 그것으로 직물을 짜서 만든 염화비닐세품(상품명은 로빌) 또는 폴리비닐알코올제품(상품명은 비닐론) 등이 있다. 일반적으로 내열성이 좋아 커튼, 스크린 등에 사용한다.

플라스틱제 다포질 제품	◉ 플라스틱제 다포질 제품 plastic multi-cellular goods 으로는 플라스틱 스펀지 또는 허니컴재가 있다. 플라스틱 스펀지는 각종 합성수지를 주원료로 하고 가소제, 발포제 등을 혼합하여 만든 유공질 제품으로서 탄성이 좋고 단열 및 흡음성이 있어 내장재, 단열재 또는 흡음재로 쓰인다. 종류는 염화비닐 스펀지 polyvinyl chloride sponge (상품명은 스티로폼), 폴리우레탄폼 polyurethane form, 합성고무 스펀지 synthetic resin sponge 등이 있다. ◉ 허니컴 honey comb 재는 얇은 염화비닐판이나 페놀수지액에 적신 크라프지 craft paper 등을 사용하여 여러 겹으로 겹치거나 또는 벌집모양 honeycomb appearance 으로 만든 제품을 말하는데, 이 허니컴재는 단열과 흡음성이 좋아 천장 및 내부 벽체에 흡음재로 사용되고 있다.
플라스틱제 신축줄눈대 및 조이너	◉ 플라스틱제 신축줄눈대 plastic expansion joint bar 는 온도변화 등에 의한 부재의 신축에 의해 균열·파괴를 방지하기 위하여 일정한 간격으로 내는 [illegible] 줄눈재료 joint materials 를 만든 것으로 줄눈이음재라고도 한다. 플라스틱제 신축줄눈대는 실리콘고무 silicone gomme, 테플론 teflon 등의 탄력성 있는 성형품과 반경질 염화비닐의 신축줄눈대 expansion joint bar 도 있다. 성형품은 내구성, 내수성이 크고 내열성이 좋아 건축용 줄눈에 널리 이용되고 있다. ◉ 플라스틱제 조이너 plastic joinner 는 합판 또는 하드보드 등의 판재 이음새 joint clearance 를 덮는 줄눈재료이다. 조이너는 보통 경질염화비닐로 만들어 천장, 벽체 등의 줄눈재료로 또는 의장효과 design effect 를 내기 위한 부속재료로 사용한다.
합성수지 천장패널 및 플라스틱제 걸레받이	◉ 합성수지 천장패널 synthetic resin ceiling panel 은 불포화폴리에스테르수지 unsaturated polyester resin 를 고온·고압으로 성형한 시트 상태의 제품이다. 다양한 디자인과 색상으로 되어 있고 방음 및 단열 효과 또는 내열성 있게 만들어 주로 천장재 ceiling material 로 사용한다. 시중에는 SMC PANEL 로 판매되고 있다. ◉ 플라스틱제 걸레받이 plastic baseboard 는 경연질 접합 플라스틱 재료로 만든 것으로서 탄력성과 유연성이 있어 벽면 보호와 실내장식 재료 interior decorative materials 로 사용하기에 적합하다. 배면 back surface 에 점착력이 강한 특수 양면테이프 both face tape 가 붙어 있어 이형지 different form paper 만 제거하고 설치면에 압착·시공하기 편리하게 되어 있다.
비닐모르타르, 플라스틱 라이닝, 합성목재, 기타	◉ 합성수지를 주재료로 하여 만든 제품으로 여러 가지가 있다. 염화비닐을 녹인 용액이나 초산비닐에멀션(물로 혼합된 것) 등을 시멘트모르타르에 혼합하여 바르는 비닐모르타르 vinyl mortar, 염화비닐·초산비닐·폴리에스테르 등을 원료로 하여 만든 필름을 연속적으로 붙여 나가거나 또는 두껍게 바르는데 쓰이는 플라스틱 라이닝 plastic lining 이 있다. ◉ 합성수지에 목분 wood meal 과 발포제를 넣어서 성형·가공한 인조목재의 일종인 합성목재 wood polymer composites, WPC, 인조석을 만들 때 결합재 binder 로 시멘트를 사용하지 않고 폴리에스테르수지나 아크릴수지 등의 액상 liquidus 을 결합재로 하여 만든 수지계 인조석 plastic artificial stone 이 있다. ◉ 방수 및 방습재료로 사용되는 합성고분자계 시트 synthetic polymeric sheet 인 염화비닐계 시트 polyvinyl chlorid sheet, 폴리에틸렌계 시트 polyethylene sheet 등 여러 종류가 있고 합성수지를 주원료로 한 도막방수재료 coating water proof material 도 여러 종류로 개발하여 사용되고 있다. 또한 합성수지를 이용한 코킹재 caulking materials, 실링재 sealing materials, 실런트 sealant, 개스킷 gasket 등 다양한 재료가 있다.

플라스틱관 (급 · 배수관 및 전선관)

합성수지제 창호틀

합성수지제 블라인드

합성수지제 천장패널

플라스틱제 걸레받이

INTERIOR ARCHITECTURE MATERIALS

단열 및 음향재료

13

13.1 개요

건축물의 벽이나 지붕 내부 또는 바닥 등에서 불필요한 열의 유입 및 필요한 열의 유출을 차단하여 에너지절약을 촉진시키기 위한 목적으로 단열재료 adiabatic materials 를 사용하고 있다. 최근에 와서는 고유가로 인한 건축물의 단열공사에 대한 관심이 높아짐에 따라 다양한 단열재료 개발과 성능 향상이 앞으로도 계속 지속될 것으로 전망된다. 건축물 열손실 방지를 위한 단열재료 사용과 병행하여 소음 방지 및 음의 조절을 위한 음향재료 acoustical materials 사용으로 건축물의 음환경에 대한 대처에도 관심이 높아지고 있다.

단열재료는 그 성능상 음향 효과도 동시에 발휘하는 것도 많으므로 음향재료도 일부분은 단열효과를 갖는 재료라고 볼 수 있다.

13.2 단열재료 일반사항

개요	◉ 단열재료 adiabatic materials, heat insulating materials, thermal insulating materials 는 열을 차단할 수 있는 성능을 가진 재료를 총칭하며, 상온에서 열전도율 thermal conductivity 의 값이 0.05kcal/mh℃ 내외의 값을 갖는 재료를 일반적으로 단열재료라고 한다. 단열재료는 통상 단열재라고도 한다. 여기서 열전도율이라 함은 단열재의 열전도 특성을 나타내는 비례 정수로서 단위길이당 1℃의 온도차가 있을 때 단위시간 동안 단위면적을 통과하는 열량 heat quantity 을 나타내는 것을 말한다. 기호는 λ, 단위는 kcal/m · h · ℃로 표시한다. ◉ 단열재료는 보통 다공질의 재료가 많으며, 열전도율이 낮을수록 단열성능 thermal-insulation performance 이 좋은 것이라고 한다. 같은 두께인 경우 경량재료인 편이 단열에 더 효과적이고, 열을 표면에서부터 반사 reflection 해버리는 재료도 단열재료의 일종이라 할 수 있다. 단열재료의 대부분은 흡음성 sound absorptiveness 도 우수하므로 흡음재료 sound absorbing materials 도 된다.

단열재료의 분류 및 특성

◉ 단열재료는 재질에 따라 무기질 단열재료 inorganic adiabatic materials, 화학합성물 단열재료 chemical compound adiabatic materials, 유기질 단열재료 organic adiabatic materials 로 분류한다. 무기질 단열재료에는 유리섬유, 암면, 펄라이트, 질석 규산칼슘, 규조토 등 여러 가지가 있다. 이 무기질 단열재료는 열에 강하면서 단열성 insulatingness 이 뛰어나고 접합부 시공이 우수하지만 흡습성 moisture absorptivness 이 큰 것이 단점이다.

◉ 화학합성물 단열재료로는 발포폴리스티렌 보온재, 발포폴리에틸렌 보온재, 폴리우레탄폼, 요소발포 보온재, 페놀발포 보온재 등이 있다. 이 화학합성물 단열재료는 단열성이 우수하고 흡습성이 적으면서 기후에 대한 저항성 resistantness 이 좋아 내구성 durability 이 뛰어나지만 열에 약하고 특히 화재시 인체에 유해한 유독성 poisonousness 가스와 해로운 물질이 발생되는 단점도 있다.

◉ 유기질 단열재료로는 동물질 섬유, 식물질 섬유, 목재 단열재, 코르크, 발포고무, 셀룰로오스 등이 있다. 이 유기질 단열재료는 주로 천연재료로 되어 있기 때문에 친환경적인 단열재료라 할 수 있다. 다만, 열에 약하고 흡습성이 있고 비내구적이라는 단점이 있다.

단열재료의 형상

◉ 단열재료를 시공하는 부위에 따라 시공하기 쉽게 여러 가지 형상으로 만들어 사용하고 있다. 보통 사용되고 있는 단열재료의 형상으로는 보온판, 블랭킷, 펠트, 보온통, 보온대를 들 수 있다.

◉ 보온판형 heat insulating board type 은 단열재료를 넓은 판상 plate form 으로 성형 making mould 한 것으로 열의 전달을 방지하기 위하여 바닥 또는 벽 등의 구조부 내에 끼워대는 데 주로 사용한다. 보통 단열판 insulation board, adiabatic board, insulating board 이라고 한다.

◉ 블랭킷형 blanket type 은 단열재료를 판상으로 성형한 것에 종이, 천 또는 메탈라스 metal lath 같은 것으로 외피를 보강한 것으로, 열의 전달을 방지하기 위하여 바닥 또는 벽 등의 표면에 붙여대거나 구조부 내에 끼워대는 데 사용한다. 한 면에 천 등을 대어 매트형 mat type 으로 만든 보온매트형 heat insulation mat type 도 있다.

◉ 펠트형 felt type 은 단열재료를 탄력 있는 시트 형상으로 성형한 것으로, 바닥 또는 벽 등에 다른 마감재로 마감하기 전에 열의 전달을 방지하기 위한 목적으로 붙여대는 데 주로 사용한다. 펠트의 뒷면에 종이, 천 또는 메탈라스 등을 대어 보강한 것도 있다.

◉ 보온통형 heat insulating pipe-cover type 은 단열재료를 원형 또는 반원형으로 성형한 것으로 냉난방용 파이프의 보온 또는 보냉용으로 사용할 수 있게 만든 것이다.

◉ 보온대형 heat insulating belt type 은 단열재료를 펠트모양 felt form 으로 만든 것을 일정한 너비로 절단하고 한 면에 종이 또는 천을 대어 마무리한 띠형 band type 으로서, 냉난방설비 또는 위생배관의 보온 heat insulation 및 보냉용 cold reserving 으로 사용할 수 있게 만든 것이다.

단열재료 선택	◉ 단열재료는 건축물의 에너지절약을 위한 목적으로 사용되는 것이 주목적이므로 이에 효과를 거둘 수 있는 질 좋은 단열재료를 선택하는 것이 중요하다. 따라서 알맞은 밀도 density 와 비중 specific gravity 을 가진 것을 선택하고 화재시 대비하여 난연성 단열재 incombustibility adiabatic material 나 불연재 non-combustible material 를 피복한 단열재료를 선택하는 것이 좋다. ◉ 단열재료가 구비해야 할 조건, 즉 단열재료 사용을 위한 선택조건을 들면 다음과 같다. • 열전도율이 낮을 것 • 흡수율이 낮을 것 • 비중이 작을 것 • 내화성이 좋을 것 • 내부식성이 좋을 것 • 균질한 품질일 것 • 어느 정도의 기계적 강도가 있을 것 • 유독성 가스가 발생되지 않을 것 • 사용연한에 따른 변질이 없을 것 • 가격이 저렴할 것 • 시공성(가공, 접착 등)이 좋을 것

13.3 단열재료와 그 제품

(1) 유리섬유 및 암면과 그 제품

유리섬유와 그 제품	◉ 유리섬유 glass fiber 는 유리의 원료를 녹인 유리액 glass liquid 을 압축공기로 비산 scattering 시켜 가는 섬유모양으로 만든 것이다. 유리섬유는 탄성이 작고 인장강도, 전기절연성, 내화성, 단열성, 흡음성, 내식성, 내수성 등이 우수하고 경량이므로 플라스틱제품 보강용으로 쓰이고, 단열재, 방음재, 보온재, 전기절연재 등에 사용된다. 유리섬유 제품으로는 유리면, 유리면 보온판 및 매트, 유리면 보온통, 유리면 블랭킷, 유리면 보온대가 있다. ◉ 유리면 glass wool 은 유리를 용융 fusion 하여 이것을 여러 가지 제조 방법으로 섬유화한 것으로서 유리솜 또는 글라스울이라고도 한다. 유리면은 보온, 방음, 흡음, 방화 등의 재료로 쓰인다. ◉ 유리면 보온판 및 매트 glass wool insulating board or mat 는 유리면을 주재료로 하고 접착제 adhesive 를 사용하여 판상 또는 매트형으로 성형한 것이다. 필요에 따라 종이나 천 또는 알루미늄박 aluminium foil 으로 외피를 붙이거나 표면을 피복 covering 하기도 한다. ◉ 유리면 보온통 glass wool insulating pipe-cover 은 유리면을 주재료로 하여 접착제를 사용 원통모양으로 성형한 제품으로서 필요한 경우에는 외피를 붙이거나 표면을 피복하기도 한다. ◉ 유리면 블랭킷 glass wool blanket 은 유리면을 판상으로 성형한 것에 종이, 천 또는 메탈라스 같은 것으로 외피를 보강한 것이다. ◉ 유리면 보온대 glass wool insulating belt 는 겹쳐진 층모양 layer form 의 유리면을 일정한 너비로 절단하고 한 면에 종이, 천 또는 알루미늄박 등으로 외피를 붙여서 만든 제품이다.

암면과 그 제품

- 암면 rock wool 은 석회, 규산을 주성분으로 한 내열성 heat proofness 이 높은 광물질인 현무암, 안산암, 혈암, 돌로마이트 dolomite 등을 용융한 것을 원심력 압축공기 centrifugal compressed air 또는 고압증기 high pressure steam 등으로 섬유화시킨 인공 광물섬유 artificial mineral fiber 로서, 일명 광석면 mineral fiber 이라고도 한다. 암면은 단열, 보온 및 흡음성 등이 우수하고 내화성도 있으므로 열이나 음의 차단재 interceptive material 로 이용한다.
- 암면을 이용한 제품은 유리 섬유 제품과 같은 형상으로 만들어 사용하는데, 암면 보온판 rock wool insulating board, 암면 보온통 rock wool insulating pipe-cover, 암면 보온대 rock wool insulating belt, 암면 펠트 rock wool felt 가 있다. 이 외에도 암면 흡음판 rock wool acoustical board, 암면 스프레이코팅재 rock wool spray coating material 등이 있다.

유리면

유리면 보온판

유리면 매트

유리면 보온통

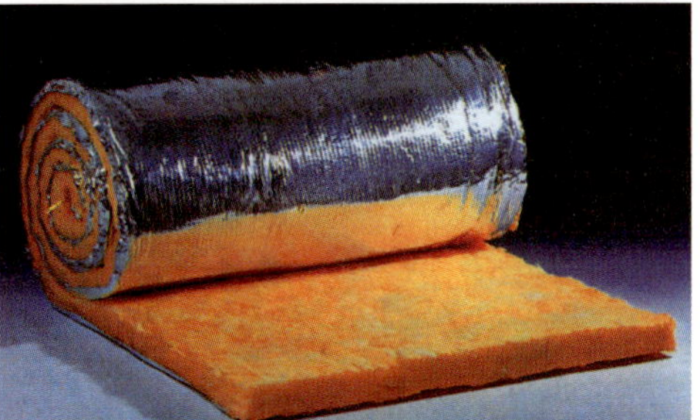

유리면 블랭킷

유리면과 그 제품

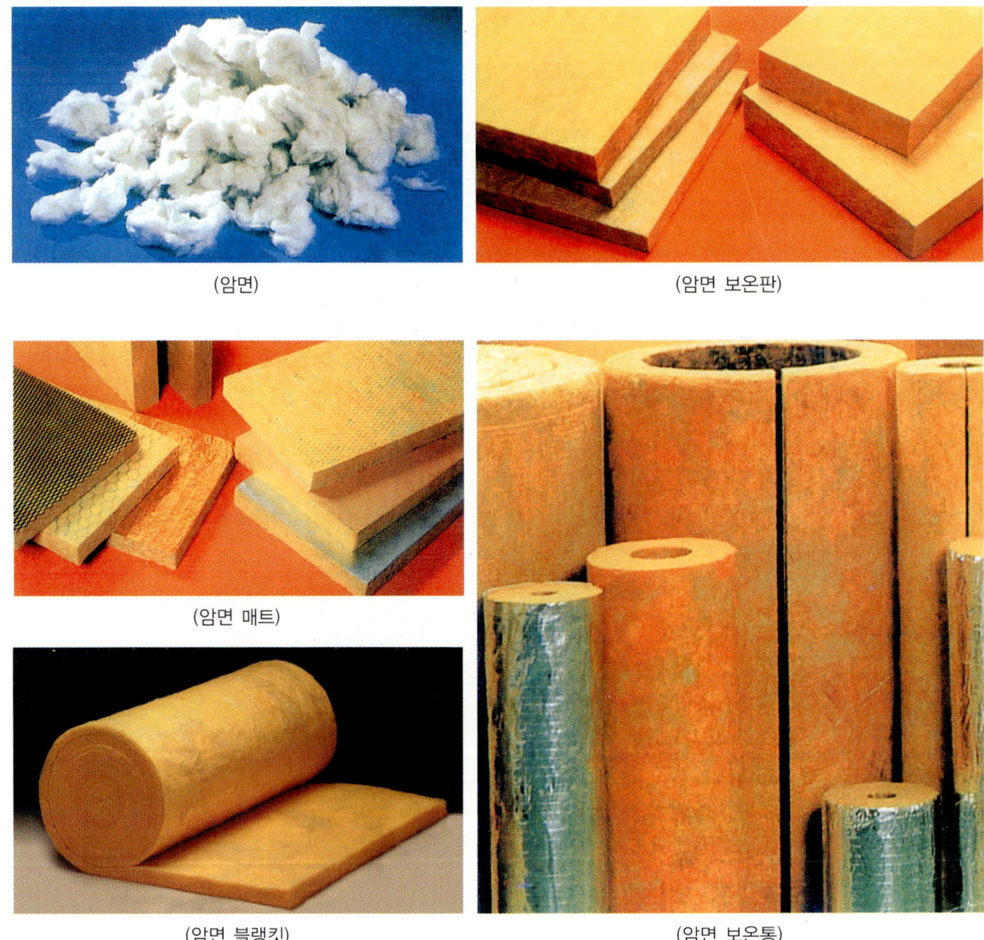

(암면) (암면 보온판)
(암면 매트)
(암면 블랭킷) (암면 보온통)

암면과 그 제품

(2) 발포폴리스티렌 보온재 및 경질우레탄폼 단열재

발포폴리스티렌 보온재	◉ 발포폴리스티렌 보온재 foam polystyrene heat insulating material 는 폴리스티렌수지에 발포제 gas-foaming agent 를 넣어 다공질 porous 의 기포 foam 를 형성시켜 만든 다공질의 기포 플라스틱 foam plastic 으로서 시중에서는 스티로폼 styrofoam 으로 통용되고 있다. ◉ 발포폴리스티렌 보온재는 1ℓ당 300~660만 개의 완전 독립된 미세한 기포로 구성되어 있으며, 체적의 약 97%는 공기이므로 열과 냉기의 침입에 대하여 효과적인 차단기능 function of interruption 을 가지고 있다. 또한 완전독립기포 perfect independent foam 로 구성되어 있으므로 다른 보온재와 같이 모세관현상 capillarity 으로 흡수되는 경우가 전혀 없으며 수증기 투과에 대해서도 우수한 차단성을 가지고 있다. 따라서 다른 단열재에 비하여 단열효과가 비교적 크고 흡수성 및 [illegible] 시공성 constructiveness 및 내부식성 corrosion proofness 이 좋기 때문에 단열재로 많이 사용되고 있다. ◉ 국내에서 생산하여 사용되고 있는 발포폴리스티렌 보온재는 이 보온재 heat insulating material 에 난연제 incombustible agent 를 첨가하여 자기소화성 self fire extinguishableness 을 갖도록 만든 난연성 발포폴리스티렌폼 foam polystyrene incombustibility 를 사용하고 있다. 난연성 발포폴리스티렌폼을 제조시 [illegible]색으로 착색케하여 난연제를 사용하지 않는 것과의 구별이 용이하게 하고 있다. ◉ 발포폴리스티렌 보온재 제품으로는 발포폴리스티렌 보온판 foam polystyrene heat insulating board, 발포폴리스티렌 보온통 foam polystyrene heat insulating pipecover 이 있다.
경질우레탄폼 단열재	◉ 경질우레탄폼 단열재 rigid urethane foam for heat insulation 는 폴리올 polyol 과 폴리이소시아네이트 polyisocyanate 및 발포제를 주재료로 하여 판형 또는 원통형으로 제조한 것이다. ◉ 경질우레탄폼 단열재는 단열성이 크고 공사현장에서 발포 시공이 가능하며 화학약품에 대하여 안전하다. 그러나 사용시간이 경과함에 따라 부피가 줄어들고 전지 열전도율도 높아지는 결점이 있다. 가격이 비싸기 때문에 건축설비용 보온재 [illegible] 별로 사용되지 않고 단열성을 높이기 위한 복합재료 composite materials 로 사용되고 있다. 제품으로는 [illegible] rigid urethan foam heat insulating board 및 단열통이 있다.

발포폴리스티렌

발포폴리스티렌 보온판

발포폴리스티렌(스티로폼) 보온재

경질우레탄폼 단열재(판형)

(3) 펄라이트 보온재 및 질석제품

<table>
<tr><td>펄라이트 보온재</td><td>◉ 펄라이트 보온재 perlite heat insulating material 는 펄라이트 perlite 와 접착제 및 무기질섬유 inorganic fiber 를 균등하게 혼합하여 성형한 것이다. 제품으로는 펄라이트 보온판 perlite insulating board, 펄라이트 보온통 perlite insulating pipecover 이 있다.
◉ 펄라이트는 화산석 volcanic stone 으로 된 진주석 pearl stone 또는 흑요석 obsidian 등을 고온으로 소성한 후 분쇄하여 소성 · 팽창한 것으로 아주 가볍고 단열성이 크며 화학적으로 안정되어 있을 뿐만 아니라 내화성도 크다. 색깔은 백색, 회백색이다. 펄라이트는 다방면으로 사용되고 있으나 건축용으로는 단열 · 보온 · 흡음 등의 목적으로 사용되고 모르타르 또는 플라스터의 골재로도 사용된다. 또한 합성수지에 펄라이트, 운모 mica, 색소 pigment 등을 혼합하여 스프레이 코팅재 spray coating material 로도 사용된다.</td></tr>
<tr><td>질석 제품</td><td>◉ 질석 vermiculite 제품은 질석을 주재료로 하여 만든 질석단열보드 vermiculite heat insulating board, 질석하드보드 vermiculite hard board, 질석벽돌 및 블록 vermiculite brick or block, 질석텍스 vermiculite tex, 질석골재 vermiculite aggregate 등 여러 가지 성형품이 있다.
◉ 질석은 운모계의 광석 ore 을 1,000℃ 정도로 소성하여 유공질로 만든 무기질로서 화학적 유해물(유기불순물, 염분, 황산 등)에는 안전한 재료이며, 또한 단열, 보온, 불연, 방음, 결로방지의 특성을 가지고 있어 방화벽이나 단열벽판, 천장 등에 사용되고 있다.</td></tr>
</table>

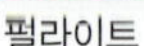

펄라이트

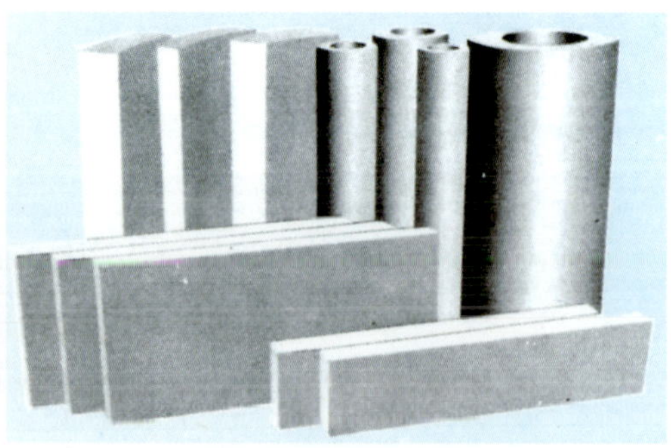

펄라이트 보온판 및 보온통

펄라이트 보온재

(4) 셀룰로오스 보온재 및 코르크판

셀룰로오스 보온재	◉ 셀룰로오스 보온재 cellulose heat insulating material 는 재생 reclamation 된 식물성 섬유 cellulose fiber 에 난연제 등의 첨가제를 첨가하여 공기를 주입하거나 부어 넣을 수 있는 상태로 제조한다. ◉ 셀룰로오스 보온재는 유리섬유 및 암면 등의 섬유단열재 fiber adiabatic material 중 열전도율 thermal conductivity 이 가장 우수하고 흡음성이 좋아 단열 · 본온 · 보냉 · 방습의 목적으로 또는 흡음재 acoustical material 로 사용한다.
코르크판	◉ 코르크판 cork board 은 코르크나무 껍질의 탄력성 flexibility 있는 부분을 주원료로 하여 톱밥 sawdust · 마사 hemp yarn 등을 혼합하여 접착제를 첨가한 후 가열 · 가압 · 성형 · 압착하여 널빤지 [illegible] 처럼 만든 것이다. ◉ 코르크판을 증기로 가열하여 만든 것은 마감재로 쓰이고, 직접 불로 가열하여 만든 것은 탄화코르크판 carbonization cork board 이라 하여 단열재로 쓰인다. 코르크판은 불에 잘 타지 않는 성질을 가지고 있어서 불연재 non-combustible materials 로도 쓰이고, 표면이 평평하고 유공질로서 탄성 및 흡음성이 있어 흡음판 acoustical board 으로도 쓰인다.

셀룰로오스 보온재

코르크나무

코르크나무 껍질

코르크판

코르크나무 껍질 및 코르크판

(5) 우레아폼 및 규산칼슘 보온재

우레아폼	◉ 우레아폼 ureafoam 은 비료공장에서 생산되는 요소 urea 와 포르말린 formalin 에 의해 만들어진 요소수지 ureaform aldehyde resin 를 경화제 harder agent 와 공기를 사용하여 현장에서 발포 gas foaming 시켜 시공 부위에 주입 또는 분사시키는 단열재이다. ◉ 우레아폼은 요소수지계 원료이므로 가격이 저렴하고 내열성도 다소 높은 편인 분사식 단열재 jet system adiabatic material 의 일종으로서 현장시공이 편리한 재료이다.
규산칼슘 보온재	◉ 규산칼슘 보온재 calcium silicate heat insulating material 는 규산질분말 siliceous powder, 석회 및 무기질 섬유를 균일하게 배합하여 가열 · 성형한 제품이다. ◉ 규산칼슘 보온재는 일반적으로 경량이고 강도가 높으며 내열 및 내수성이 우수하여 파이프, 연돌 등의 보온재료로 또는 최근에는 화재로 인한 철골의 강도저하를 방지하는 내화피복재료 fireproofing materials 로 사용되고 있다.

우레아폼

13.4 음향재료 일반사항

개 요

◉ 음향재료 accoustical materials 는 차음 · 방음 또는 흡음 sound absorption 등 음향 sound 을 고려하여 만든 재료의 총칭이다. 건축물에 음향재료 사용은 외부로부터의 소음 nois 또는 공장 내의 소음 등을 방지 · 차단하고 강당, 극장, 음악당 등의 실내음향 room acoustics 이 쾌적 comfort 하게 잘 들리게 하는 데 그 목적이 있다.

◉ 건축물에 사용되는 재료의 대부분은 정도 차이는 있지만 음향재료로서의 성능을 갖고 있다고 볼 수 있다. 그 중에서도 재료 자체가 음향성능 acoustical performance 이 있는 재료 또는 특히 음향성능 효과를 증대시킬 수 있도록 만든 [illegible]

흡 음

◉ 흡음 sound absorption 은 실내의 소리를 가능하면 재료에 흡수 absorption 시켜 실내의 반사음 reflective sound 을 적게 하는 것, 즉 재료 표면에 입사 incidence 하는 음에너지 sound energy 의 일부를 흡수하여 반사음을 감소시키는 재료의 특성이라고 정의할 수 있다. 흡음은 벽, 천장, 바닥에 부딪혀 입사하는 반사음을 효과적으로 제어할 수 있기 때문에 공연장 public performance place 의 경우 필요에 따라 흡음 및 반사면 reflective surface 을 설치하여 전달 transmission 되는 음을 흡수 · 반사 reflection · 확산 diffusion 시켜 음향적으로 최적의 공간을 만들어낼 수 있다.

◉ 재료에 음파 sound wave 가 입사하면 다음 그림과 같이 일부는 반사되고, 나머지 에너지는 재료 내부의 마찰저항 frictional resistance 등에 의하여 열에너지 heat energy 로 발산 diffusion 되거나 재료를 투과 penetration 한다. 재료에 입사한 음의 에너지에 대하여 재료에 흡수된 음의 에너지비율, 즉 음의 에너지가 재료에 따라서 흡수되는 효율인 흡음효율 sound absorbing efficiency 은 재료의 흡음률 sound absorbing coefficient 로 표시한다. 이 흡음률이 바로 흡음의 정도를 나타내는 수치가 된다. 흡음률은 다음 식으로 표시할 수 있다.

$$\alpha = 1 - \frac{I_r}{I_i} = \frac{I_i - I_r}{I_i}$$

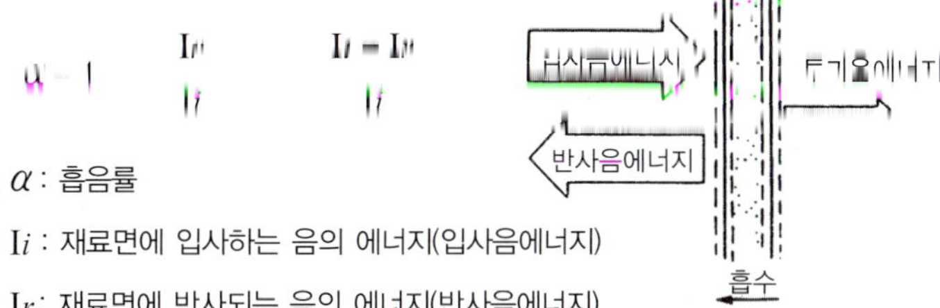

여기서, α : 흡음률

I_i : 재료면에 입사하는 음의 에너지(입사음에너지)

I_r : 재료면에 반사되는 음의 에너지(반사음에너지)

음의 입사 · 반사 · 투과

◉ 어떤 재료가 입사음 incident sound 을 100% 흡수하는 경우의 흡음률은 α=1, I_r=0이 되며 100% 반사하는 경우의 흡음률은 α=0, I_r=100, 즉 $I_r = I_i$가 된다. 따라서 모든 재료의 흡음률은 0~1 사이에 있으며 1에 가까울수록 크다는 것을 의미한다. 흡음률이 0인 재료는 실제로 없으며, 반사성 reflexibility 이 높은 재료이더라도 매우 적은 양의 흡음을 하게 된다. 흡음률은 재료에 따라 각각 서로 다른 값을 가지고 있을 뿐만 아니라 같은 재료라 할지라도 입사하는 음의 주파수 frequency, 입사각 angle of incidence, 재료가 설치되는 공간적 위치 또는 고정방법에 따라서도 달라진다.

차음

- 차음 sound isolation, sound insulation 은 재료 표면에서 음을 흡수하는 흡음과 달리 재료가 음을 반사 · 흡수하여 그 입사된 음이 투과하는 것을 막는 성질을 말한다. 즉 음원 sound source 에서 발생된 음이 수음점 receptive sound point 으로 전달되는 것을 방해하는 성질을 말한다.
- 차음재의 차음성능 sound insulativ performance 은 투과손실 transmission loss, TL 을 사용하여 나타낸다. 여기서 투과손실은 다음과 같은 식으로 정의한다.

$$\text{투과손실(TL)} = 10\ \log_{10} \frac{1}{\tau}\ (\text{dB})$$

여기서, τ는 투과율 transmission factor 로서 재료면에 입사한 음에너지(I_i)에 대한 재료면에서 투과되는 음의 에너지(I_t)의 비율을 말한 것으로 $\tau = I_i / I_t$ 이다. 또한 투과손실의 단위는 dB로 표시하는데, 이 dB는 음의 세기(크기)를 나타내는 단위인 데시벨 decibel 의 기호를 나타내는 것으로서 일상 회화의 음성은 보통 70~75dB일 때 가장 잘 들리고, 50dB 이하가 되면 급격이 나빠진다고 알려져 있다.

- 차음재의 차음성능은 인접된 두 방 사이에 계벽 party wall, common wall 을 이루고 있는 구조, 즉 구조재료를 통하여 소음이 투과되고 전달되는 것을 막는 성능을 대상으로 통상 말하고 있는데, 바닥에 대해서도 충격으로 인한 충격소음 impact noise 차단에 대한 차음성능도 동시에 고려 대상이 되고 있다.
- 우리나라에서 정하고 있는 아파트 소음 관리기준(주택건설기준에관한규칙)을 보면 식탁에서 의자를 끄는 가볍고 딱딱한 소음(경량충격음)과 아이들이 뛰어다닐 때 나는 소음(중량충격음)으로 나누어 규제를 강화하고 있다. 경량충격음 light impact sound 의 경우 바닥 충격음 impact sound 이 58dB 이하가 되도록 하고, 중량충격음 heavy impact sound 기준은 50dB 이하로 하거나 표준 바닥구조에 따르도록 하고 있다. 또한 공동주택의 세대간 경계벽을 50dB 이상의 차음성능이 있는 구조로 하여야 한다.

13.5 흡음재료 및 차음재료

흡음재료

- 흡음재료 sound absorbing materials 는 흡음성능 sound absorptive performance 이 높은 재료 또는 음을 흡수시킬 목적으로 사용되는 재료를 말한다. 건축재료는 모두 흡음 sound absorption 하지만 음향상의 조정이 필요한 곳에는 흡음성능이 높은 재료, 즉 흡음재료로 설계해야 하는 경우가 있다. 흡음재료의 흡음성능은 흡음재료가 설치되어 있는 위치, 표면마감 상태, 두께 및 밀도 등에 따라서도 변화되고 또한 같은 흡음재료도 두께 · 밀도 · 설치방법 · 기타 재료나 공기층의 구성방법 및 표면 마감처리 등에 따라서도 변화한다. 따라서 흡음재료 선택 사용시에는 이러한 흡음성능의 변화상태를 고려해야 한다.
- 흡음재료의 용도로는 공연장 · 방송실 · 극장 · 음악당 · 회의장 · 체육관 등의 실내마감에 많이 사용되고 있다. 흡음재료의 종류는 여러 가지가 있으나 이를 크게 분류하면 다공질 및 유공흡음재, 판상 및 막상흡음재이다.

흡음재료	◉ 다공질흡음재 sound absorbing porous materials 는 표면 또는 내부에 거의 균일한 작은 구멍이 많이 분포되어 있는 재료로서 대부분 경량이고 단열성능도 우수하다. 다공질흡음재로서 일반적으로 사용되고 있는 재료는 암면 · 유리면 · 암면복합판 · 유리면복합판 · 목모시멘트판 · 목모시멘트복합판 · 목편시멘트판 · 경량기포콘크리트패널(ALC패널) · 연질섬유판 · 연질우레탄폼 · 커튼 · 카펫 · 천 등이 있다. ◉ 유공흡음재 perforated panel for sound absorbing materials 는 판에 구멍을 뚫어 흡음성능을 갖도록 만든 것으로서, 구멍을 관통시킨 것과 판의 중간까지 구멍을 뚫은 것으로 구분하기도 하는데 일반적으로 후자를 유공 perforation 이라고 한다. 유공흡음재는 유공판 perforated panel 의 구멍 크기 및 중심간격, 공기층의 깊이, 다른 재료와의 조합 유무 등에 의하여 흡음성능이 많이 달라지므로 선택 사용시 유의해야 한다. 유공흡음재로서 일반적으로 사용되고 있는 것으로는 유공합판 · 유공석고보드 · 유공규산칼슘판 · 유공알루미늄판 · 유공플라스틱판 등이 있다. ◉ 판상흡음재 panel sound absorbing materials 는 널조각 같은 판상의 흡음재로서 그 자체는 음의 반사성 reflexibility 이 높은 재료라 할 수 있지만 그 판상의 뒷면에 공기층을 만들어 설치하는 경우에는 음에 의한 판상의 진동이 뒷면 공기층으로 전달되어 음에너지를 감소시키는 효과가 있다. 판상흡음재의 특징은 저음 low-pitched tone 부분에서 흡음성능이 좋지만 중음 middle pitched tone · 고음 high-pitched tone 부분에서는 흡음성능이 많이 떨어진다. 판상흡음재로서 일반적으로 사용되고 있는 것으로는 합판 · 섬유판 · 석고보드 · 플라스틱판 등이 있다. ◉ 막상흡음재 membrane sound absorbing naterials 는 막(膜)과 같은 형상의 흡음재로서 막 자체로는 그다지 많은 흡음효과를 기대할 수 없기 때문에 일반적으로 막 뒷면에 섬유재 fiber materials 를 이용하거나 적당한 공기층을 두어 막의 진동을 전도 conduction 하여 반사음에너지 reflective sound energy 를 저감시키는 효과를 갖게 한다. 막상흡음재로는 폴리염화비닐시트 · 폴리에틸렌시트 · 범포 canvas 등이 사용된다.
차음재료	◉ 차음재료 sound insulation materials 는 차음성능 character and abilility of sound insulation 이 높은 재료, 즉 투과음 transmisson sound 이 적은 재료를 말한다. 재료에 음이 입사 incidence 하면 그 일부는 반사 reflection 되고, 일부는 흡수되며, 나머지 음은 재료의 후면으로 투과 transmission 된다. 재료의 차음성능은 투과음에너지의 대소로 평가된다. [illegible] 차음성능이 우수한 차음재료는 재질이 단단하고 무거우며 정밀 minuteness 한 것에 비하여 흡음재료는 다공질 porous qualityl 또는 섬유질 fibroid quality 이다. ◉ 단일재료 single material 의 차음성능은 두꺼운 재료에서는 비교적 높은 차음성을 얻을 수 있지만 일반적인 재료에서는 그 자체에 의한 차음성능은 그다지 기대할 수 없다. 이 때문에 더욱 높은 차음성능을 기대할 경우 두 가지 이상의 재료를 사용하여 적당한 공기층을 만드는 복합판 combined board 을 이용한다. 여기서 두 가지 이상의 재료, 즉 복수의 재료를 조합 combination 하여 구성할 경우 전체적인 차음성능은 각각의 재료가 갖는 차음성능의 합으로 나타나지 않으며, 조합하는 방법에 따라서는 차음성능이 저하하는 경우도 있으므로 유의해야 한다. ◉ 차음재료의 종류는 여러 가지가 있지만 일반적으로는 보통콘크리트 normal concrete, 경량콘크리트 light weight concrete, 발포콘크리트 foamed concrete, 화강석 granite, 대리석 marble, 하드보드 hard board, 파티클보드 particle board, 경질텍스 hard tex, 석고보드 gypsum board, 염화비닐판 polyvinyl chloride board, 비닐텍스 vinyl tex, 우레탄폼 urethane foam 등을 들 수 있다.

암면판

유리면판

유리면 및 암면 복합판
(표면에 직물류 부착)

경량기포콘크리트패널
(ALC PANEL)

연질우레탄폼

목모시멘트판

목모시멘트 복합판

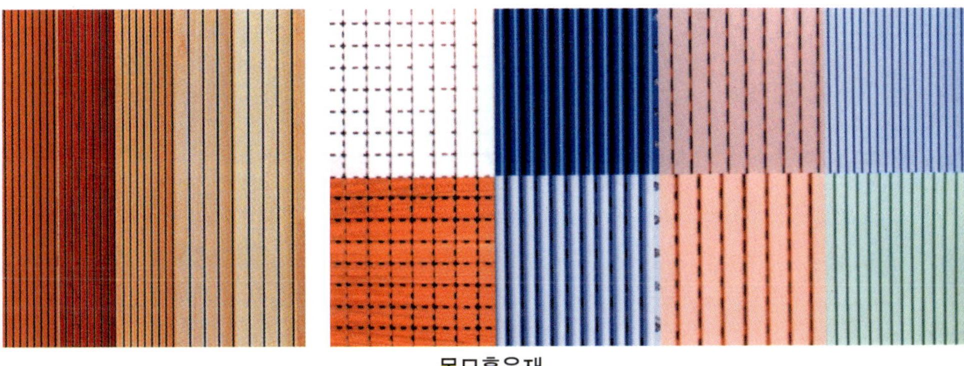

목모흡음재
(합판 · 섬유판 소재)

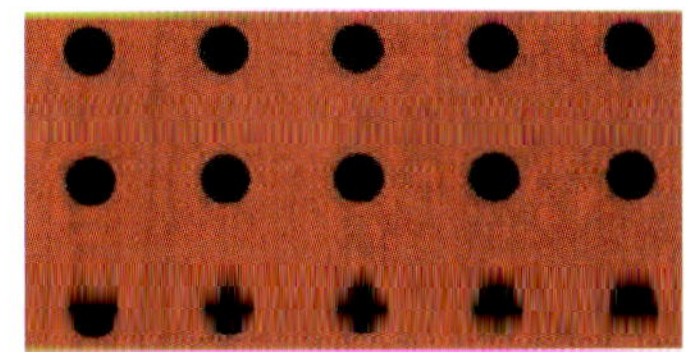

유공목재흡음재
(합판 · 섬유판 소재)

플라스틱흡음판

규산칼슘판

유공알루미늄판

유공플라스틱판

석고보드

섬유판

INTERIOR ARCHITECTURE MATERIALS

방화재료 및 내화재료

14

14.1 개요

실내 건축에 목재 · 합판 · 종이 · 플라스틱류 등의 가연재료 Combustible materials 를 사용하는 경우가 많기 때문에 화재에 대한 잠재적 위험성은 매우 높다고 할 수 있다. 최근 건축물의 화재로 인한 사망자의 사망원인을 보면 질식사에 의한 경우가 많은데, 이는 유기질계 실내건축재료의 열분해 Pyrolysis, 연소 Combustion 에 의해 생성되는 연기 Smoke 및 가스 gas 의 발생으로 인한 것이다.

건축물의 용도 및 규모에 따라 화재예방을 위하여 건축법으로 방화규정을 정하고 있다. 건축법의 방화규정 중에서 방화재료와 관계되는 것은 주로 내장에 관한 규정으로, 이는 초기화재의 확산을 지연시키고자 하는 것이다.

14.2 방화재료

개요	◉ 방화재료 fire protecting materials 는 일반적으로 화재시에 타지 않거나 잘 타지 않는 성질의 재료 또는 화재시에 그 이웃으로 번져 연소되는 것을 늦추거나 방지하는 재료를 말한다. 화재시 건축물 내장재의 연소로 인하여 화염이 다른 부위로 확산되는 것을 지연시킴으로써 화재의 규모를 최소화하고, 내부마감재 interior finishing materials 의 연소로 연기 및 유독가스 발생을 억제함으로써 질식으로 인한 인명피해 등을 줄이기 위한 대책의 일환으로 방화재료 사용이 필요하다. ◉ 방화재료는 불에 타기 어려운 정도, 연기 및 연소가스 등의 인체에 대한 위험 정도에 따라 건축법 및 동법시행령에 불특정 다수인이 거주하는 건축물의 내장재료는 불연재료, 준불연재료, 난연재료로 등급을 나누어 사용하도록 의무화하고 있으며, 각각에 대한 성능기준을 국토교통부장관이 정하여 고시하고 있다.
불연재료	◉ 불연재료 noncombustible materials 는 불에 타지 아니하는 성질을 가진 재료로서 통상의 화재시 가열에 대하여 연소되지 않고 방화상 유해한 변형 · 용융 · 균열 · 기타 손상을 일으키지 않으며, 방화상 유해한 연기나 가스를 발생시키지 않는 성능이 요구되는 재료로 방화재료 중에서 등급이 가장 높은 것이다. ◉ 법령에 따르면 건축법시행령에서 불연재료를 불에 타지 않은 성질을 가진 재료로 콘크리트, 석재, 벽돌, 기와, 석면판, 철강, 알루미늄, 유리, 시멘트모르타르, 회반죽 및 기타 이와 유사한 불연성의 재료를 지칭하고 있으며, 국토교통부장관이 정하여 고시하는 불연재료의 성능기준을 충족시키는 것을 말한다로 규정하고 있다.

준불연재료	◉ 준불연재료 semi-noncombustible materials 는 불연재료와 달리 나무 · 종이 · 플라스틱 등의 유기재료를 함유하고 있으나 재료의 대부분이 무기질 재료이므로 연소에 의해 화재를 확대시키지 않는 재료이다. 또한 복합재료로는 난연재료와 불연재료를 적층한 석고보드에 철판, 페놀폼에 철판, 파티클보드에 철판을 조합한 것 등이 있다. ◉ 법령에 따르면 건축법시행령에 준불연재료를 불연재료에 준하는 성질을 가진 재료로서 국토교통부장관이 정하여 고시하는 준불연재료의 성능기준을 충족시키는 것을 말한다로 규정하고 있다.
난연재료	◉ 난연재료 incombustible materials 는 불에 잘 타지 아니한 성질을 가진 재료로서 [illegible] 800℃)에 대하여 방화성능상 유해한 변형 · 파손 · 발염 등이 생기지 않는 것으로 난연합판, 난연섬유판, 난연플라스틱판 등이 해당된다. ◉ 난연재료는 원래 불에 타기 쉬운 나무나 플라스틱 등에 특수한 약제를 가하거나 금속판으로 싸는 등의 처리를 하여 불에 타기 어렵게 한 것이며, 방화성능상으로는 불연재료, 준불연재료 다음에 해당되는 것이다. ◉ 법령에 따르면 국토교통부장관이 정하여 고시하는 난연재료의 성능기준을 충족시키는 것을 말한다로 규정하고 있다.

14.3 내화재료 및 내화피복재료

내화피복재료	◉ 내화재료 fire proofing materials, fire resistive materials 는 내화성을 가진 재료를 [illegible] 화재구획 fire section 으로부터 다른 구획으로의 연소를 저지하는 성능을 가진 재료이다. 콘크리트 · 벽돌 · 블록 · 석재 등이 이에 속한다. ◉ 건축물의 화재성장으로 보면 방화재료는 초기화재 early day fire 에서 플래시오버 flashover 과정까지를 대상으로 사용된 재료인데 대하여 내화재료는 최성기화재 과정까지를 대상으로 사용된 재료라 할 수 있다. 또한 내화재료는 구조재료나 내화피복재료가 화재시에 요구성능을 만족시키는 재료라 할 수 있으며, 양자를 모두 방화재료라 부르기도 한다. ◉ 내화재료는 광의의 뜻으로 고온에 견뎌낸다는 의미에서 구조체에 사용되는 콘크리트, 벽돌, 블록, 석재 등을 포함한 재료라 할 수 있으나 건축에서는 일반적으로 내화피복재료를 의미한다. 따라서 내화재료는 기둥 · 보 · 바닥 · 벽 등의 강구조부재의 피복재로 쓰이며, 이들 부재의 내화저하 등을 방지하는 역할을 한다. ◉ 내화재료는 대부분 불연성 noncombustibility 을 갖는 무기질재료로 구성되어 있고, 무기질 성형판, 광물섬유, 모르타르, 플라스터, 콘크리트로 대별할 수 있다. ◉ 내화피복재료 fire resistive covering materials 는 기둥 · 바닥 · 벽 등의 주요구조부의 부재를 화재로부터 보호하기 위해 사용하는 단열성 있는 내화재료 또는 내화피복을 하기 위해 내화접착제 등으로 붙여 피복하는데 사용하는 내화성능을 가진 재료이다.

내화피복재료	◉ 내화피복재료는 거의 무기질재로 구성되고 무기질 판재(석고보드, 규산칼슘판 등), 광물섬유, 모르타르, 플라스터, 콘크리트, 시멘트 등 및 무기질 뿜칠재료로 대별할 수 있다. 무기질 뿜칠재로는 질석계, 석고계, 펄라이트계, 암면계 등이 사용되고, 내화피복으로는 경량이며 단열성이 우수한 경량콘크리트, 기포콘크리트, ALC판 등이 사용된다. ◉ 내화피복재료는 고온시의 열전도율이 적고 열용량이 큰 것, 혹은 열전도율이 적고 이들 열적 성질이 같을 경우, 두꺼운 것일수록 화재시에 구조부재의 온도 상승을 보다 지연시킬 수 있으므로 유리하다. 또한 고온 가열시에 강도저하나 팽창수축이 작고 균열이나 박리가 일어나지 않는 재료가 좋다.

건축물 내부 발생 화재 · 연소현상

INTERIOR ARCHITECTURE MATERIALS

도배지

15

15.1 개요

도배지 wall paper 는 도배하는데 쓰이는 종이나 천 등의 재료를 말한다. 도배 papering, paper hanging 란 벽이나 반자 같은 곳에 종이 등으로 바르는 것을 말하고, 그 공사가 도배공사 paper hanging work, paper hangers work 이다. 도배지는 도배하는 곳에 따라 벽에 바르는 벽지 wall paper, 반자에 바르는 반자지 ceiling paper, 창호에 바르는 창호지 window paper, 방바닥에 바르는 장판지 floor paper 로 구분하기도 하지만 일상적으로 벽지가 많은 비중을 차지하므로 도배지를 '벽지' 라고 통칭한다.

벽지를 비롯한 도배지는 주로 주거공간의 쾌적함과 실내분위기의 변화를 주기 위해 마무리재료로 사용되고 또한 실내의 보온 heat reserving · 방음 sound isolation · 방습 damp proofing · 통풍방지 ventilate prevension · 오염방지 taint prevension · 냄새 제거 smell removal · 방화성능 fire preventive ability 등의 다양한 기능성을 보강해 주는 등 주거용 건축재료로 중요한 부분을 차지하고 있다.

도배지하면 종이가 연상되고 실제로 종이의 쓰임이 많은 비중을 차지하고 있지만 현대에 와서는 종이 대신 비닐 · 섬유 · 목질계 등의 재료개발과 인쇄기술의 발달로 다양한 무늬와 색채를 나타내는 벽지 등이 생산되어 실내분위기에 맞는 선택의 폭이 넓어지고 있다.

15.2 벽지

일반사항	◉ 벽지는 벽의 보호 및 장식을 목적으로 바르는 종이나 천 등의 재료로서, 다른 마감재료에 비해 내구성 durability 이 떨어지고 빛에 의한 변화와 쉽게 오염 pollution 되므로 자주 바꿔 주어야 하는 번거로움이 따른다. 그러나 시공하기 쉽고 가격면에서 큰 부담없이 또한 다양한 재질 quality of material, 색상 hue 및 무늬 중에서 선택의 폭이 넓어 실내 분위기를 바꾸는 데 가장 적합한 재료라 할 수 있다. ◉ 벽지는 종이를 소재 natural materials 로 하여 제조된 것이 많기 때문에 종이의 발전과 불가분의 관계가 있다고 하겠다. 종이의 발전과정에 따라 벽지도 다양한 무늬의 변화, 인쇄방법에 따른 많은 변화를 가져오게 된 것이다. 과거에는 종이를 소재로 한 벽지를 주로 사용하였으나 최근에는 벽지의 소재도 다양해지고 다양한 무늬 및 색상의 기술, 내구성 향상과 함께 [illegible] 기능, 방음 · 방습 · 방화 성능을 겸한 친환경 벽지 environmentally friendly wall paper 개발로 실내마감재 interior finishing materials 로 많이 사용되고 있다. ◉ 벽지는 색의 얼룩, 오염, 흠, 주름, 기포, 이물질의 혼입, 무늬의 구부러짐, 무늬의 어긋남 등이 없어야 하고, 특히 빛에 대한 변화가 없고 쉽게 오염되지 않으면서 [illegible] 효과를 낼 수 있는 것이어야 한다. 특히 [illegible]에서는 내구성 및 내후성 weatherability 이 우수하고 내마모성 abrasion proofness 과 내충격성 impact resistace 도 있어야 하며 흡음 및 단열 효과를 낼 수 있는 벽지가 우수한 벽지라 할 수 있다. 따라서 벽지를 선정함에 있어 이와 같은 사항을 고려함과 동시에 벽지를 사용하고자 하는 실의 용도, 크기도 고려하여 벽의 재질 · 색 · 무늬 등을 선택하는 것이 좋은 방법이다. ◉ 벽지의 종류는 여러 가지가 있다. 벽지를 어떠한 소재로 만들었느냐가 중요하므로 일반적으로 벽지를 분류할 때는 소재별로 다음과 같이 분류한다. • 종이벽지 : 일반종이벽지(인쇄벽지, 엠보스벽지), 가공종이벽지(코팅벽지, 지사벽지) • 섬유벽지 : 천연섬유벽지(실크벽지, 모직벽지, 마직벽지, 부직포벽지), 합성섬유벽지(레이온, 나일론, 아크릴벽지) • 비닐벽지 : 일반비닐벽지, 발포비닐벽지, 비닐레저벽지 • 목질계벽지 : 코르크벽지, 무늬목벽지, 목포벽지 • 무기질벽지 : 질석벽지, 금속박벽지, 유리섬유벽지 • 초경벽지 : 갈포벽지, 완포벽지, 황마벽지, 아바카벽지
종이벽지	◉ 종이벽지는 종이를 소재로 한 벽지로서 기본적인 벽지라 할 수 있고, 과거에는 한지 korean paper (재래 호칭의 조선종이)로 만든 전통적인 벽지가 사용되었고 현재도 일부 한식주택에 쓰이고 있다. ◉ 종이벽지는 잘 찢어지거나 오염되기 쉬우며 내구성 · 통기성 ventilateness · 기능성 functionalness 면에서 떨어지는 단점이 있는 벽지이지만 시공하기 편리하고 가격도 저렴한 장점도 있어 주택의 벽 · 천장 등의 마감재로 사용하기에 적합한 벽지라 할 수 있다. ◉ 종이벽지가 근래에 와서는 과거와 같이 선호도 prefernces 가 높다고 볼 수 없지만 종이벽지로서의 단점을 보완하고 인쇄기술의 발달로 여러 패턴 및 색상을 나타내는 종이벽지가 개발되어 일반적으로 많이 사용되고 있는 벽지이다.

종이벽지	◉ 종이벽지에는 가공하지 않는 일반종이 general paper 의 원지 base paper 를 종·횡으로 붙인 후 그 표면에 여러 가지 모양의 무늬와 색상이 나타나게 프린트 가공한 인쇄벽지 printing wallpaper 가 있고, 무늬가 인쇄된 벽지 위에 무늬에 맞추어 엠보싱 롤러 embossing roller 로 눌러 표면에 요철형 unevenness type 의 무늬가 돌출되게 하여 입체적인 효과를 얻을 수 있게 인쇄한 엠보스벽지 emboss wallpaper 가 있다. ◉ 종이벽지에는 가공종이벽지 wallpaper of processed paper 인 코팅벽지 · 지사벽지가 있다. 코팅벽지 coating wallpaper 는 종이벽지를 여러 가지 무늬와 색상으로 인쇄한 후 표면에 합성수지로 코팅처리 coating dealing 한 벽지로서 외관으로는 비닐벽지와 흡사한 느낌을 주고 내오염성과 내수성이 일반종이벽지 wallpaper of general paper 에 비해 많이 보강된 벽지이다. 지사벽지 wallpaper of papery yarn 는 얇게 뜬 종이의 하나인 박엽지 tissue paper (사전용지 · 담배용지 · 타이프라이터용지 · 원지용지 등에 쓰임)를 사용하여 지사(종이로 꼬아 만든 실)를 만들어 섬유직물 fibrous cloth 과 같이 원단 fabric (가공하지 않은 원료로서의 천)을 짠 다음 이를 인쇄벽지에 배접 pasting sheets together 하여 만든 벽지로서 지사 papery yarn 의 색 · 굵기 및 제지 방법에 따라 다양한 패턴을 나타낸다.
섬유벽지	◉ 섬유벽지 fiber wallpaper 는 섬유를 소재로 한 벽지로서, 직물벽지 cloth wallpaper, 스트링벽지 string wallpaper, 부직포벽지 nonwoven fabric wallpaper 로 구분한다. 섬유벽지는 섬유만이 갖고 있는 부드러운 자연미 natural beauty 가 있어 온화하고 다양한 색상과 패턴 및 질감에 의한 화려한 분위기를 나타내며, 종이벽지 등 다른 벽지에 비해 섬유의 특성상 통기성, 보온성, 탄력성, 방음성, 흡음성 등이 우수하여 고급벽지 highclass wallpaper 로 사용되고 있다. 단점으로는 쉽게 오염되고 오염에 대한 세척 washing 의 어려움과 변색 discolouration · 탈색 decolorization 이 잘 되며, 시공도 어렵다. 또한 비교적 가격이 비싸다는 점이다. ◉ 직물벽지는 섬유벽지의 대표적인 벽지로서 직물 cloth, 즉 면직물 cotton · 마직물 hemp cloth · 견직물 silk · 모직물 woolen cloth 를 소재로 하여 만든 벽지이다. 직물벽지는 직물에 따라 천연섬유벽지 natural fiber wallpaper 와 합성섬유벽지 synthetic fiber wallpaper 로 구분한다. 천연섬유벽지에 속하는 벽지로는 실크벽지, 모직벽지, 마직벽지 등을 들 수 있고 합성섬유벽지에 속하는 벽지로는 레이온벽지, 나일론벽지, 아크릴벽지 등을 들 수 있다. ◉ 실크벽지 silk wallpaper 는 실크사 silk yarn 로 짠 견직물 silk fabrics 을 이지용 원지 stencil paper for reverse side paper use 에 배접 attaching in many layers 하여 만든 벽지이고, 모직벽지 woolen fabric wallpaper 는 짐승의 털로 짠 모직물을 이지용 원지에 배접하여 만든 벽지이며, 마직벽지 hemp fabric wallpaper 는 삼 hemp 으로 짠 마직물을 이지용 원지에 배접하여 만든 벽지이다. 또한 면직벽지 cotton fabric wallpaper 는 면직물을 이지용 원지에 배접하여 만든 벽지이다. 여기서 이지용 원지는 직물벽지를 만들 때 바탕재인 배접용으로 사용되는 종이를 말한 것으로서 주로 중질지 middle quality paper 가 많이 사용되고, 그 밖에 모조지 vellum paper, 백상지 fine white paper, 그래프지 graph paper 등이 사용된다. 또한 적절하게 내수처리된 것이 좋은 이지용 원지라 할 수 있다. 배접은 바탕재인 이지용 원지에 직물 등을 여러 겹 포개어 붙이는 것을 말하는데, 이때 붙이는 재료인 접착제 adhesive 는 종전에는 전분 접착제 starch adhesive 에 합성수지 접착제 synthetic resin adhesive 를

섬유벽지	섞어서 사용하였으나 최근에는 접착력 adhesion force 이 좋은 합성수지 접착제가 개발되어 합성수지 접착제만을 사용하는 추세이다. 실크벽지를 비단벽지 silk fabric wallpaper 라고도 하며 비단 silk fabric 의 화려하고 우아한 광택과 온화한 느낌을 주어 화려한 실내장식용으로 쓰이는 고급벽지이다. 모직벽지는 부드러운 느낌을 주면서 튼튼한 감을 주고 특히 보온성과 흡음성이 뛰어난 일반 실내의 마감재로 또는 음악실의 흡음재로 많이 사용되는 벽지이다. 마직벽지는 특히 거친 질감으로 힘이 있어 응접실이나 서재 등에 사용한다. ◉ 합성섬유벽지인 레이온벽지 rayon fiber wallpaper 는 인조견사 rayon 인 셀룰로오스계 재생섬유 regenerated fiber 를 소재로 하여 짠 직물을 원지에 배접하거나 그 직물만으로 만든 벽지로서 다른 섬유와 혼방 mixed weaving 하여 만들기도 한다. 레이온벽지는 실크벽지보다 가볍고 질기다. 나일론벽지 nylon fiber wallpaper 는 [illegible] artificial fiber [illegible] 배접하여 만들거나 그 직물 자체만으로 만든 벽지이다. 아크릴벽지 acryl fiber wallpaper 는 아크릴계 섬유를 소재로 하여 짠 직물을 [illegible] 원지에 배접하여 만들거나 그 직물 자체 만으로 만든 벽지이다. 위와 같은 합성섬유벽지는 소재의 재질에 따라 차이는 있으나 대부분 천연섬유벽지보다 열에 약하기 때문에 높은 [illegible] 쉽다. 또한 재질 자체의 은은한 느낌보다 차가운 느낌을 주기도 한다. 특히 다른 벽지에 비해 화재시 유독가스 poisonous gas 발생으로 인체에 유해 injuriousness 하게 하는 등 단점이 있다. 그러나 염색성 dyeness 이 좋아 색의 발색 color development 이 선명 clearness 하고 표면 광택이 좋을 뿐만 아니라 탄력성 및 내구성이 우수하다. 또한 다른 벽지에 비해 가격도 저렴하여 실내분위기에 따라 부분적으로 사용되고 있다. ◉ 스트링벽지 string wallpaper 는 직물벽지와 달리 제조과정에서 각종 직물 즉 천의 원료가 되는 실 yarn 을 [illegible] 원지에 접착제로 접착시켜 만든 벽지로서, 직물벽지와 달리 천을 만드는 과정인 제직 weaving 과정을 거치지 않기 때문에 벽지를 만드는데 용이한 이점이 있다. 스트링벽지는 직물벽지와 같은 느낌의 장점을 갖고 있기 때문에 섬유벽지의 일종으로서 실내디자인 벽지로 많이 사용되고 있다. ◉ 부직포벽지 nonwoven fabric wallpaper 는 스트링벽지와 같이 천을 만드는 과정인 제직과정을 거치지 않고 섬유를 이용한 부직포 nonwoven fabric 원단으로 만든 벽지이다. 여기서 부직포는 베틀 handloom 에 짜지 않고 섬유를 적당히 배열하여 접착제 혹은 섬유 자체의 융착력 fusion force 을 이용하여 섬유로 서로 접착시킨 시트 모양의 천 cloth, fabric 으로서 일반적으로 방축성 shrink resistance · 내수성이 우수하고, 가벼우며, 통기성이 좋은 이점이 있는 일종의 천이다. 이러한 부직포를 만드는데 사용되는 원료로서의 천이 부직포 원단 nonwoven fabric material 이다. 부직포벽지는 다양한 색상을 낼 수 있다는 점과 통기성과 흡음성이 뛰어난 특징이 있다.
비닐벽지	◉ 비닐벽지 vinyl wallpaper 는 염화비닐 필름 poly vinyl chloride film 을 열을 가하여 융해 fusion 시킨 것을 바탕재인 원지의 한 면에 압착시키고, 그 표면에 프린트가공 printed manufacturing 이나 엠보스가공 emboss manufacturing 한 토핑법 topping method 과 원지(안종이)의 한 면을 프린트가공하고 그 표면에 염화비닐 필름을 압착시키는 코팅법 coating method 의 두 가지 방법으로 제조된 벽지이다.

비닐벽지	◉ 비닐벽지는 색상이나 디자인 및 무늬를 다양하게 표현할 수 있고, 대량생산이 가능하여 가격이 저렴할 뿐만 아니라 시공도 용이하다. 일반적으로 내수성, 내산성, 내알칼리성을 갖는 벽지로서 특히 기름때 oil dirt 가 잘 타지 않는 오염성 pollutant 이 적고 오염되더라도 물청소 등으로 제거하기 쉬운 등 실용성 utility 이 뛰어난 벽지라 할 수 있다. 이러한 장점 때문에 비닐벽지는 부엌, 욕실, 탕비실 및 놀이 공간 등에 많이 사용되고 있다. 그리고 비닐벽지는 대부분 온화한 감보다 차가운 감이 드는 등 감촉 sensation 이나 재질감 feeling of texture 이 직물벽지에 비해 뒤떨어진다. 또한 통기성이 나빠 결로 condensation 의 우려가 있어 곰팡이 mold 가 생기기 쉽다. 특히 불에 약하여 화재시 유독가스를 발생시키는 결점이 있다. 이러한 결점을 보완한 불연 · 난연성 제품도 최근 개발되어 사용되고 있다. 비닐벽지는 일반 비닐벽지, 발포 비닐벽지, 비닐레저벽지, 캐미칼벽지 등이 있다. ◉ 일반비닐벽지 general vinyl wallpaper 는 이지용 원지의 한 면에 염화비닐필름 polyvinyl chloride film 을 압착시키고, 그 표면에 여러 가지 색무늬 모양과 엠보스 emboss 모양으로 가공하여 만든 벽지이다. ◉ 발포비닐벽지 foaming vinyl wallpaper 는 비닐벽지를 만드는데 사용되는 염화비닐필름 표면을 비닐벽지 특유의 차가운 감을 없애고 부드러운 감을 주기 위해 프린트 잉크에 발포제 foaming agent 를 넣어 발포시킨 프린트 발포비닐벽지와 염화비닐필름 발포층 foamy layer 에 프린트 엠보스 가공하여 입체감 cubic effect 이 나도록 만든 고발포 비닐벽지 등이 있다. 발포비닐벽지는 기포 foam 를 함유하고 있기 때문에 보온, 흡음, 방음효과가 있는 벽지라 할 수 있다. ◉ 비닐레더벽지 vinyl leather wallpaper 는 비닐벽지를 만드는데 사용되는 염화비닐필름 표면에 레더모양 leather shape 의 질감이 나타나도록 만든 벽지이다. 이 벽지를 만드는 바탕재인 원지는 종이, 천, 부직포 등이 사용된다. ◉ 케미컬벽지 chemical wallpaper 는 타일모양 tile shape 의 벽지를 말하는 것으로 타일벽지 tile wallpaper 라고도 한다. 이 벽지는 엠보스벽지 emboss wallpaper 와 같이 인쇄하는 과정에서 타일모양의 효과를 얻기 위해 발포 억제 잉크 foam restrained ink 를 사용하는데 발포 억제 잉크로 인쇄된 부분은 발포 foaming 되지 않고 다른 부분은 발포되어 부풀어오른 입체적 효과를 내도록 만든 벽지이다. 이 벽지는 화장실이나 주방용으로 사용한다.

벽지

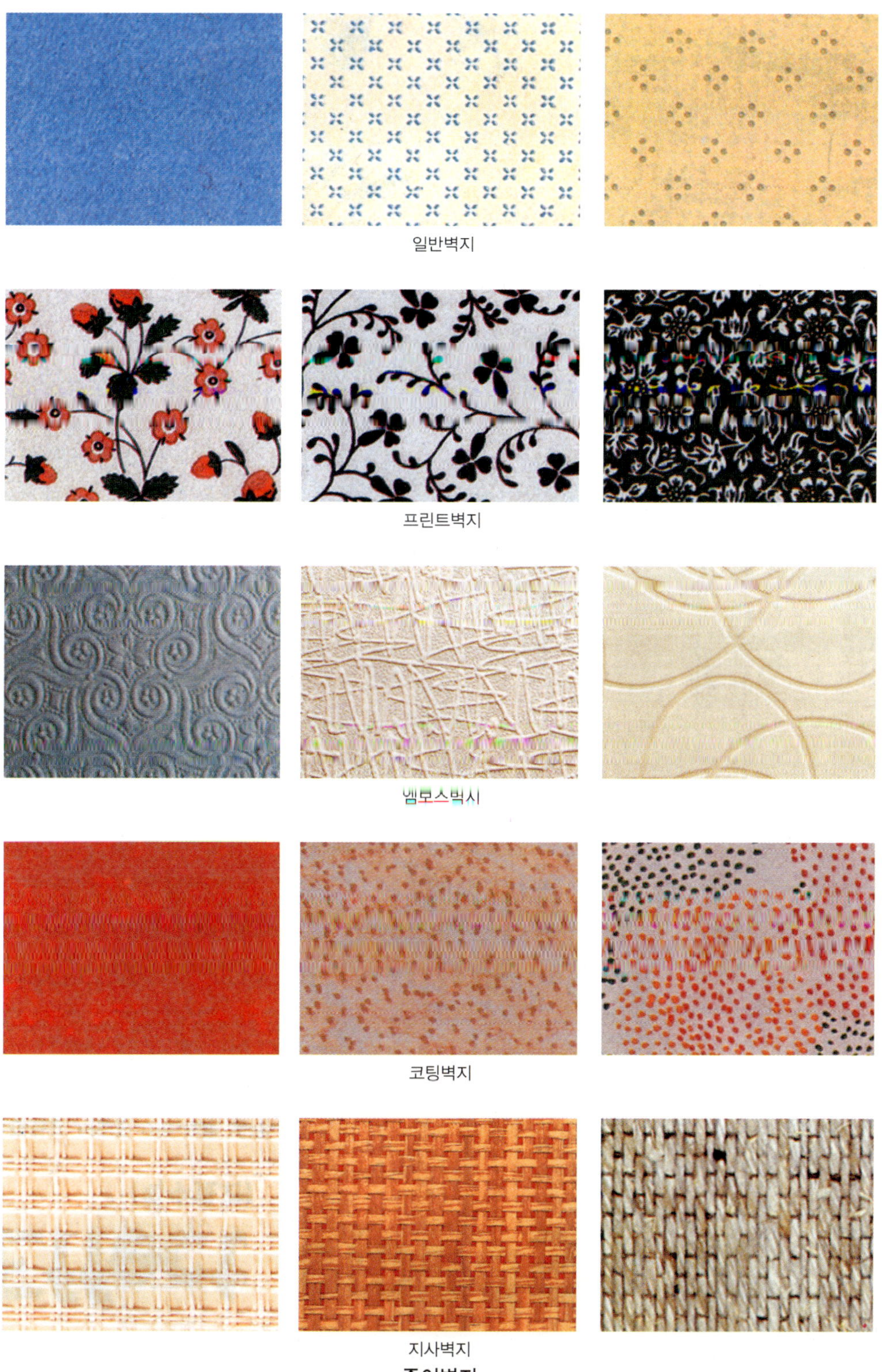

종이벽지

면직물 질감
마직물 질감
견직물(실크) 질감
직물벽지의 질감

실크벽지

모직벽지

마직벽지
천연섬유벽지

레이온벽지
나일론벽지
아크릴벽지
합성섬유벽지

스트링벽지

부직포벽지

일반비닐벽지

발포비닐벽지 비닐레저벽지 케미컬벽지

비닐벽지

각종 벽지의 색상 및 패턴

목질계 벽지	◉ 목질계 벽지 woody wallpaper 는 나무의 재질을 이용하여 만든 벽지로서, 여러 종류의 나무를 원료로 사용한다. 나무를 얇게 켜서 만든 필름 형태의 것을 또한 나무조각을 분쇄하여 분말상태 powder state 로 된 것을 압축하여 박막 membrane 형태로 만들어 이지용 원지에 압착시키는 방법으로 만든 벽지이다. ◉ 목질계 벽지는 보온성, 통기성, 흡음성, 탄력성 등이 우수한 친환경적 벽지라 할 수 있다. 단점으로는 가격이 비싸고 시공성이 떨어진다. 목질계 벽지의 종류로는 코르크벽지, 무늬목벽지, 목포벽지를 들 수 있다. ◉ 코르크벽지 cork wallpaper 는 성형된 코르크를 얇게 잘라 이지용 원지에 접착시켜 만든 벽지이다. 원지는 지질이 질기고 유연 soft 한 것이 좋다. 코르크벽지를 만들 때 코르크를 어떤 형태로 잘라 성형시키느냐 또는 원지의 색상을 어떤 것으로 하느냐에 따라 코르크벽지의 패턴이 달라진다. 특히 원지에 염색 dyeing 한 후 그 위에 코르크를 접착시키면 코르크 사이로 드러나 보이는 원지의 색상이 코르크와 어울려 좋은 효과를 낼 수 있기 때문이다. 코르크벽지는 흡음효과가 우수하고 탄력성, 보온성 및 무독성 innoxiousness 의 친환경적 벽지이다. ◉ 무늬목벽지 wood veneer wallpaper 는 원목을 종이처럼 얇게 켜서 만든 무늬목시트 veneer sheet 를 이지용 원지에 압착하여 만든 벽지로서 아름다운 나무결 wood [illegible] 명플라스틱 transparent plastic 으로 코팅하여 보호하기도 한다. 무늬목시트를 원지 대신 염화비닐시트 polyvinyl chloride sheet 등으로 안대기하여 만들기도 한다. 무늬목벽지는 여러 가지 아름다운 무늬와 색깔을 나타낼 수 있을 뿐만 아니라 천연의 나무질감 wood texture 을 나타내어 친환경적인 분위기를 나타낼 수 있다는 것이 특징이다. ◉ 목포벽지 drapery wallpaper 는 피나무 Basswood 와 같은 연질의 나무를 대패밥 shaving 처럼 깎아서 만든 목포 drapery 를 이지용 원지 또는 염화비닐시트 등에 압착하여 만든 벽지이다. 목재의 질감을 나타내므로 친환경적 분위기 벽지라고도 할 수 있다.
무기질 벽지	◉ 무기질 벽지 inorganic wallpaper 는 질석, 유리섬유, 금속박 metallic leaf 같은 무기질의 재료를 사용하여 벽지 표면에 배접하여 만든 벽지로서, 외관상 비닐벽지와 비슷하여 비닐벽지와 구별하기 쉽지 않을 정도이다. 무기질 벽지는 비닐벽지에 비해 베이스 base 가 불연성 소재로 배접하기 때문에 특히 방화상 유리하다는 장점을 갖는 벽지라 할 수 있다. 무기질 벽지로는 질석벽지, 금속박벽지, 유리섬유벽지 등을 들 수 있다. ◉ 질석벽지 vermiculite wallpaper 는 크라프트지 graph paper 와 같은 지질이 질긴 종이인 이지용 원지 표면에 질석 vermiculite 가루를 살포하여 접착시켜 만든 벽지이다. 질석벽지는 특히 내화성이 높기 때문에 주로 천장용으로 사용되고 있다. ◉ 금속박벽지 metal leaf wallpaper 는 알루미늄과 같은 금속을 얇은 종이처럼 펴서 만든 금속박을 이지용 원지에 배접하여 만든 벽지이다. 금속박으로는 알루미늄박 aluminium leaf 을 많이 사용한다. 금속박 위에 무늬 등의 여러 형상으로 인쇄하거나 엠보싱 embossing 하는 방법으로 하여 금속박벽지의 표면을 아름답게 미장효과를 내기도 한다. 금속박벽지는 금속성 metallicity 질감을 나타냄으로써 상업용 건축물의 실내마감용으로 많이 사용되고 있다.

무기질 벽지	금속박벽지 시공시 벽면 등 바탕면의 수분을 완전히 제거하고 바탕면을 평평하게 하지 않으면 부분적으로 약간의 요철이 발생할 우려가 있고, 전도율 conductibility 이 높은 단점이 있는 반면 다른 벽지에 비해 내화성 refractoriness, fire resistance 이 강하여 방화상 유리하다는 장점을 갖는 벽지라 할 수 있다. ◉ 유리섬유벽지 glass fiber wallpaper 는 유리섬유에 펄프를 혼입한 유리섬유시트에 염화비닐 필름 polyvinyl chloride film 을 적층 laminate 하여 프린트가공 또는 엠보스가공한 벽지이다. 유리섬유는 방화성능이 있는 반면, 시공 후 제거하기 어려운 결점이 있다. 주로 상업용 건축물의 실내마감용으로 사용한다.
초경벽지	◉ 초경벽지 grassy trunk wallpaper 는 칡 arrowroot, 황마 jute, 왕골 rush, 해초 seaweeds 등의 줄기를 사용하여 직조 weaving 한 것을 이지용 원지에 접착시켜 만든 벽지이다. 이 벽지는 소재 자체가 자연산 그대로이므로 자연적인 감각을 나타나게 하고 목질계 벽지와 같은 보온성, 통기성, 흡음성, 탄력성이 우수한 친환경적 벽지라 할 수 있다. 또한 수공예 handicraft 벽지라는 점에서 다른 벽지에 비해 싫증나지 않는 등 여러 가지 장점을 갖고 있기 때문에 선호도가 높은 벽지 중의 하나이다. ◉ 초경벽지는 질감이 섬세 delicacy 한 것에서부터 거친 것까지 다양한 질감의 소재를 사용하고 소재 자체의 자연적인 색깔을 그대로 이용하기 때문에 더욱 자연적인 벽지로서의 감각을 나타내는 벽지라 할 수 있다. 또한 이지용의 원지에 배경색 background color 을 넣으면 자연적인 소재의 색깔과 조화를 이루어 보다 아름다운 색깔을 나타낼 수 있는 이점도 갖고 있다. 그러나 질감이 대부분 거칠기 때문에 벽지의 표면도 매끄럽지 않아 먼지가 쌓이는 등 오염되기 쉽고 이로 인해 청결하게 유지하기 어려우며 습기 많은 곳에 사용할 경우 곰팡이 발생 등으로 부패하기 쉬워 내구성에 문제가 있는 등 좋지 않은 단점도 있다. ◉ 갈포벽지 ko-hemp cloth wallpaper 는 칡의 줄기로 짠 갈포 ko-hemp cloth 를 이지용 원지에 배접하여 만든 벽지로서 초경벽지의 대표되는 우리나라 전통 민속 벽지의 하나이다. 갈포벽지는 표면이 거칠고 자연스러우면서 우아한 느낌이 드는 친환경적 벽지이다. 충격에 약하고 내구성이 떨어지고 오염성이 있는 등 결점도 있다. ◉ 완포벽지 rush cloth wallpaper 는 왕골 sedge 인 완초 rush 의 잎인 완엽 rush leaf 을 이용하여 직조한 것을 이지용의 원지에 배접하여 만든 벽지이다. 완포벽지는 표면이 거칠고 자연적인 독특한 감각을 주는 벽지이다. 완포벽지를 만들 때 완엽을 사용하지 않고 화문석용 왕골대 sedge stem 의 속심 interior pith 을 이용한 완심벽지 rush pith wallpaper 가 있다. 이 완심벽지는 왕골 속심의 희고 부드러운 느낌을 주는 것이 특징이다. ◉ 황마벽지 jute wallpaper 는 삼의 일종인 황마 줄기의 껍질을 사용하여 직조된 것을 이지용의 원지에 배접하여 만든 벽지이다. 황마벽지는 외관이 아름답고 깨끗한 친환경적 벽지이다. 색상은 대부분 표백과정 bleaching process 을 거치기 때문에 황색을 띠면서 순백색을 나타내고 광택도 많이 나는 특징이 있다. ◉ 아바카벽지 abaca wallpaper 는 파초 plantain 의 일종인 아바카 abaca 의 줄기를 이용하여 직조된 것을 이지용 원지에 배접하여 만든 벽지이다. 여기서 아바카는 마닐라섬의 필리핀 토어 native tongue 로서 마닐라섬에서 주로 생산된다하여 마닐라삼 Manila hemp, Musa texilis 이라고도 한다. 아바카의 줄기에서 뽑은 섬유는 세지 및 피복제로 사용되고 있다. 아바카벽지는 직조하는 방법에 따라 수직과 기계직으로 구분하기도 한다.

초경벽지	◉ 기타 초경벽지로는 대나무 죽순 bamboo shoot 을 가늘게 쪼개 연결하여 실 thread 을 감은 뭉치 lump 와 같은 꾸리를 감아 직포 weave fabric 한 죽순포벽지 bamboo shoot fabric wallpaper, 갈대 reed 를 쪼개서 다른 초경벽지와 같이 직포과정을 거쳐서 만든 갈대포벽지 reed fabric wallpaper, 밀짚 straw 을 이용한 밀짚포벽지 straw fabric wallpaper, 싸리껍질 bush clover bark 로 짠 싸리포벽지 bush fabric wallpaper 도 있지만 근래에 와서는 별로 생산되지 않는다.
띠벽지	◉ 띠벽지 girdle type wallpaper 는 너비가 좁고 기다랗게 만든 벽지를 말한 것으로 넓은 벽면의 구획을 설정하기 위해 또는 벽면의 의장효과를 내기 위해 사용하는 벽지이다. ◉ 띠벽지의 재질은 종이, 섬유, 비닐, 목질계 등의 벽지 재질과 같고 다만, 패턴 및 색깔 나누는 그 조화 harmony 를 더하는 독특한 포인트를 이어 일반벽지와 다르게 만드는 경우가 많다. 따라서 띠벽지의 패턴 및 색깔 등이 다양하기 때문에 벽 전체를 붙이는 벽지의 패턴 및 색깔을 고려하여 의장상 조화를 이루는 띠벽지를 선정하여 사용하는 것이 좋다

코르크벽지

무늬목벽지

목포벽지

목질계 벽지

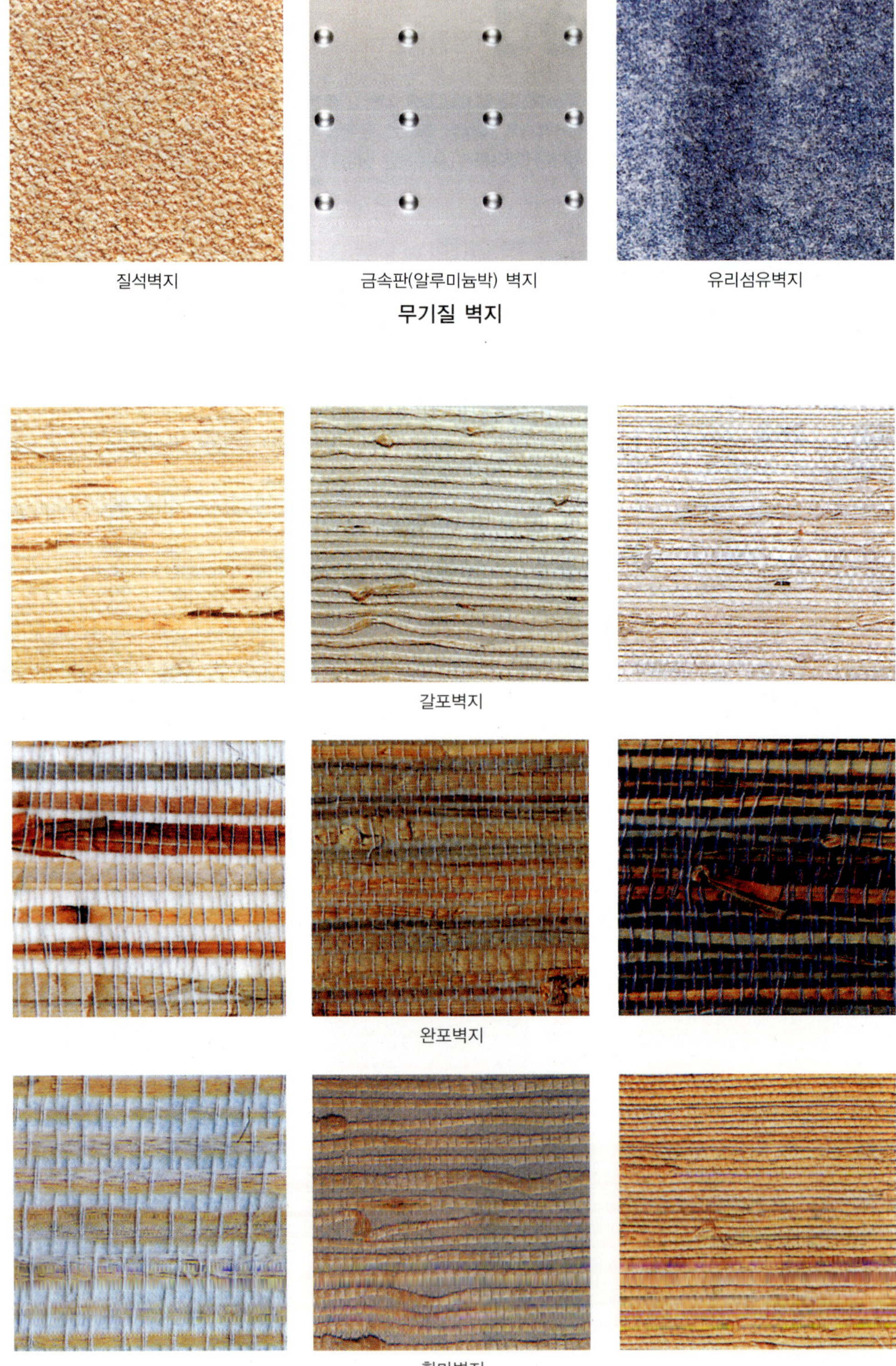

질석벽지 금속판(알루미늄박) 벽지 유리섬유벽지

무기질 벽지

갈포벽지

완포벽지

황마벽지

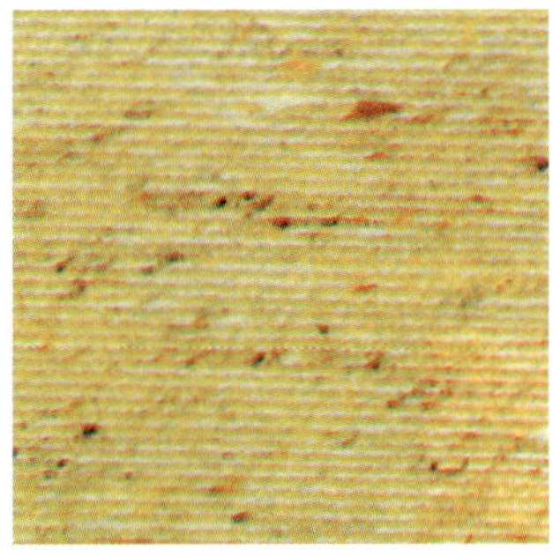

아바카벽지

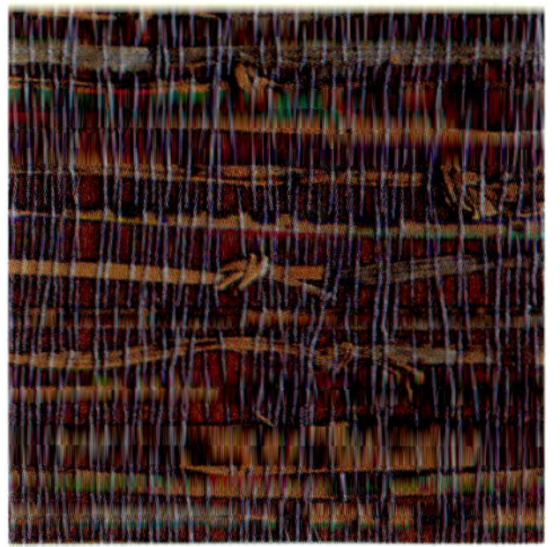

죽순포벽지

갈대포벽지

밀짚포벽지

초경벽지

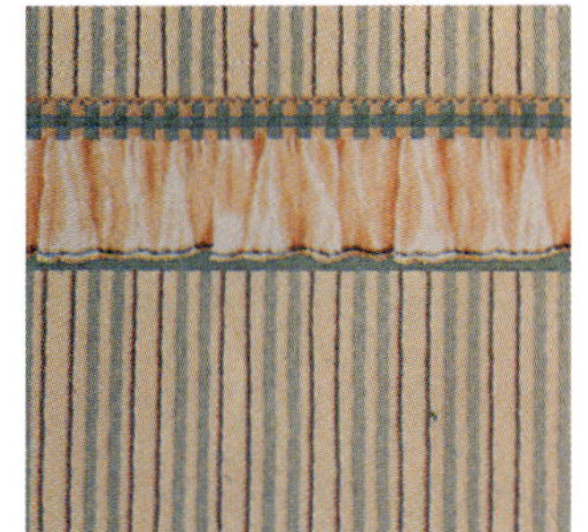

띠벽지

15.3 장판지, 창호지 및 반자지

장판지	◉ 장판지 floor paper, oiled paper of ondol floor 는 크고 두꺼운 장지 thick korean paper 에 식물성 기름을 침투시켜 방습성 있게 만든 종이로서 온돌바닥에 붙일 때 사용되는 도배지 wallpaper 의 일종이다. 여기서 장지는 질이 두껍고 질긴 종이로 기름을 먹이고 절여서 만든 종이를 말한다. ◉ 장판지는 품질이 좋고 한지를 사용하여 만든 민속 장판지 papered floor 인 정통전주장판지 orthodoxy Jeonju floor paper 가 있지만 근래에는 한지 대신에 양지 foreign paper 를 사용하여 만든 장판지가 많다. 여기서 양지는 한지 외의 종이를 말한 것으로 주로 침엽수의 목재 펄프 pulp 를 사용하여 만든 것이다. 장판지의 색상은 엷은 황색 또는 황색으로 선명한 것이 대부분이다. 장판지 한 장의 크기는 길이, 너비가 900㎜×600㎜, 1,000㎜×900㎜, 1,200㎜×900㎜ 정도이다.
창호지	◉ 창호지 window paper, white paper 는 창호에 붙이는 질긴 종이를 말한다. 창호지는 닥나무 paper mulberry 껍질을 주원료로 하고 보조원료로 가늘고 길며 질긴 삼베 hemp cloth 를 풀어 만든 한지를 주로 사용한다. 그리고 일본 종이의 하나로서 닥나무 껍질로 만든 얇고 질긴 종이인 미농지 kind of rice paper 를 사용하기도 한다. ◉ 창호지는 대부분 백색이며 투명도 높은 것이 특징이고, 유리 대신 창호에 붙여 채광 및 보온 역할을 하는 기능을 갖게 한다. 그리고 창호지에 고유의 무늬와 그림 등을 그려 넣은 것을 특히 한식 건물용 창호에 사용함으로써 창호의 전통적인 미적 감각을 더해주는 효과도 갖게 한다.
반자지	◉ 반자지 ceiling paper 는 반자 ceiling 에 바르는 종이 등을 말한다. 반자지는 벽에 바르는 벽지와 동일한 것을 사용하는 것이 일반적이지만 특별히 벽체와 구별하기 위해 벽지와 다른 종류의 것을 사용하기도 한다. ◉ 반자지를 벽지와 다른 독특한 재질 · 색상 및 무늬가 있는 것을 사용하는 경우는 실내의 전체적 분위기와 반자형태 등을 고려하여 선정하는 것이 좋다.

15.4 벽지의 기능 및 선정조건

벽지의 기능	◉ 벽지의 주요한 기능으로 벽체 보호와 마감재로서의 역할을 들 수 있다. 벽체 바탕의 거칠고 딱딱한 느낌을 감싸주어 부드러운 감각을 느끼게 해 줄뿐만 아니라 벽지의 특징인 다양한 색상, 디자인에 따라 선택의 폭이 넓어 실내분위기에 적합하게 또는 조화롭게 사용 가능케 해주는 기능 function 을 갖고 있다. 디자인적 면에서는 인쇄기술의 발달로 여러 가지 디자인된 벽지, 즉 벽화벽지 wall painting wallpaper, 줄무늬벽지 banded wallpaper, 꽃이나 식물의 형상을 디자인한 벽지, 추상적인 무늬벽지 patterned wallpaper, 동물이나 천체 또는 장난감 · 문자 · 숫자를 사용한 아동용 무늬벽지 children's patterned wallpaper, 건축마감재를 형상화시킨 벽지 등 기능성 벽지를 만들어냄으로써 벽지의 디자인적 기능을 더욱 높여주고 있다. ◉ 벽지는 실내의 쾌적함과 분위기의 변화를 가져다 주고 실내의 보온 · 방습 · 방음 · 통기성 등의 기능을 부여해 줌으로써 벽체의 성능을 보강해 주는 역할도 한다. 근래에서는 벽지의 기능상 단점인 가연성, 오염성, 색상의 변화성, 내구성 등을 보완하기 위해 서로 다른 소재를 복합하여 기능을 향상시킨 벽지를 제조하고 있으며, 특히 친환경적 소재 및 표면처리재 surface treatment materials 를 이용한 친환경 벽지를 제조하여 사용하는 것을 선호하는 추세이다.
벽지 선정 조건	◉ 벽지를 선정할 때는 벽지가 어떠한 소재로 되어 있는가? 또는 어떠한 기능을 갖는 벽지인가를 면밀히 검토한 다음 사용자의 선호도와 목적에 맞게 또는 실내분위기와 조화를 이루는 벽지를 선정하는 것이 좋다. ◉ 벽지를 선정할 때 고려해야 할 사항은 다음과 같다. (벽지의 성능면) • 내구성, 내후성 및 미려성이 우수할 것 • 보온성, 통기성 및 방습성이 있을 것 • 흡음성 및 단열성 효과가 있을 것 • 불연 및 난연성이 있을 것 • 시공하기에 편리한 시공성을 갖추고 있을 것 (벽지의 기능면) • 색상이 선명하고 빛에 의한 변화가 없을 것 • 실내에 적합한 색상과 디자인된 것 • 오염이 잘 되지 않는 등 유지관리에 편리한 것

INTERIOR ARCHITECTURE MATERIALS

카펫 · 커튼 및 블라인드

16

16.1 개요

카펫 carpet 은 양모 wool, 나일론 nylon, 아크릴 acryl 과 같은 천연섬유 natural fiber 또는 합성섬유 synthetic fiber 등으로 짠 두꺼운 바닥 깔개의 일종으로서 주로 주택 등 주거용 건축물의 실내바닥에 습기 방지 및 보온 목적으로 사용되어 왔으나 대량 생산이 가능해지면서 사무소, 호텔 등의 바닥에도 많이 사용되고 있는 추세이다.

커튼 curtain 은 실내장식 interior decoration 또는 연출용 장비물 fitting materials 의 일종으로서 주거 및 사무용 또는 연출용 건축물의 일광 sunlight 및 음향조절 acoustical requlation 을 위한 목적으로 사용되고 있다.

블라인드 blind 는 주거 및 사무용 건축물의 창에 설치하여 시선차단 및 일광 조절을 위해 사용하는 일종의 휘장 emblem 이다.

카펫은 실내바닥의 장식적 측면에서도 주요 대상이 되므로 카펫의 재질, 색상 및 패턴 등에 착안하여 선정하는 것이 좋으며, 커튼 및 블라인드는 일광 조절용이 주가 되므로 재질상 변화 및 사용상 편리성 여부 등을 고려하여 선정하는 것이 좋다.

16.2 카펫

일반사항	◉ 카펫은 인류가 원시시대부터 오랜 세월 동안 지면의 습기를 방지하고 보온을 목적으로 사용되어온 생활품의 하나이다. 카펫을 융단 rug 또는 양탄자 carpet 라고 한다. 카펫의 어원은 라틴어의 "capia", 즉 "털을 빗질하다"라는 말에서 유래된 것이고 융단의 "rug"는 스웨덴어의 "rugg", 즉 "거칠게 교차된 털"이라는 말에서 발전된 용어이다. 양탄자(洋彈子)는 털로 두껍게 짠 자리의 하나인 모탄자(毛彈子)와 유사한 말이다. 모탄자의 탄자는 담요 blanket 를 뜻하는 중국말 담자(毯子 : tan-tzu)에서 온 말이라고 한다. ◉ 카펫은 색상과 무늬가 다양하고 아름다워 다른 바닥마감재보다 호화롭고 온화한 실내분위기를 자아내기도 한다. 더욱이 카펫을 벽에 장식용으로 설치하게 되면 실내분위기를 한층 돋보이게도 한다.

일반사항	또한 카펫은 적당한 탄력성 flexibility 이 있어 보행에 안전감 safety 을 주고 따뜻한 감촉과 안락한 느낌을 준다. 다른 바닥마감재에 비해 견고성 solidity 은 떨어지지만 오히려 부드러움 때문에 쉽게 갈라지거나 긁히지도 않는다. 그리고 보온성 heat reservance 과 흡음성이 뛰어나다. 즉 카펫 구성 자체에 공기를 다량 함유하고 있으므로 보온성을 갖게 하고 카펫 소재가 부드러운 섬유질로 되어 있기 때문에 보행에 의한 소음과 낙하충격음 falling impingement sound 등을 흡수시키는 역할을 해주기도 한다. 단점으로는 먼지 발생과 오염되기 쉬워 청결 유지관리가 어렵다는 것과 화재에 취약하다는 것을 들 수 있다. 카펫은 화재시 대비하기 위해 소방법에서 방염처리 flame retardant treatment 대상에 속한 재료로 취급하고 있다.
카펫의 소재 및 종류	◉ 카펫을 구성하고 있는 소재는 천연섬유 natural fiber 와 인조섬유 artificial fiber 로 크게 분류할 수 있다. 천연섬유로는 면 cotton, 마 jute 의 식물성 섬유 vegetable fibre 와 양모, 실크의 동물성 섬유 animality fiber 가 사용된다. 인조섬유로는 합성섬유 synthetic fibre 인 나일론 nylon, polyamide, 아크릴, 폴리에스테르 polyester, 폴리프로필렌 polypropylene, 폴리에틸렌 polyethyene, 폴리우레탄 polyurethane, 폴리염화비닐 poly vinyl chloride 이 있고 재생섬유 reclaimed fibre 로는 레이온 rayon, 반합성섬유 semi-synthetic fiber 로는 아세테이트 acetate 가 있다. ◉ 양모 wool 소재의 카펫은 그 자체가 습도를 어느 정도 조절할 수 있기 때문에 고온다습한 지방에서 사용하기 좋고 항상 습기를 머금고 있으므로 정전기 방지 static electricity prevention 역할도 한다. 또한 보온성, 촉감 tactile sensation, 염색성 dyeing property 이 좋고 탄성회복력 elastic restorative power 이 우수하며 열에 강한 편이다. 그러나 잔털 fine hairs 이 많이 빠지고 좀에 insect pests 에 약하며 내마모성 abrasion resistance 이 합성섬유로 만든 카펫에 비해 약하다. 그리고 다른 카펫에 비해 비싸다. ◉ 나일론 소재의 카펫은 내구력이 우수하고 인장력이 크고 마찰이나 약품, 기름, 충해 등에 강하기 때문에 보행량 amount of walking 이 많은 현관, 로비, 계단 등에 사용하기 적당하다. 또한 염색성이 좋아 다양한 색상의 염색을 할 수 있다. 불이 붙어도 자체적으로 꺼지지만 불에 취약하므로 방염처리를 하는 등 화재에 대한 대비를 강구하는 것이 좋다. 정전기 static electricity 도 발생하기 쉽다. ◉ 아크릴 소재의 카펫은 염색성이 좋고 색상이 선명하며 약품, 기름, 충해 등에 강하다. 그러나 잔털이 많이 빠지고 보풀 nap 이 발생하기도 하며 불에 약하다. 이 외의 장단점은 나일론 소재의 카펫과 유사하다. ◉ 레이온 소재의 커펫은 흡습성, 방충성 vermin proofness, 염색성 등이 좋지만 내구성, 내화성이 떨어지고 쉽게 오염되며 잘 부러지고 탄성회복력이 매우 약하다. ◉ 폴리프로필렌 소재의 카펫은 합성섬유를 소재로 하여 만든 카펫 중에서 강도가 가장 높고 가벼우며 흡수성이 없어 건조가 빠르다. 또한 약품, 충해에도 강하다. 그러나 탄성회복력이 적고 보풀이 발생하기 쉬우며 열에 약하고 촉감이 나쁜 단점이 있다. ◉ 폴리에스테르 소재의 카펫은 열 및 마찰에 강하고 잘 구겨지지 않아 형태 안정성 stability 이 우수하다. 일광, 약품, 충해에 강하다. 그러나 탄성회복력이 약하고 염색방법이 제한되어 있기 때문에 많이 쓰이지 않는 카펫이다.

카펫의 소재 및 종류	◉ 카펫을 위와 같은 소재로 만든 것을 양모카펫(울카펫), 나일론카펫, 아크릴카펫, 레이온카펫, 폴리프로필렌카펫, 폴리에스테르카펫이라 부르기도 한다.
카펫의 종류	◉ 카펫을 제조하는 방법, 파일자수, 부직 펠트상, 크기의 차이로 분류하여 여러 명칭으로 부르고 있다. ◉ 제조방법에 따라 손짜기 hand weaving 와 기계짜기 machine weaving 가 있다. 같은 소재를 이용하여 제조한 것이라도 제조방법에 따라 카펫의 기능이 크게 달라지므로 카펫을 선택할 때는 손짜기 또는 기계짜기 제품인지 구별하여 그 특징을 알고 선택하는 것이 좋다. 손짜기를 수직(手織), 기계짜기를 기계직(機械織)이라고 한다. ◉ 손짜기는 비단실 silk thread 과 같은 날실 warp 에 한 가닥의 파일사 pile thread 를 손으로 매듭 knot 지어 가위나 칼로 잘라 카펫을 완성하는 것이다. 파일사가 많을수록 품질이 우수하다. • 손짜기 제품으로 고급제품인 단통(緞通)이 있다. 이 단통은 파일사를 날실로 하여 손짜기한 카펫을 말한 것으로 품질이 우수하고 카펫 중 최고급품이며 고가이다. 또한 손짜기 제품으로서 세계적으로 유명한 페르시아 카펫, 터키카펫, 인도카펫, 소련카펫, 중국카펫 등이 있다. • 중국카펫은 손짜기할 때 꽃무늬 floral pattern, floral design 및 글자무늬 character pattern, character design 등을 많이 넣어 의장상 아름답고 두껍게 또는 광내기 가공까지 한 고급스러운 카펫 중 하나이다. 다른 나라 손짜기 제품도 각 나라 고유의 아름다운 무늬와 그림 등을 넣어 만든 특유의 카펫으로 선호의 제품으로 취급받고 있다. ◉ 기계짜기는 날실에 파일사를 기계적으로 짜 넣어 카펫을 완성시키는 것으로서 대량생산이 가능하고 일정한 품질의 카펫을 제조할 수 있으므로 고가인 손짜기보다 저렴한 기계짜기 제조방법으로 카펫을 많이 만들어 시중에 판매되고 있다. 기계짜기 제조방법으로 만들어낸 카펫의 종류로는 윌튼카펫, 엑시민스터카펫이 있다. • 윌튼카펫 wilton carpet 은 기계짜기 카펫 중에서 가장 튼튼하고 내구성이 좋으며 품질에 대한 신뢰도가 높은 전형적인 카펫이다. 이 카펫은 18세기 말 영국의 윌튼이라는 마을에서 처음 만들어진 것으로 윌튼이라는 지명에서 유래한 명칭이다. 윌튼카펫은 탄력성 · 내마모성이 우수하고, 색상 · 무늬 · 표면실의 길이 등의 종류가 다양하며, 보행량이 많은 장소 또는 거실 · 현관 · 침실 등 어느 장소에나 사용하기 적합하다. • 엑시민스터카펫 aximinster carpet 은 유명한 카펫산지인 영국의 지방도시인 엑시민스터란 지명에서 유래된 명칭으로서, 윌튼카펫은 무늬모양의 색수가 대체로 2~5색이지만 엑시민스터카펫은 20~30색의 풍부한 색실 dyed thread 을 이용하여 제조한 것이다. 엑시민스터카펫의 특징으로는 복잡한 무늬나 부드러운 음영 shade, shades 이 있는 분위기 또는 전통적인 왕소풍 dynasty air 이 꽃모양 floral appearance 과 근대적인 추상무늬 abstract pattern 로 구성되었다는 것을 들 수 있다. 윌튼카펫과 같이 거실 · 현관 · 침실 등 어느 장소에서나 사용하기 적합하다. ◉ 파일자수 pile embroidery 는 바탕천에 기계 또는 손으로 파일사 pile thread 를 자수 embroidery, 즉 색실로 그림 등을 수놓는 방법으로 짜넣어 카펫을 완성시킨 것으로서, 이 제조방법으로 만들어진 카펫의 종류로는 터프티드카펫, 훅드러그카펫이 있다.

카펫의 종류	• 터프티드카펫 tufted earpet 은 손으로 파일사를 손자수 hand embroidery 한 카펫의 일종이다. 터프티드는 술 tassel (장식으로 다는 여러 가닥의 실)로 장식 decoration 한다는 뜻을 나타내는 말로 모방한 카펫이라는 뜻을 의미한다. 터프티디카펫은 바탕천에 기계자수 machine embroidery 로 만든 카펫으로서 현재 카펫의 주류를 점하고 있는 대표적인 카펫이다. 디자인이 자유롭고 대량생산이 가능하여 가격이 싸므로 많이 사용되고 있다. 그러나 파일 밀도 pile density 가 거칠고 모근 root of hair 이 좋지 않아 내구력이 다소 떨어지는 결점이 있다. 재질은 레이온 · 나일론 · 아크릴 등 혼방 mixed weaving 이 많다. • 훅드러그카펫 hooked drag carpet 은 바탕천 위에 무늬 모양을 그리고 그 선을 따라 손으로 펀칭머신 punching machine 을 사용하여 파일사를 바탕천에 수놓아 embroider 심는 방법으로 만든다. 한 가닥씩 파일사를 바탕천에 수놓아 심어가므로 색과 무늬, 파일사용시 길이를 자세히 다양하게 바꿀 수 있는 방식이 있다. ◉ 부직 펠트상 non-woven felt form 은 바탕천에 펠트섬유 felt fibre 를 적당히 배열하여 라텍스로 접착시켜 펠트모양 felt appearance 으로 만든 방법으로 카펫을 완성시킨 것이다. 이 방법으로 만들어진 카펫의 종류로는 니들펀치카펫, 코드카펫이 있다. • 니들펀치카펫 needle punch carpet 은 펠트모양의 부직(不織 ; 베틀에 짜지 않고 섬유를 적당히 배열하여 접착제로 접착시킨 것)카펫으로 바탕천에 펠트섬유를 바늘 needle 에 꿰어 바탕천에 감아 펠트 모양으로 압축 · 성형한 것이다. 섬유의 올 ply 과 올 사이가 없기 때문에 자유로운 형태로 재단할 수 있고 재단 cutting 한 면의 올이 풀리지 않는 장점이 있고 가격이 싸고 튼튼하므로 옥외에서도 사용한다. 그러나 탄력성 flexibility 이 부족하고 표면이 거칠기 때문에 감촉 sensation 이 좋지 않다. • 코드카펫 cord carpet 은 펠트 모양의 부직카펫으로 바탕천에 주름인 sloshing 이 붙은 펠트섬유를 라텍스로 고정하여 만든 것이다. 감촉이 딱딱하고 탄력성이 부족하지만 가격이 저렴하여 경제적이므로 사무실 등에 쓰이고 있다. ◉ 크기에 따라 카펫, 타일카펫, 러그, 매트로 분류하여 카펫의 종류를 나누고 있다. • 카펫은 보통 바닥 전체에 깔개용으로 사용하는 카펫을 말한다. • 타일카펫 tile carpet 은 바탕천에 나일론사 nylon thread 로 짜 넣어 만든 카펫을 500㎜×500㎜의 정방형 크기로 재단한 타일 모양의 카펫을 말한다. 타일카펫의 표면은 터프티드카펫과 유사하다. • 러그 rug 는 방 중앙에 부분깔기 정도로 보통 1매 만으로 사용하는 중형 카펫을 말한다. 방바닥, 마룻바닥 등에 사용한다. • 매트 mat 는 각종 섬유로 짜서 두껍게 만든 돗자리 rush mat 를 말한 것으로 카펫을 소형 1매의 매트형으로 만들어 현관, 욕실, 마룻바닥 등에 깔개 matting 로 사용한다.
카펫의 파일 형태	◉ 카펫의 표면이 어떤 형태의 파일 pile 로 되어 있는가에 따라 카펫의 외관뿐만 아니라 보행성 walkingness 및 내구성 등이 달라진다. 파일을 만드는 파일사를 어떤 모양으로 꼬아서 또는 꼬이지 않고 사용하였는지, 이러한 파일사를 사용하여 만든 파일의 높이를 일정하게 또는 각각의 파일 높이를 서로 다르게 만들었는가에 따라 파일의 형태를 컷타입, 루프타입, 컷 및 루프타입으로 구분한다.

카펫의 파일 형태	◉ 컷타입 cut type 은 카펫의 표면 가공시 파일의 끝을 일정하게 잘라낸 것, 즉 컷파일 cut pile 로 되어 있는 것을 말한다. 카펫 중 가장 일반적인 형태의 것으로 파일의 길이는 5~10㎜ 정도가 일반적이다. 컷타입으로 된 카펫의 단면은 균일하고 보행의 촉감이 부드럽다. 주거용 건물 바닥에 많이 사용된다. ◉ 루프타입 loop type 은 카펫의 표면 가공시 파일의 끝을 잘라내지 않고 파일사의 꼬임 형태대로 서로 연결되어 있는 것을 말한다. 파일이 일정한 높이로 정돈되어 있고 파일의 길이는 7㎜가 일반적이다. 컷타입에 비해 견고하고 내구성이 높으며 오염도가 낮아 관리하기 쉬우므로 통행량이 많은 복도나 공공건물 바닥에 많이 사용된다. ◉ 컷 및 루프타입 cut & loop type 은 컷타입과 루프타입을 조합한 것을 말한다. 컷과 루프의 조합으로 파일의 높고 낮음이 조화 harmony 롭게 이루어지고 색깔 및 무늬 등을 다양하게 변화를 줄 수 있는 효과가 있으므로 컷타입 또는 루프타입에 비해 질감도 다르고 장식적인 효과가 있어 호텔, 상업건물의 바닥에 사용하기 적합하다.

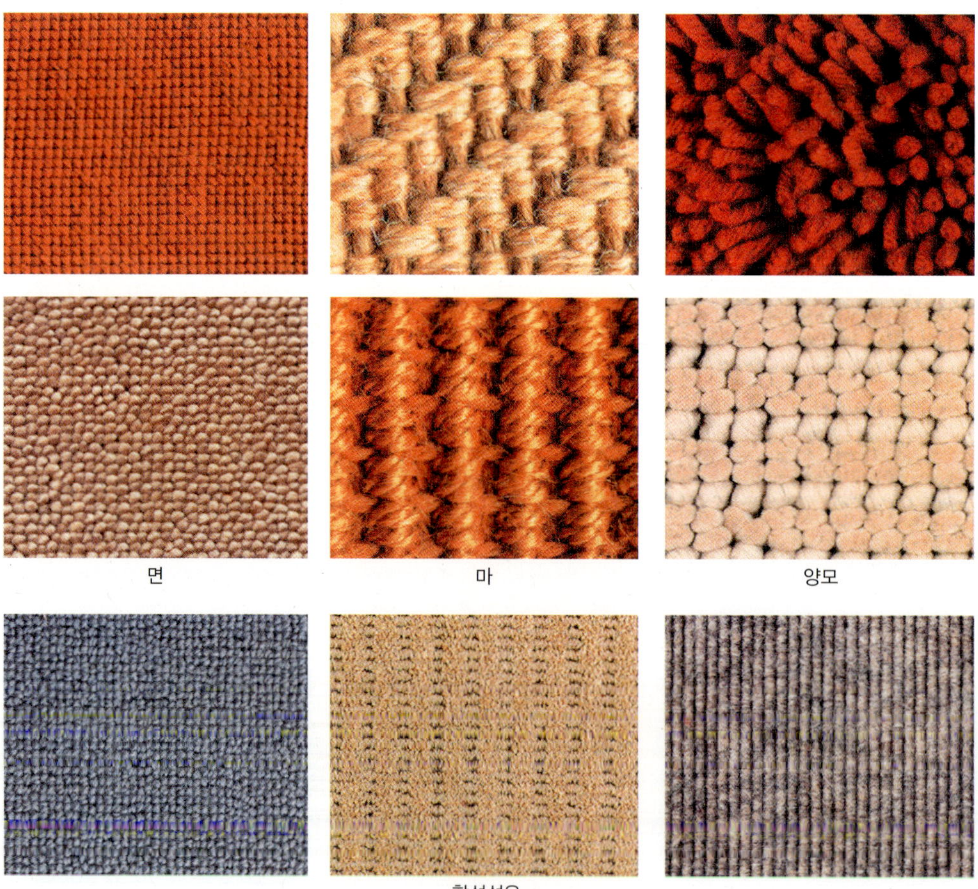

카펫의 소재별 표면

페르시아카펫

터키카펫

인도카펫

소련카펫

중국카펫

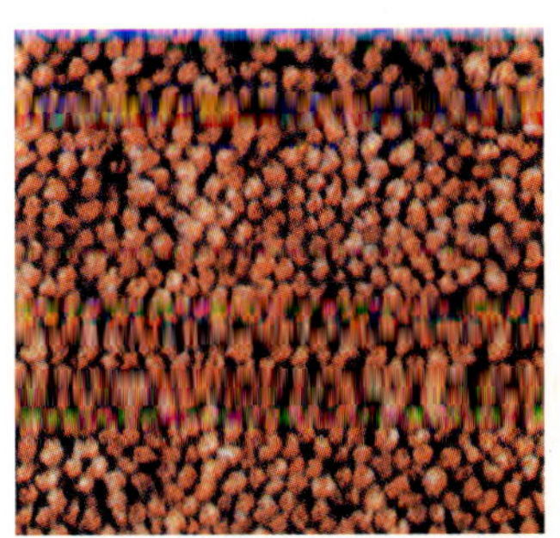
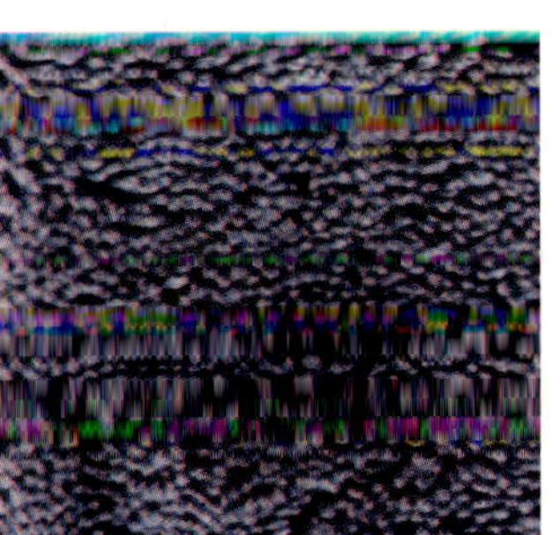

월튼카펫

월튼카펫 조직도

엑시민스터카펫

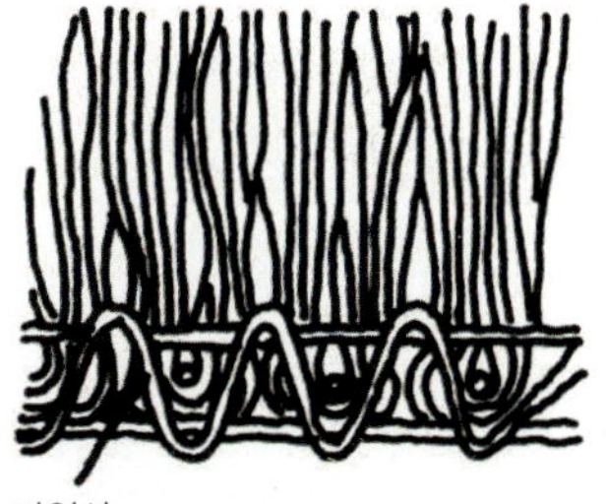

엑시민스터카펫 조직도

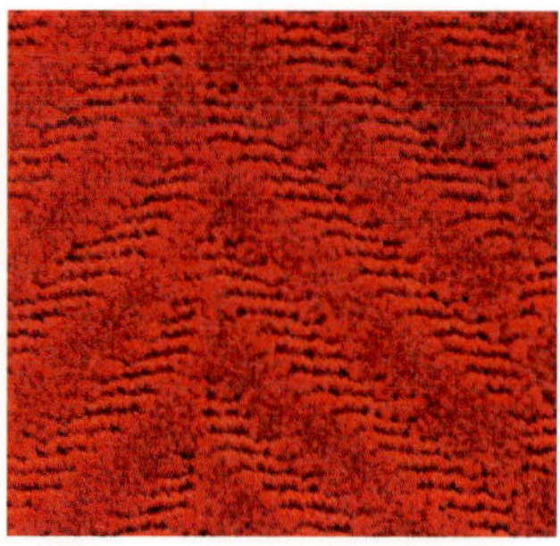

터프티드카펫

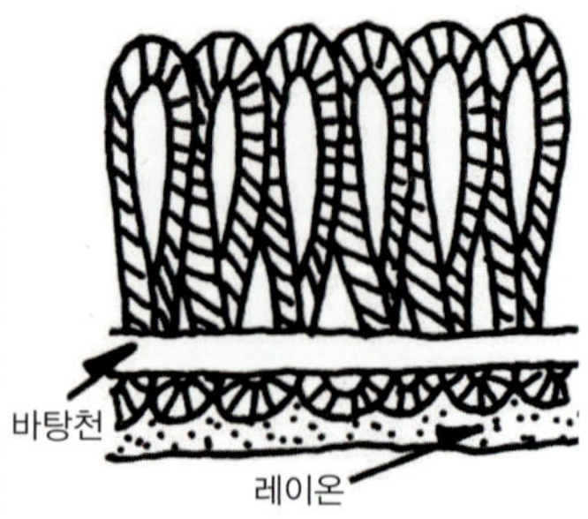

터프티드카펫 조직도

훅드러그카펫

훅드러그카펫 조직도

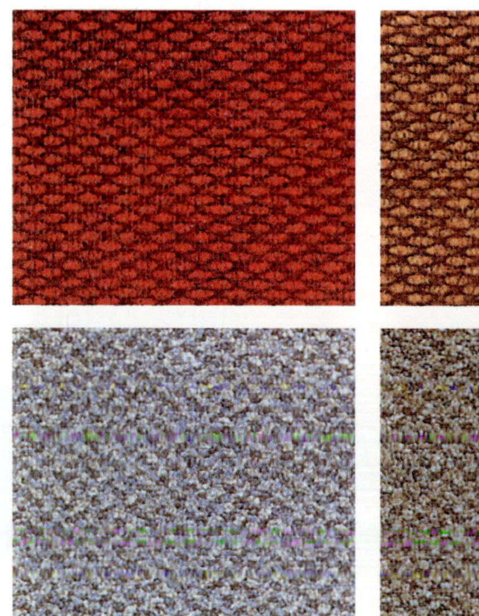

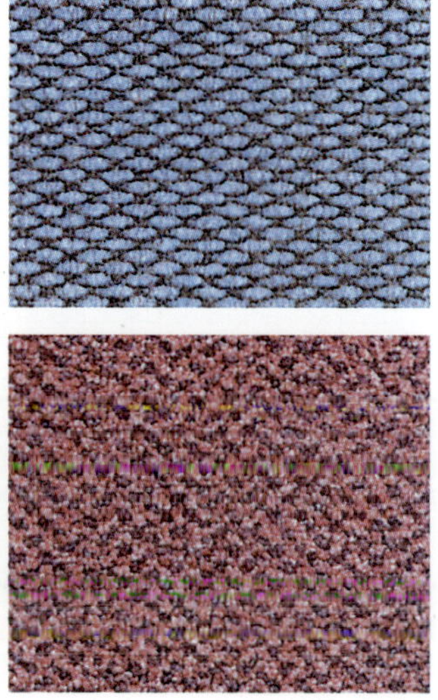

타일카펫

니들펀치카펫

코드카펫

러그

매트

컷타입

루프타입

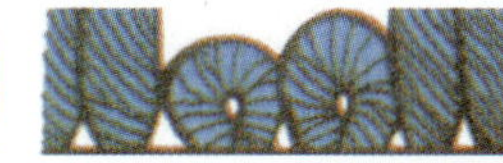
컷 및 루프타입

카펫의 파일형태

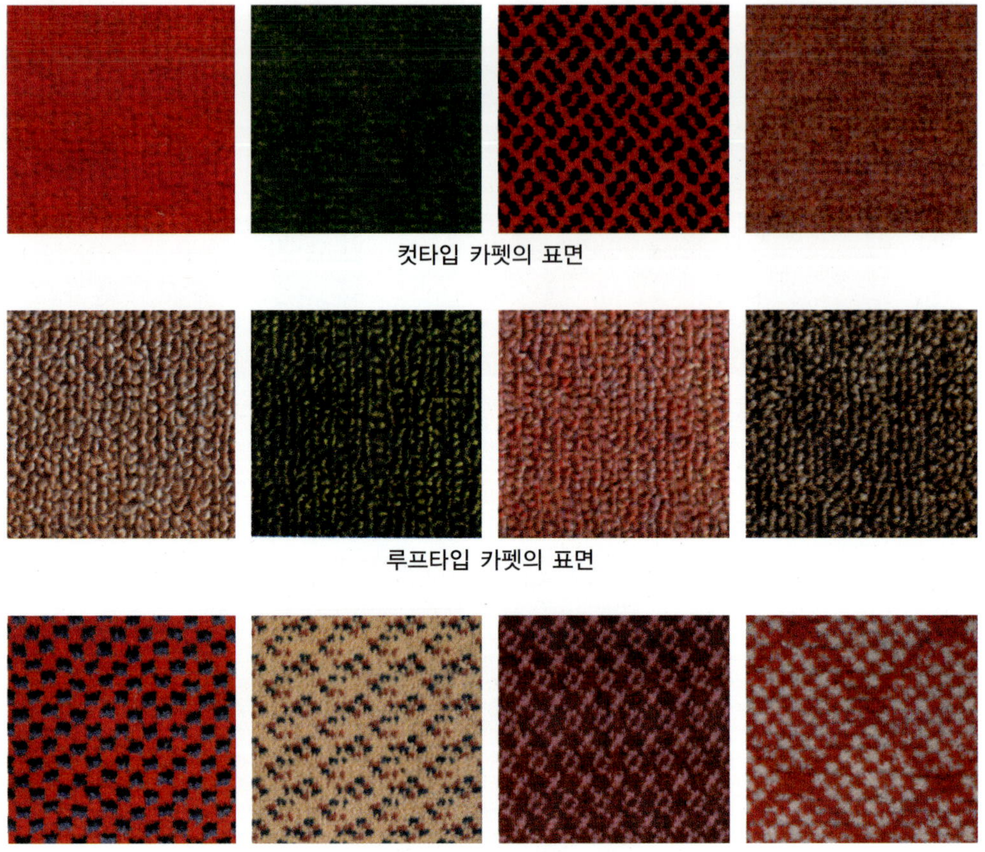

컷타입 카펫의 표면

루프타입 카펫의 표면

컷 및 루프타입 카펫의 표면

카펫 깔기 모양

컷타입 색상 및 패턴

16.3 커튼

일반사항	◉ 커튼은 채광 daylighting, 차광 covering light 에 대한 일광 조절기능뿐만 아니라 실내 · 외의 시선차단 sightline breaking 으로 주거의 프라이버시 privacy 를 보호해 주는 기능 외에 흡음 · 방음의 음향 조절과 보온 · 단열 기능도 동시에 갖게 한다. 때로는 칸막이 역할의 기능도 갖게 한다. 그리고 커튼의 질감, 색깔, 모양 등이 실내 분위기 ambiance 와 어울리도록 다양하게 연출해줌으로써 실내분위기를 한층 더 아름답게 해주는 장식적 효과를 갖기도 한다. ◉ 옛날 한옥에서는 커튼이라는 것이 없었고 커튼과 유사한 용도로 사용된 것이 한지를 붙인 장지문 paper sliding door 이나 가리개 folding screen 였고, 계절에 따라 발 bamboo blind 이나 병풍 folding screen 을 추가하는 정도로 커튼 대신 사용되었다.
커튼의 소재	◉ 커튼 소재로 일반적으로 사용되고 있는 재료로는 면, 마, 레이온, 폴리에스테르, 아크릴 등이 있다. ◉ 면 cotton 은 천연섬유인 무명 cotton 을 말한 것으로 질기고 가격이 저렴하다. 프린트 커튼용으로 사용한다. ◉ 마 hemp 는 대마, 즉 삼을 말하는 것으로 질기고 강하지만 구겨지기 쉽다. 주로 케이스먼트 커튼용으로 사용한다. ◉ 레이온 rayon 은 천연섬유 natural fibre 와 비슷하고 가격이 저렴하다. 드레이프 커튼용으로 사용한다. ◉ 폴리에스테르 polyester 는 질기고 치수의 안정성이 있다. 레이스 커튼용으로 사용한다. ◉ 아크릴 acryl 은 가볍고 보온성이 좋다. 케이스먼트 커튼 또는 프린트 커튼용으로 사용한다.
커튼의 종류	◉ 커튼의 종류는 소재 및 형태에 따라 여러 가지가 있으나 주로 형태에 따른 종류를 들면 드레이프 커튼, 레이스 커튼, 케이스먼트 커튼, 프린트 커튼, 글라스 커튼, 차광 커튼, 방염 커튼, 차음 및 흡음 커튼, 열반사 커튼, 특수 커튼 등이 있다. ◉ 드레이프 커튼 drape curtain 은 주름이 잡혀 드리워진 두꺼운 커튼을 말한다. 사용하는 천이 두껍기 때문에 실도 굵고 짜임새 texture 도 치밀하여 중량감이 있고 통기성이 적은 것이 특징이지만 차광, 차음, 흡음, 보온 및 단열성이 우수하다. 주름 커튼 drape curtain 이라고도 한다. ◉ 레이스 커튼 lace curtain 은 가는 실로 여러 무늬가 나타나게 손으로 짜거나 기계로 짠 커튼을 말한다. 꽃무늬, 줄무늬 banded pattern, 체크무늬 check pattern 등의 여러 가지 구멍뚫린 무늬가 나타나게 만들어진 커튼이므로 커튼 중에서 가장 통기성이 크고 외부로부터의 시선차단 효과도 큰 특징이 있다. 레이스 커튼의 색깔은 대부분 흰색이고 레이스 커튼 단독으로 사용하는 것보다 바깥쪽에 레이스 커튼을 달고 안쪽에 드레이프 커튼인 주름 커튼 drape curtain 을 다는 것이 일반적이다. 레이스 커튼을 한 겹 달기할 때 투과되는 빛은 부드럽고 아름답다. ◉ 케이스먼트 커튼 casement curtain 은 그물코 mesh 모양으로 짠 것으로 레이스 커튼과 드레이프 커튼의 중간 정도되는 기능을 나타낸 커튼을 말한다.

커튼의 종류	따라서 레이스 커튼과 비슷한 투시성이 있고 레이스 커튼보다 튼튼하고 따스함이 있다. 또한 드레이프 커튼이 지니고 있는 다양한 색상과 무늬를 나타냄으로써 풍부한 장식성이 있는 커튼이기도 하다. 케이스먼트 커튼은 일반적으로 단독으로 사용하며, 사계절 구분 없이 실내 어느 곳에도 광범위하게 사용할 수 있어 현대감각 modern sense 에 적합한 커튼이라 할 수 있다. ◉ 프린트 커튼 print curtain 은 커튼을 만드는 소재의 바탕천에 다양한 색상과 무늬를 프린트한 커튼을 말한다. 이 커튼은 색상과 무늬의 변화가 많고 가격도 드레이프 커튼에 비해 저렴한 일반적인 커튼이다. 발랄한 색상의 패턴이 시각적으로 즐거움을 준다. 롤 스크린 roll screen 용으로도 사용한다. ◉ 글라스 커튼 glass curtain 은 얇은 천으로 만들어 유리창문 앞에 대는 커튼을 말한다. 레이스 커튼처럼 투시성을 갖는 커튼으로서 실내분위기 연출에 적합한 커튼이라 할 수 있다. ◉ 차광 커튼 shading curtain 은 커튼을 만드는 바탕천을 이중으로 하여 두껍게 하거나 바탕천 안쪽에 폴리우레탄 또는 아크릴수지를 코팅하여 차광효과 shading effect 를 얻도록 만든 커튼이다. 일반 드레이프 커튼에 검은 속천 interior cloth 을 대어 차광효과를 내게 하는 등 여러 가지 방법이 있다. 차광 커튼은 침실, 영사실, 병실 등 빛을 차단하기 위해 주로 사용하는 커튼이다. ◉ 방염 커튼 flame preventive curtain 은 방염효과 flame retarded effect 가 있도록 만든 커튼으로서, 커튼 바탕천에 난연성 유리섬유 등을 짜 넣거나 폴리에스테르 바탕천에 방염제를 뿜칠한 후 가공한 것이다. 방염 커튼은 소방법에 규정하고 있는 방화 대상물인 고층 건축물(높이 31m 넘는 건축물), 공공회관, 집회소, 음식점, 백화점, 여관, 호텔, 병원, 유치원 등의 건축물에 주로 사용된다. ◉ 차음 및 흡음 커튼 sound insulating & acoustical curtain 은 바탕천의 뒷면에 아크릴수지 등으로 코팅하거나 이중으로 된 조직층에 납입자 lead particle 를 넣어 무겁게 만들어 차음성능 sound insulativ performance 을 향상시킨 것이 차음 커튼이고 흡음 커튼은 두꺼운 바탕천으로 주름을 많이 만들어 벽면 전체를 덮음으로써 흡음효과 sound absorptive effect 를 높인 커튼이다. 차음 커튼은 외부로부터 소음을 차단하기 위해 외부에 면한 창 등에 주로 설치하고 흡음 커튼은 실내의 음향 조절을 위해 창 및 벽 등에 설치하는 것이 일반적이다. ◉ 열반사 커튼 heat reflective curtain 은 레이스 lace 한쪽 면에 두께가 얇고 판판한 알루미늄박 aluminium leaf 을 증착(蒸着 ; 얇은 막으로 접촉시킬 때 서로 부착시키는 것)시켜 만든 것으로, 표면은 보통 레이스 커튼과 다름 없다. 알루미늄박이 증착된 면을 햇빛이 닿는 외측으로 달면 적외선과 가시광선은 반사하고 자외선은 투과시켜 실내의 온도가 오르지 않고 쿨러 cooler 등의 냉방효과 cooling effect 를 내게 한다. 또 알루미늄박에 햇빛이 닿아 반사하며 외부에서는 실내가 보이지 않게 되고 실내에서는 반대로 외부가 보이므로 프라이버시를 보호할 수 있는 기능을 주므로 이러한 장소에 사용하기 적합하다. ◉ 특수 커튼 special curtain 으로는 병원 등에서 사용하는 항균커튼 antibaeterial curtain, 정전기 방지 커튼 static electricity preventive curtain, 호스피틀 커튼 hospital curtain 등이 있고 레이스 커튼처럼 물세탁이 가능한 폴리에스테르제 주름 커튼 polyester drape curtain 도 있다. 이 특수 커튼은 특수 용도로 사용하기 위해 개발된 소재 natural materials 로 만든 커튼이다.

커튼소재의 색상 및 패턴

커튼의 구성 요소

- 커튼은 커튼 본체, 밸런스, 커튼레일, 커튼박스, 터셀, 술걸이, 기타의 커튼 액세서리 등으로 구성되어 있다.
- 커튼 본체 original form 는 소재 및 형태에 따라 여러 종류가 있고 종류별 기능을 고려하여 실내분위기에 어울리는 커튼을 선택하여 설치하는 것이 좋다. 커튼 본체는 한 겹 달기와 두 겹 달기가 있는데, 한 겹 달기는 레이스 커튼 또는 프린트 커튼과 같은 커튼을 단독으로 다는 경우로 특별히 차광 shading 할 필요가 없는 곳에 주로 사용한다. 두 겹 달기는 레이스 커튼을 바깥쪽에 달고 안쪽에 드레이프 커튼을 다는 경우로 프라이버시를 보장하고 실내의 아늑한 분위기를 갖도록 하기 위해 일반적으로 사용한다.
- 밸런스 balance 는 커튼을 달기 위한 창의 맨 위 부분이나 천장에 양쪽으로 걸쳐 늘어 뜨리거나 상부를 덮기 위해 설치하는 직물을 말하는 것으로 코니스 cornice 라고도 한다. 밸런스는 주로 장식적 측면에서 사용되고 창이 천장면까지일 때는 위쪽에서 들어오는 빛을 부분적으로 막는 기능도 한다. 밸런스의 소재는 일반적으로 커튼 본체의 소재와 같은 것을 쓰며, 디자인은 커튼 본체와 같은 주름을 잡는 것과 바탕천을 평평하게 두고 하단에 요철을 주거나 장식을 다는 것으로 있다.
- 커튼 레일 curtain rail 은 커튼의 위치를 정하고 개폐를 쉽게 하기 위한 레일로서 재질로는 스테인리스, 알루미늄, 황동, 플라스틱 등을 사용한다. 커튼 레일의 종류에는 기능 레일 functional rail 과 장식 레일 decorative rail 이 있다. 기능 레일은 벽면 또는 천장면에 부착하는데 보통 커튼의 주름과 밸런스로 가려진다. 또한 커튼 박스가 있는 경우 그 속에 설치하므로 직접 보이지 않는 경우가 많다. 장식 레일은 한 겹 달기보다는 장식적인 경우에 이용한다. 또한 두 겹 달기에 사용할 때는 바깥쪽 레이스는 기능 레일에 달고 안쪽 드레이프 커튼을 달 때 장식 레일을 사용한다.
- 커튼 박스 curtain box 는 커튼을 설치하는 경우 커튼 레일과 커튼 상부의 느슨함을 감추기 위해 창문 안쪽의 천장에 길쭉한 상자 모양으로 만든 것을 말한다. 새로운 형식으로서 창가의 천장에 움파인 박스를 묻어서 이 박스 내에 커튼 레일을 장치하는 경우도 있다.
- 커튼 액세서리 curtain accessory 는 커튼을 달 때 필요한 장식품으로서 터셀, 술걸이, 커튼 홀더, 트림, 프린지 등이 있다.
  - 터셀 tassel 은 커튼을 좌우로 끌어 모아 아름답게 조여 술걸이 fringe 에 고정하기 위한 것이다. 여기서 술걸이는 커튼을 묶은 끈의 술을 걸어두는 걸쇠를 말한다.
  - 커튼 홀더 curtain holder 는 커튼을 창틀 위 끝에 겉치장으로 걸거나 매달은 커튼을 졸라매서 걸 때 쓰는 장식용 철물이다.
  - 트림 trim 은 여러 가지 장식 형상으로 길게 만든 테이프 tape 에 술 tassel 을 붙인 것으로 방울달린 것 등이 있다. 이 트림은 좌우의 커튼 맞춤새와 하단에 장식용으로 달고 밸런스 하단과 터셀에도 이용한다.
  - 프린지 fringe 는 커튼 아래 갓 wear 등에 장식용으로 달기 위해 만든 술 장식품이다.

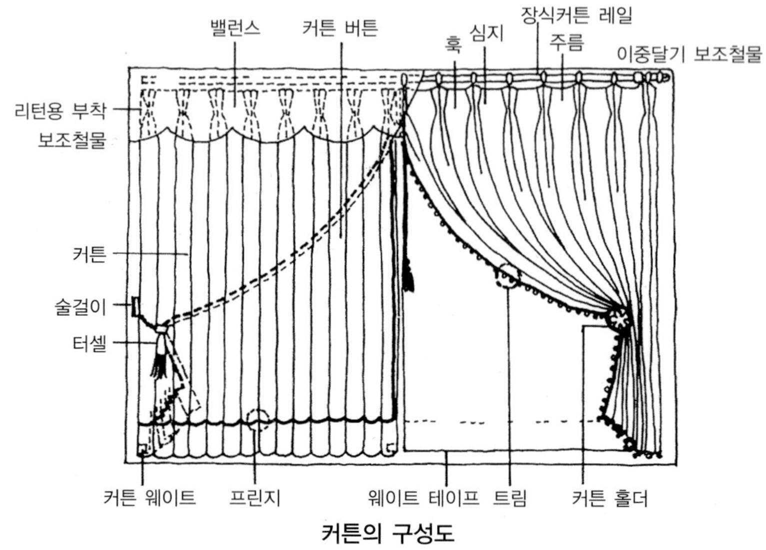

커튼의 구성도

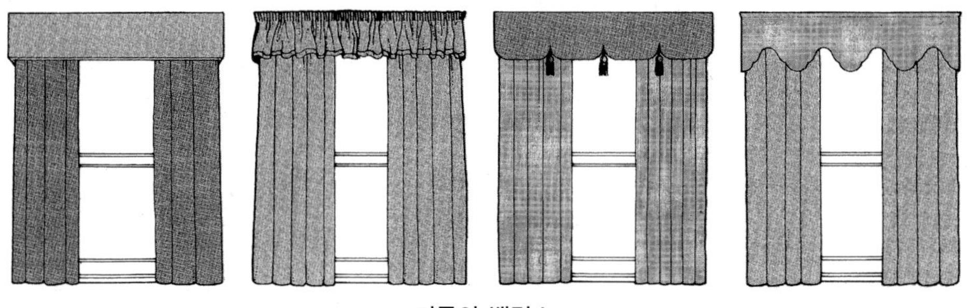
커튼의 밸런스

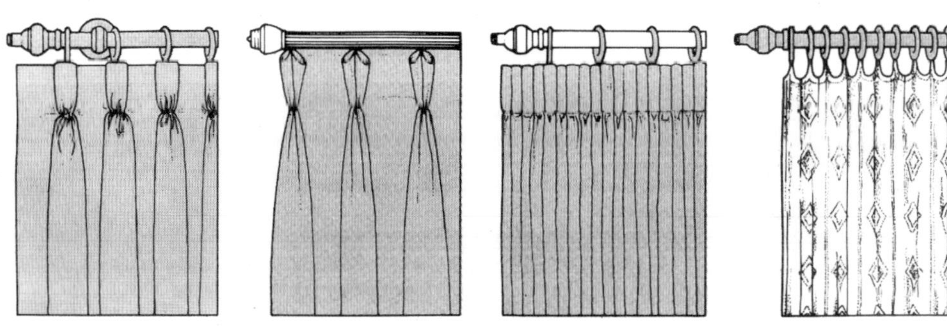
커튼의 주름 및 레일

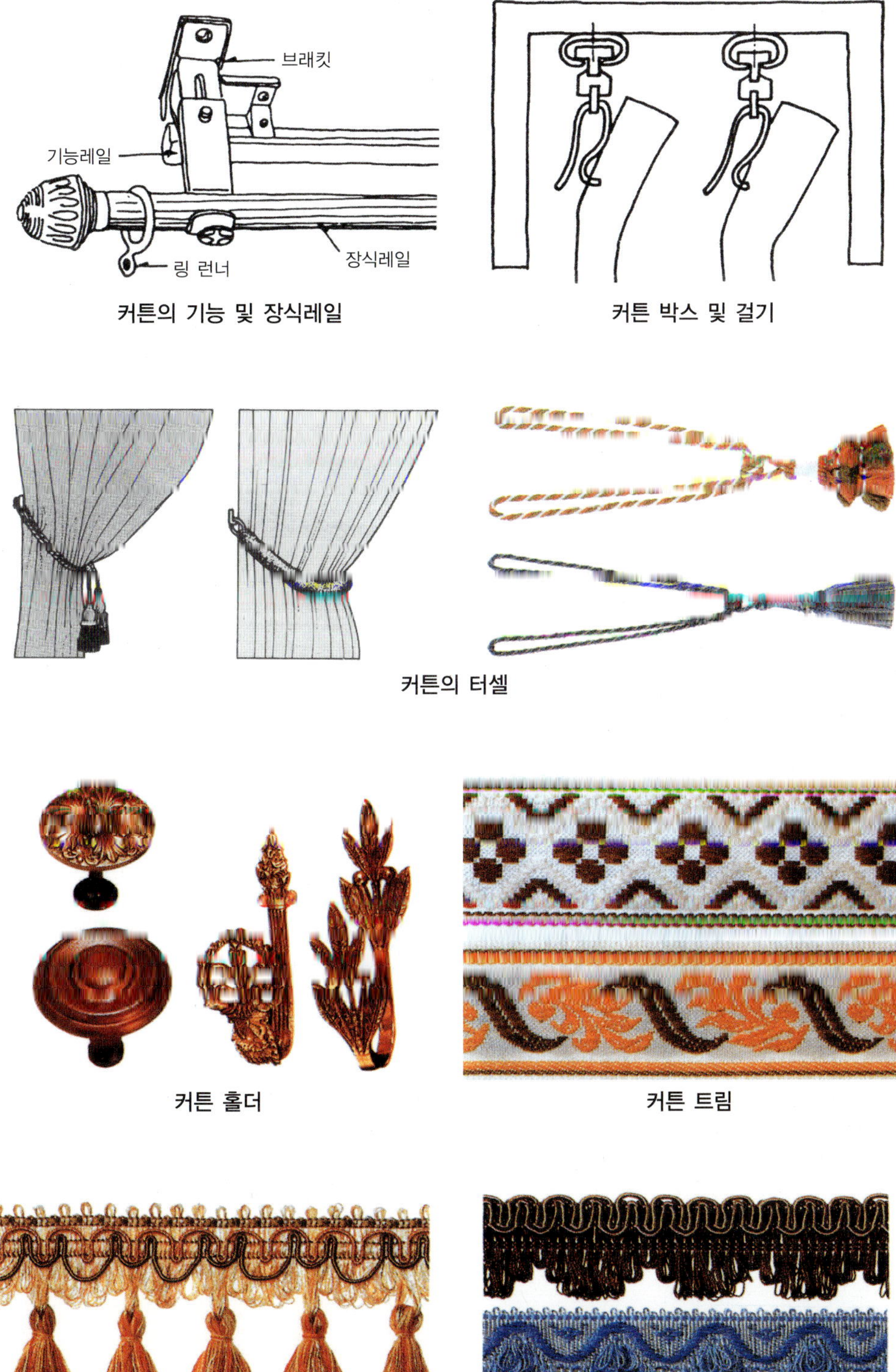

커튼의 기능 및 장식레일

커튼 박스 및 걸기

커튼의 터셀

커튼 홀더

커튼 트림

커튼프린지

커튼의 선택	◉ 커튼을 선택할 때는 소재의 질 및 직조상태, 감촉상태, 색상 및 무늬, 두께 및 크기, 디자인, 유지관리의 편리성 등에 관점을 가지고 선택하는 것이 좋다. ◉ 커튼을 선택함에 있어 커튼의 고급품, 저급품 여부에 대해서는 소재의 질 및 직조상태 여하에 따라 판단하게 되는데, 이는 커튼에 명시되지 않거나 자세히 명시되지 않기 때문에 판단하기 어려워 대부분 시각, 촉각으로 판단하는 경우가 많다. ◉ 커튼의 감촉은 손으로 만져 보았을 때 손 촉감이 탄력적이면서 부드러운 감이 있어야 하고 커튼을 달 때 부드러운 주름이 생기는가를 시각적으로 느낄 수 있는 정도의 것이어야 한다. ◉ 커튼의 색상 및 무늬는 사용자의 취향에 따라 선택하는 것이 일반적이지만 실내의 분위기, 즉 실내 구성재 및 가구류의 색상과 무늬에 어울리는 방향으로 검토하여 선택하는 것이 최선의 방법이라 할 수 있다. ◉ 커튼의 두께 및 크기에 있어 두께는 일반적으로 겨울용은 두꺼운 것을, 여름용은 얇은 것을 생각하게 되는데, 이에 구분 없이 투박 coarse 하게 느끼지 않을 정도의 것으로 사용자의 취향 taste 에 따라 판단하여 선택하게 되고 크기는 정면 방향(커튼 레일의 길이)에 대해서는 창틀 폭에 양 끝 50~100㎜를 더한 길이로 하고 커튼의 높이는 창틀 높이에 150~200㎜ 위의 길이로 하는 것이 일반적이다. 근래에 와서는 창이 있는 벽면 전체를 대상으로 커튼 크기를 정하기도 한다. ◉ 커튼의 디자인은 좌우로 나눈 일반형, 중앙 고정형, 교차형의 기본형에 한 겹 달기, 두 겹 달기, 밸런스 등을 조합한 여러 가지 모양으로 된 것이 있고, 주름 타입에 있어서도 편주름 piece fold, 집게주름 tongs fold, 상자주름 box fold, 개더주름 gather fold 등이 있으므로 이러한 디자인된 커튼 중 실내의 분위기와 조화된 것을 선택하는 것이 바람직하다. ◉ 커튼의 유지관리 측면에서는 쉽게 오염되지 않고 오래 사용해도 탈색되지 않는 바탕천으로 만들어졌는지와 특히 세탁 또는 다림질한 후에도 변형되거나 색상이 퇴색되지 않으면 품질 좋은 커튼이라 할 수 있으므로 이에 착안하여 선택하는 것이 좋으며, 고층 건축물, 여관 · 호텔 등의 숙박시설, 병원 · 진료소 등의 의료시설, 백화점 및 유흥시설 등 소방법상 방화 대상 건축물에 사용하는 커튼은 방염 성능을 갖도록 규정되어 있으므로 이에 적합한지 검토하여 선택하는 것이 좋다.

16.4 블라인드

일반사항	◉ 블라인드 blind 는 창틀 안쪽에 설치하는 차일용 휘장 설치의 하나로 채광과 일조 조절용뿐만 아니라 칸막이 등에 사용하여 시선을 차단하는 경우에도 사용한다. 또한 블라인드의 날개 색깔과 그것이 만들어내는 빛의 조절은 실내분위기를 조성하는데 도움을 주는 장식품이기도 하다. 블라인드 유래는 중세 유럽 교회에서 종탑에 들어오는 비를 막고 종소리와 바람길을 좋게 하기 위하여 경사진 가로판을 짜 넣는 널에서 시작되었다고 한다. ◉ 블라인드의 재료로는 천, 나무, 대나무, 알루미늄, 플라스틱 등이 있고, 이를 길고 얇은 조각으로 만들어 수평과 수직형태로 제작한다. 블라인드의 색상은 난색계, 한색계, 무채색까지 여러 가지가 있다. 일반적으로 사용되는 색상으로는 아이보리 ivory, 블루 blue, 그린 green, 핑크 pink 등을 들 수 있다.
종류	◉ 블라인드 종류는 크게 수평 블라인드, 수직 블라인드, 롤 블라인드로 구분한다. ◉ 수평 블라인드 horizontal blind 는 수평으로 층층이 선 날개 slate 의 각도 및 승강조작에 의하여 일조나 통풍을 조절할 수 있게 제작된 블라인드를 말한다. 여름에는 날개의 각도를 밖으로 비스듬히 함으로써 태양의 복사열 radiant heat 을 외부로 반사하고 직사광선 direct light 을 막아서 실내온도가 높아지는 것을 방지하고 겨울에는 날개를 실내로 향하게 하여 따스한 빛과 태양열 solar heat 을 실내에 도입케 하는 역할을 한다. 수평 블라인드는 이탈리아의 베네치아 venezia 를 중심으로 생긴 양식인 베네치아풍 venezia air 이라 하여 흔히 베니션 블라인드 venetian blind 라고도 한다. 이 베니션 블라인드는 목판, 금속판, 플라스틱 등을 사용하여 가늘고 긴 얇은 날개를 만들어 같은 간격으로 늘어뜨린 블라인드로서 좌우 양쪽의 끈으로 날개를 비틂대로 여닫게 된 것이다. 베네치아 블라인드의 날개 폭은 50㎜가 보통이지만 35㎜, 25㎜, 15㎜ 등의 것도 있다. ◉ 수직 블라인드 vertical blind 는 수직으로 층층이 선 날개의 각도 조작에 의하여 일조 sunshine 나 통풍 draft 을 조절할 수 있게 제작된 블라인드를 말한다. 수직 블라인드는 좌우로 개폐할 수 있으므로 출입구에도 설치할 수 있고 천장에서부터 설치하여 늘어뜨리면 천장이 높아 보이고 실내의 공간이 넓어 보이기도 한다. 수직 블라인드는 일반주택보다 사무실용에 적합하고 광선 조절 능력이 우수하여 작은 창보다 대형 창에 많이 사용되고 있다. 수직 블라인드의 날개 조작에 따라 한쪽 열림, 양쪽 열림이 가능하고 180° 회전할 수 있도록 루버 louver 가 세로로 달려 있는 것도 있다. ◉ 롤 블라인드 roll blind 는 수평 파이프(롤 파이프)에 감긴 스크린 screen 을 스프링 spring 의 힘을 이용하여 올리거나 내리게 만든 블라인드를 말한다. 롤 블라인드에 사용된 스크린은 코팅 coating 된 천을 사용하는 것이 일반적이지만 고급 손뜨개 hand knitted work 한거나 대나무 bamboo 로 만든 발 blind 을 사용하는 특수한 경우도 있다. 롤 블라인드 설치시 정면에 하나의 롤 블라인드를 설치하기 보다는 2개로 나누어 설치하여 사용하는 것이 창을 개폐함에 있어 편리하다.

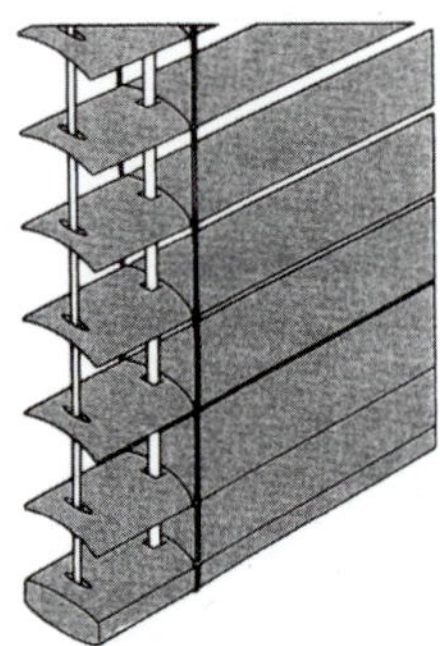
베니션 블라인드

플라스틱제

목판제

금속판제

수평 블라인드

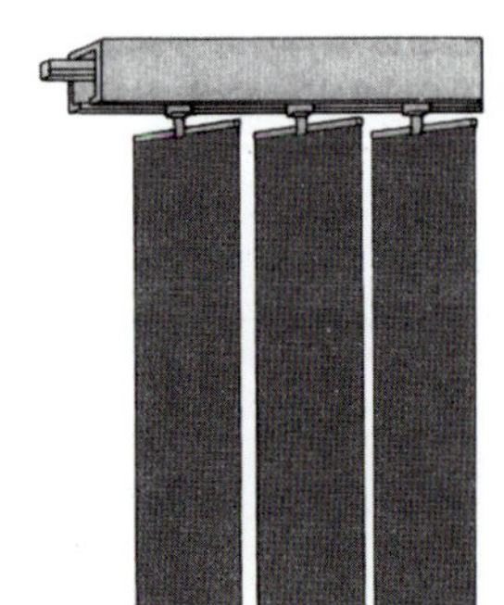

수직 블라인드

블라인드 날개의 색상

INTERIOR ARCHITECTURE MATERIALS

창호재 및 그 제품

17

17.1 개요

창호 doors and windows 라 함은 주로 일광, 공기의 출입이나 조망에 쓰이는 창과 사람이나 물건의 출입에 쓰이는 문의 총칭이다. 이 창호를 제작하는데 쓰이는 재료가 창호재 doors and windows for fixure 이다.

창호재는 재질에 따라 목재, 금속재인 강재 · 알루미늄재 · 스테인리스재로 구분하고, 이 재질에 의해 제작된 창호를 목제 창호, 강제 창호, 알루미늄제 창호, 스테인리스 창호라고 한다. 창호의 부속자재로 창호를 여닫거나 장식으로 사용하기 위해 만들어진 창호철물 finish hardware 이 있다.

17.2 목제창호

목제 창호재	◉ 목제 창호 wooden doors and windows 는 목재를 사용하여 만든 목제 창 및 문을 말한다. 목제 창호는 목재로 된 울거미 frame, 띠장 strip, 살 rail sash bar, 널 board, plank 로 구성된다. 띠장 및 살은 주로 각재가 사용되고 넓은 판재 또는 합판이 사용된다. 경우에 따라서는 판재, 합판 대신 집성재, 섬유판이 사용되기도 한다. ◉ 목제 창호에 사용되는 목재는 변형이 생기지 않는 잘 건조된 심재 heart wood, timber with pith 를 이용하는 것이 좋고, 건조 정도에 따른 함수율이 15% 이하로 완전건조 perfectly dryness 된 것으로 한다. 또한 목제 창호재의 겉모양이 옹이 knot, 갈라짐 crack, 찢김 tear, 썩음 rot, 기타의 흠 defect 이 없는 곧은 결 straigh grain 로서 결이 좋으면서 촉감도 좋은 양질의 것이어야 하며, 우미한 광택과 담색 또는 갈색 등의 조화된 색깔이 있는 것이 우수한 목제 창호재라 할 수 있다. ◉ 목제 창호재의 수종으로 침엽수인 홍송, 회나무, 삼송, 삼나무, 미송, 적송 등이 사용되고 활엽수인 삼나무, 주목, 라왕 등이 사용된다.

목제 문의 종류	◉ 목제 문의 종류는 문의 개폐방식 opening and shutting formula 에 따라 여닫이문, 자재문, 미세기문, 미닫이문, 회전문, 접문 등이 있고, 문의 구성재료 및 구조에 따라 플러시문, 양판문, 널문, 합판문, 유리문, 창호지문, 세살문, 비늘살문 등이 있다. ◉ 여닫이문 hinge door 은 문의 한 쪽에 돌쩌귀, 정첩 등을 문선틀에 달고 또는 문장부, 바닥지도리 등을 한 쪽 상하부에 장치하여 다는 문으로 90˚와 180˚ 각도로 여닫을 수 있도록 한 것이다. 한 짝 문인 외여닫이 single swing 와 두 짝 문인 쌍여닫이 double swing 가 있고 여닫는 방향에 따라서 안쪽으로 여닫는 문을 안여닫이 opening in, 밖으로 여닫는 문을 밖여닫이 opening out 로 구별한다. 돌쩌귀 pivot 및 정첩 hinge 의 위치에 따라 문짝의 오른쪽달기와 왼쪽달기가 있다. ◉ 자재문 free hinge door, swinging door 은 여닫이문에 사용된 보통 정첩 대신에 자유 정첩을 달아 안팎으로 자유롭게 열리고 저절로 닫히게 된 문이다. 손잡이는 필요 없고 표구에 키지를 붙이며 도어 체크는 붙이지 않는다. 일반적으로 사람의 출입이 많은 사무소 출입구나 상점 현관에 사용하기 적합하다. 자유문(自由門)이라고도 한다. ◉ 미서기문 double sliding door 은 미닫이문과 구조와 기능이 거의 유사하지만 문틀에 홈을 두 줄로 파서 문 한 짝을 다른 한 짝 옆에 밀어 붙이는 형식이다. 두 짝 또는 네 짝 닫이가 보통이다. 네 짝 미서기문의 마중대 meeting style 는 두 개의 문짝을 닫았을 때 방풍 wind break 이 되도록 하기 위하여 마중대 양쪽을 턱솔 tongue 지거나 딴혀 spline, feather 를 대서 설치한다. 이것을 풍소란 astragal 이라 한다. ◉ 미닫이문 sliding door 은 문틀 door frame 의 상하틀에 문을 여닫을 수 있는 홈을 파고 문을 이 홈에 끼워 미닫게 하거나 홈을 파지 않고 레일 rail 을 붙이고 문짝 밑에는 문바퀴를 달아 레일을 타고 미닫게 하는 것이다. 미닫이문에는 외미닫이 single sliding 와 쌍미닫이 double sliding 문이 있다. ◉ 회전문 revolving door 는 기밀 airtight 한 원통형 속에 네 짝의 직교하는 십자형으로 문을 짜서 달아 중앙부 심대 axis 를 중심으로 회전시켜서 출입하는 문이다. 주로 사무소, 은행, 호텔 등의 출입구에 통풍과 기류 current of air 를 조절하고 출입 인원을 조절·통제하기 위해 사용하는 데 적합하며, 회전문에는 바닥과 동시에 자동적으로 회전 revolution 하는 것과 문짝만 손으로 밀어 회전시키는 것이 있다. ◉ 접문 folding door 은 병풍 folding screen 처럼 여러 장의 문짝을 서로 정첩으로 연결시키고, 윗틀에 행거 롤러 hanger roller 를 레일에 대고 접어서 한 쪽 벽에 밀어 붙일 수 있게 만든 문이다. 이 접문은 칸막이벽 partition wall 으로도 사용된다. 여러 개의 실을 한 개의 실로 크게 하여 사용하는 연회장에 사용하기 적합하다. ◉ 플러시문 flush door 은 각재로 울거미 frame 를 짜고 중간살 middle sash bar rail 을 배치하거나 목재 격자 grating grill 를 대고 양면에 합판을 붙임한 것으로 뒤틀림 및 변형이 적은 것이 특징이다. 경우에 따라서는 울거미의 중간살 공간에 스티로폼이나 종이코어 paper core 를 채워 방음 및 방열 효과를 얻게 만든 것도 있다. ◉ 양판문 panelled door 은 울거미를 정자(井字) 모양으로 짜고 그 사이에 판을 끼워 넣어 만든 문인 양판문과 문의 하부에 양판(징두리판)을 대고 문의 상부에는 유리를 끼워 넣은 유리 양판문 paneled door, framed door 으로 구분한다. 양판문에 사용되는 판 board 은 넓은 한 장의 널 board, plank 이나 내수합판이고 양판은 넓고 길지 않은 한 쪽으로 된 널판을 말한다.

목제 문의 종류

- 널문 ledged door, batten door, unframed door 은 울거미를 짜고 한 면 또는 양면에 널을 수직으로 붙이고 널의 뒤쪽에 띠장 furring 을 댄 문이다. 문짝의 일그러짐을 막기 위하여 가새 brace, bracing 를 대고 문울거미를 짜기도 한다. 넓은 판자 또는 합판 등으로 한다.
- 합판문 plywood paneled door 은 울거미를 짜고 울거미 안 그 중간에 한 장의 합판 또는 얇은 널을 끼워 댄 문이다. 양면 또는 한 면에 가는 살 rail sash bar 을 대기도 하는데, 이때 중간살 하나는 빗장 rob bolt, bar 으로 쓰이게 하고, 그 한 면에 종이를 바른 것을 널도듬문 board framed door 이라고 한다.
- 유리문 glass door 은 문의 울거미를 짜고 그 중간에 살을 넣어 유리를 끼우는 문이다. 온장유리를 쓰는 경우도 있고 문 하부에 널을 댄 징두리널 waincoat, wain coating 유리문도 있다.
- 창호지문 door of window paper 은 울거미를 짜고 그 안에 완자(卍字) 모양과 아자(亞字) 모양으로 가는 살을 짜넣고, 한 면에 창호지를 바른 문이다. 완자 모양의 문을 완자문 卍 letter-shaped door, 아자 모양의 문을 아자문 亞 letter-shaped door 이라 하고 범살문 # letter-shaped door, 세살문 slender-ribbed door 이라고도 한다. 창호지문은 한식 건축물에 주로 사용한다.
- 세살문 door of slender frame 은 창호지문의 일종으로서, 울거미를 짜고 그 안에 가는 살을 가로, 세로로 좁게 댄 문이다. 가는 살을 30°, 45°, 60° 가량 X자형으로 빗댄 문을 교살문 Lattice door 이라 하고 완자문, 아자문도 있다. 세살문은 주로 한식 건축물 또는 불교 건축물 등에 사용되고 있다.
- 비늘살문 louver door 은 울거미를 짜고 얇고 넓은 살을 30~50㎜ 간격으로 45°~60° 경사지게 빗댄 문이다. 직사광선을 막고 통풍이 잘 되게 하는 문이라 할 수 있다. 또한 외부에서 실내쪽이 보이지 않게 하면서 통풍도 가능하게 하는 문이라고 할 수 있다. 이 문은 겹창 double window 외부에 쓰이는 것이 보통이지만 안쪽에 설치하기도 한다. 주로 화장실, 세면장의 내부 출입문에 사용된다. 플러시문 밑부분에 비늘살 louvre board slat 을 대어 공기의 유통이 잘 되게 하기도 한다.

목제 창의 종류

- 목제 창의 종류는 개폐방식, 구성재료 및 구조가 목제 문과 거의 같다. 창의 개폐방식에 따라 여닫이창, 오르내리창, 미닫이창, 미서기창, 회전창, 붙박이창, 이중창 등이 있고 창의 구성재료에 따라 유리창, 창호지창, 망사창 등으로 구분하기도 한다.
- 여닫이창 casement window 은 창문틀 door frame, window frame 에 정첩으로 창짝 sash 을 다는 것으로 창짝의 수에 따라 한쪽에서 한짝 창만 열리고 닫힌 창을 외여닫이, 양쪽에서 두짝 창이 열리고 닫힌 창을 쌍여닫이가 있고, 여닫는 방향에 따라 실내측으로 여닫는 것을 안여닫이창, 밖으로 여닫는 것을 밖여닫이창으로 구분한다.
- 오르내리창 double-hung window 은 두짝의 미서기창을 상하로 오르내릴 수 있도록 만든 창으로서, 창짝 무게와 평행이 되는 추 sash weight 를 넣은 상자 모양의 추집 [illegible] frame, window box 이 있어 수납에 설치된 도르래 door guide, channel and roller block 에 의해서 창을 로프 rope 로 연결하여 세로틀 vertical frame 의 홈 groove 을 따라 상하로 오르내린다.

목제 창의 종류	◉ 미닫이창 sliding window 은 아래 위의 창틀에 두 줄의 홈을 파고 창을 이 홈에 끼워 미닫게 하는 것으로서, 밑틀 sill, door sill, door stool, window sill, window stool 에는 홈을 파지 않고 레일 raill 을 대고 문짝 밑에는 문바퀴 sliding door sheave, sash roller 를 파넣기도 한다. 이 창은 옆 벽에 밀어 붙이거나 벽 중간에 밀어 넣는 식이다. ◉ 미세기창 double sliding window 은 미닫이창과 거의 유사한 구조로 윗틀과 밑틀에 두 줄의 홈을 파서 창 한 짝만을 다른 한 짝 옆에 밀어 붙이게 만든 창으로서 미닫이창에 비하여 여닫기가 편리하고 실용적이다. ◉ 회전창 pivoted window 은 선틀 jamb 의 중간에 회전지도리 pivot 를 대고 창의 상부는 안쪽으로 창의 하부는 바깥으로 회전하여 여는 창이다. 이 창은 보통 손이 못 미치는 고창 fan light transom window, transom light 에 사용한다. 수로 화장실이나 창고에 사용된다. ◉ 붙박이창 fixed window 은 유리 및 창짝을 여닫지 못하게 고정시킨 창으로서 윗틀에 홈을 파서 유리를 올려 끼우고 내리 맞춘 것이며, 채광을 목적으로 설치한 것이다. ◉ 이중창 double window 창을 이중으로 하여 단열, 방음, 도난방지 등을 목적으로 설치한 것이며, 창틀은 [illegible] 일반적으로 실내 측에는 목제 창 wooden window, 바깥쪽에는 금속제 창 metallic window 으로 하는 것이 일반적이다. ◉ 유리창 glass window 은 창의 울거미를 짜고 그 중간에 살을 넣어 유리를 끼우는 창이다. 중간에 살을 넣지 않고 온장유리를 끼우는 경우가 많다. 위에서 설명한 각종 목제 창에 유리를 끼우는 경우도 많다. ◉ 망사창 screen window, wire window 은 일반창에 유리 대신에 동망 coppery net 또는 알루미늄 등 금속제의 망으로 친 창으로 가리개 folding screen, two fold screen 또는 통풍을 목적으로 쓰인다.
목제 창호	◉ 목제 창호틀은 목재로 만든 창틀과 문틀을 말한다. 이 창호틀은 건축물에 고정시켜 문꼴 opening 을 이룬다. 창호틀을 만드는데 사용되는 목재는 비교적 강도가 있고 옹이[illegible], 갈라짐, 껍질박이 등이 없는 것으로 함수율이 15% 이하로 잘 건조된 것이 좋다. ◉ 창호용 목재로 사용되는 수종으로는 홍송, 회나무, [illegible], 삼나무, 미송 등의 침엽수와 나왕, 참나무, 주목 등의 활엽수를 많이 사용한다.
목제 창호의 특징	◉ 목제 창호는 건축물의 실내측 특히 주택 등에 설치하여 채광, 환기, 전망 등을 위해 또는 제반 건축물의 출입문 entrance door 으로 사용되며, 부드럽고 아름다운 미적 외관을 추구할 수 있다. 도장효과에 따라 뛰어난 미관을 갖출 수 있다. ◉ 목제 창호의 일반적 특징은 다음과 같다. • 강제 창호 등에 비해 비교적 가볍지만 강도가 떨어진다. • 열에 의한 수축 및 팽창이 적다. • 친환경적으로 친화감이 들고 외관이 아름답다. • 개폐가 유연하고 기밀성이 좋다. • 습기에 접하면 부식되기 쉽고 가연성이므로 화재에 약하다. • 내구연한이 길지 않다.

각종 목제문

각종 목제 창

목제 창호틀

17.3 금속제 창호

일반사항

◉ 금속제 창호 metal sash 는 금속으로 울거미 frame, 살 rail sash bar 등을 만든 창호이다. 여기서 금속은 주로 강재, 알루미늄재, 스테인리스재를 말하고, 강재로 만든 창호를 강제 창호, 알루미늄재로 만든 창호를 알루미늄제 창호, 스테인리스재로 만든 창호를 스테인리스제 창호라고 부르고 있다.

◉ 금속제 창호는 거의 전문 공장에서 주문 · 제작하여 현장에 반입하여 설치한다. 전문 공장에 주문할 때는 창문과 동시에 창문틀 door frame, window frame 을 포함하여 일체를 주문한다. 금속제 창호는 고급 건축물 또는 실용 건축물 모두에 사용하고 방음, 방화 등의 목적으로 특수하게 제작하여 사용하기도 한다.

강제 창호

◉ 강제 창호 steel sash 는 강재 steel materials 로 울거미, 살 등을 만든 창호이며, 이에 사용되는 강재는 주로 냉간압연강판 cold rolled steel plate 중 연강판 mild steel plate 또는 압연강판 rolled steel plate 을 평활히 마무리한 마강판 shine finishing steel plate 이다. 강판 steel plate 을 [illegible] 지의 단면으로 압연 rolling 하여 만든 압연강판 roolled steel plate 을 형재 section 로 만든 것이 스틸새시바 steel sash bar 이다.

◉ 스틸새시바는 강제 창호의 제작에서 울거미 및 살 등을 만드는데 사용된다. 스틸새시바로 만든 창호틀을 보통 새시바 sash bar 라고 하는데, 목제 창호틀에 비해 경쾌 lightness · 견고 firmness 하고 비틀리지 않으며 내구 · 내화적이다. 최근에 와서는 알루미늄 합금제 새시바 aluminium ally sash bar, 스테인리스제 새시바 stainless sash bar 도 많이 사용되고 있다. 스틸새시바의 형상 및 치수는 다음 그림과 같으며 각 제조회사마다 독특하게 고안하여 쓰기도 한다. 스틸새시바의 표준규격은 한국산업규격(KS D 3524)에 규정되어 있다.

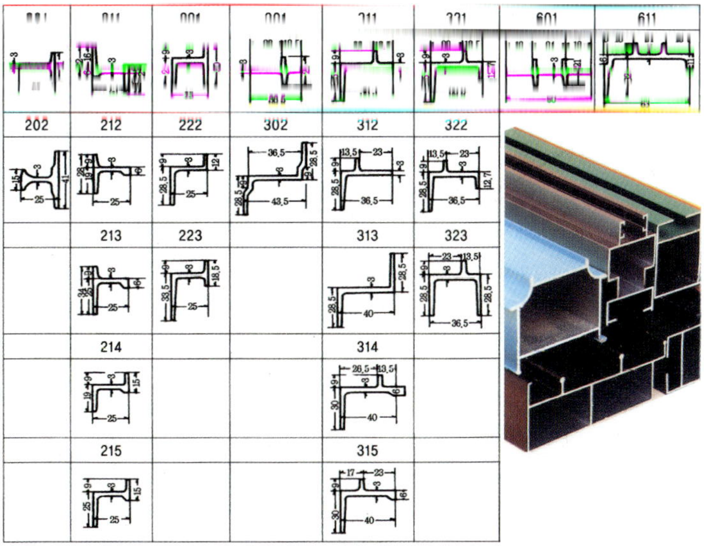

[illegible]	[illegible]	[illegible]	[illegible]	[illegible]	[illegible]	601	611
202	212	222	302	312	322		
	213	223		313	323		
	214			314			
	215			315			

강제 창호

◉ 강제 창호는 강제 창 steel window 과 강제 문 steel door 으로 대별한다. 강제 새시창 steel sash window 은 새시바 sash bar 로 만든 창으로 그 종류에는 붙박이창 fixed sash window, 미들창 slide-out window, 회전창 pivot window, 여닫이창 casement window, 미닫이창 sliding window, 미서기창 double sliding window, 오르내리창 double-hung window, 밸런스창 balanced sash window, 기밀창 air-tight steel sash 등이 있다. 이 강제 새시창은 사용된 재료와 접합, 설치방법이 상이할 뿐 창의 기능 및 개폐 방법은 목제 창과 거의 동일하다.

◉ 강제 창의 사용은 주택, 사무소 등에서는 이중창 double window 을 많이 하게 되는데, 이중창인 경우 실내측에는 목제 창을 많이 쓰지만 실외측에는 강제 창을 많이 쓰고 있다. 강제 창에는 대부분 유리를 끼우게 되는데 단창 single window 인 경우의 강제 창에는 복층유리인 페어글라스 pair glass 를 많이 끼운다.

◉ 강제 문 steel door 은 강판으로 만든 문짝을 말하는 것으로 개폐방식, 형상, 구조가 목제 문과 거의 같다. 강제 문에 사용되는 강판의 두께는 도면에 명시되지 않는 경우 문틀은 1.5㎜ 이상, 문은 1.2㎜ 이상으로 한다. 강제 문의 종류로는 양판문, 양면 플러시문, 철판문, 접문 등이 있다.

- 양판문 panelled door 은 1.5㎜ 이상의 강판으로 문틀 및 울거미를 짜고 그 울거미 사이에 유리 또는 보드류를 끼워 만든 문으로 여닫이문, 미서기문 모두에 사용한다.
- 양면 플러시문 both side flush door 은 작은 앵글 angle 이나 각파이프 square pipe 등으로 울거미를 짜고 그 양면에 철판을 붙여댄 문으로 여닫이문에 주로 사용한다.
- 철판문 plate steel door 은 작은 앵글로 울거미를 짜고 문짝의 한 면 또는 양 면에 강판을 대고 용접 welding, fusion welding 하거나 작은 리벳 rivet 또는 작은 나사 screw 로 접합하여 만든 것이다. 이 문은 간이 창고문 storagehouse door 등에 사용한다.
- 접문 folding door 은 포개어 접게 된 문으로서, 주름문 floding gate 이라고도 한다. 이 문은 몇 개의 문짝을 서로 정첩으로 연결 혹은 문 위틀에 설치한 레일에 도르래 hanger roller 가 달린 철물로 달아 접어서 열고 펴서 닫는 식으로 되어 있다. 거실의 덧문 outer door 등으로 칸막이 겸 2실을 1실로 크게 사용시 이용된다. 또한 자동차의 차고문으로도 이용한다. 접문을 접이문 folding door, 겹치개문 double door, 아코디언 도어 accordion door 라고도 한다.

◉ 강제 창호의 일반적인 특징은 다음과 같다.

- 목제 창호에 비해 외관상 경쾌한 느낌을 주고 창호 자체가 견고하다.
- 강도가 크고 내화성도 크다. 또한 가격이 저렴하다.
- 부식되기 쉬워 비내구적이다. 그러나 재료의 특성상 유지관리 보수를 한다면 내구성이라 할 수 있다.
- 기밀성이 부족하다.

◉ 알루미늄제 창호 aluminium sash 는 알루미늄재로 만든 창호를 말한 것으로서 경금속제 창호 light metal door and window 중에서 가장 많이 사용되고 있는 대표적인 창호이다. 여기서 경금속은 철에 비하여 비중이 적은 금속의 총칭으로 알루미늄, 마그네슘 magnesium, 티탄늄 titanium 등이 있다.

알루미늄제 창호

◉ 알루미늄제 창호는 강제 창호에 비하여 경량이고, 녹슬지 않아 유지관리가 쉽고, 사용년한이 길며, 공작이 자유롭고, 기밀성 airtighness 이 우수한 장점 때문에 많이 사용되고 있다. 또한 알루미늄제 창호는 색상이 다양하고, 대량생산이 가능하며, 외관이 미려하여 저층 건축물에서부터 고층 대형 건축물의 알루미늄 커튼월 curtain wall 의 창호 구조체 structures 를 이루고 있는 현대 건축물의 창호로서 대중화되어 가고 있는 창호이기도 하다.

◉ 알루미늄 창호 재료로 사용되는 알루미늄 새시바 aluminium sash bar 는 알루미늄 합금 압출 형강재 pressure section steel 이고 알루미늄 창호 제작에서 울거미 및 살 등을 만드는데 사용된다. 알루미늄 창호에 사용되는 창틀 및 문틀 부재의 두께는 1.35㎜ 이상으로 한다. 알루미늄 새시바의 표준규격은 한국산업규격(KS F 4506)에 규정되어 있으며, 알루미늄 새시바의 형상 및 치수는 다음 그림과 같다.

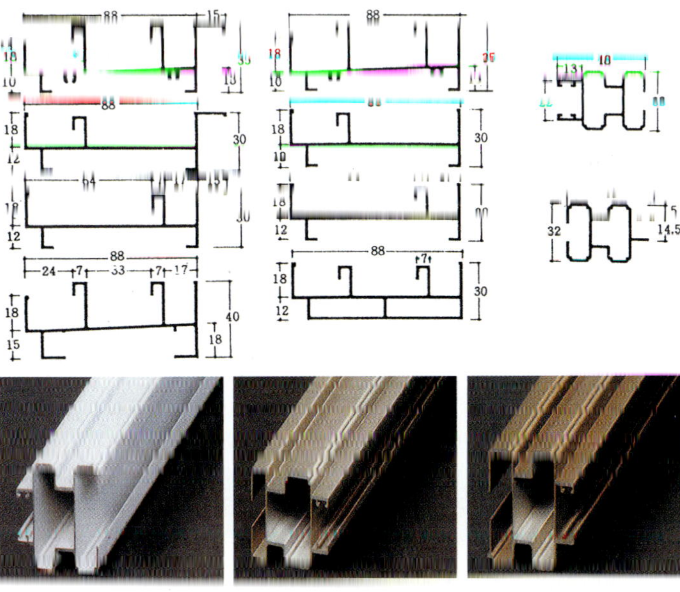

◉ 알루미늄 창호로는 미서기창, 미닫이창, 붙박이창 fixed window, 여닫이문, 미세기문, 붙박이문 fixed door 등의 종류가 주로 쓰이고 있다. 이 알루미늄 창호는 사용된 재료와 접합, 설치방법이 상이할 뿐 창호의 기능 및 개폐방법은 목제 창호와 거의 동일하다.

◉ 알루미늄은 전기화학작용 electrochemical action 으로 인하여 부식 corrosion 이 생기므로 알루미늄 창호는 이질 금속재(철, 놋쇠 등)와의 접촉 contact 을 금지해야 한다. 따라서 여기에 쓰이는 조임못 tighten nail, 나사못 screw 등은 모두 같은 재질로 할 필요가 있다. 또한 알칼리성에 약하므로 콘크리트, 시멘트모르타르, 회반죽면에 직접 접촉하는 부분에는 내알칼리성 도료를 칠한다. 또한 습윤상태 wet condition 가 되는 접합부 joining part 는 미리 징크로메이트 zinc chtomate 등의 연 lead 을 함유하지 않는 도료로 녹막이칠 rustproof painting 을 한다. 쇠못 iron nail, 쇠볼트 iron bolt 등을 사용할 때는 아연 또는 카드뮴 cadmium 도금 plating 을 한다. 알루미늄 창호의 재료는 대부분 바탕면에 내알칼리성 alkali resistance 투명 합성수지 도료 clear synthetic paint 를 칠하는 등의 표면처리한 것을 사용한다.

알루미늄제 창호	◉ 알루미늄 창호의 특징은 다음과 같다. • 비중이 철의 약 1/3로서 경량이며, 녹슬지 않아 유지관리가 쉽고, 사용년한이 길다. • 공작이 자유롭고 기밀성이 우수하고 여닫음 swing 이 경쾌하다. • 강제 창호에 비하여 내화성이 약하고, 강성이 적으며, 열에 의한 팽창 · 수축이 크다.(철의 2배 정도) • 이종금속 different kinds of metal 과 접촉하면 부식되고 알칼리성 alkaline 에 약하다.
스테인리스제 창호	◉ 스테인리스제 창호 stainless steel door and window 는 스테인리스 강재인 스테인리스 강판 stainless steel plate 을 사용하여 만든 창호이다. 이 창호의 구조형식은 일반 강제 창호와 같고, 기능 및 개폐 방법도 강제 창호와 유사하다. ◉ 스테인리스 창호는 일반 강제 창호에 비해 쉽게 녹슬지 않는 것이 특징이고, 알루미늄 창호에 비하면 내화성, 내구성이 우수하며 강도도 크고 의장적 장식효과가 있어 미려하지만 다른 금속제 창호보다는 재료비와 제작비가 고가이다. 외국에서는 스테인리스 창호가 보편화되어 있고 우리나라에서도 외부 창호로서 대중화되어 가는 추세이다. ◉ 스테인리스 창호 제작에 쓰인 스테인리스 강판의 두께는 창틀은 1.5㎜, 창살은 1.2~1.5㎜, 문틀은 1.5㎜, 문 울거미 및 양판은 1.5~2㎜이다. ◉ 스테인리스 창호의 특징은 다음과 같다. • 알루미늄 창호와 비교하여 강도가 크고 내화성, 내구성이 우수하다. • 일반 강제 창호에 비해 내식성이 강하여 녹슬지 않는다. • 창호 표면이 미려하고 표면의 장식적인 형태를 다양하게 표현할 수 있다. • 다른 금속제 창호에 비해 가격이 고가이다.

양쪽 열림

반 열림

완전 열림

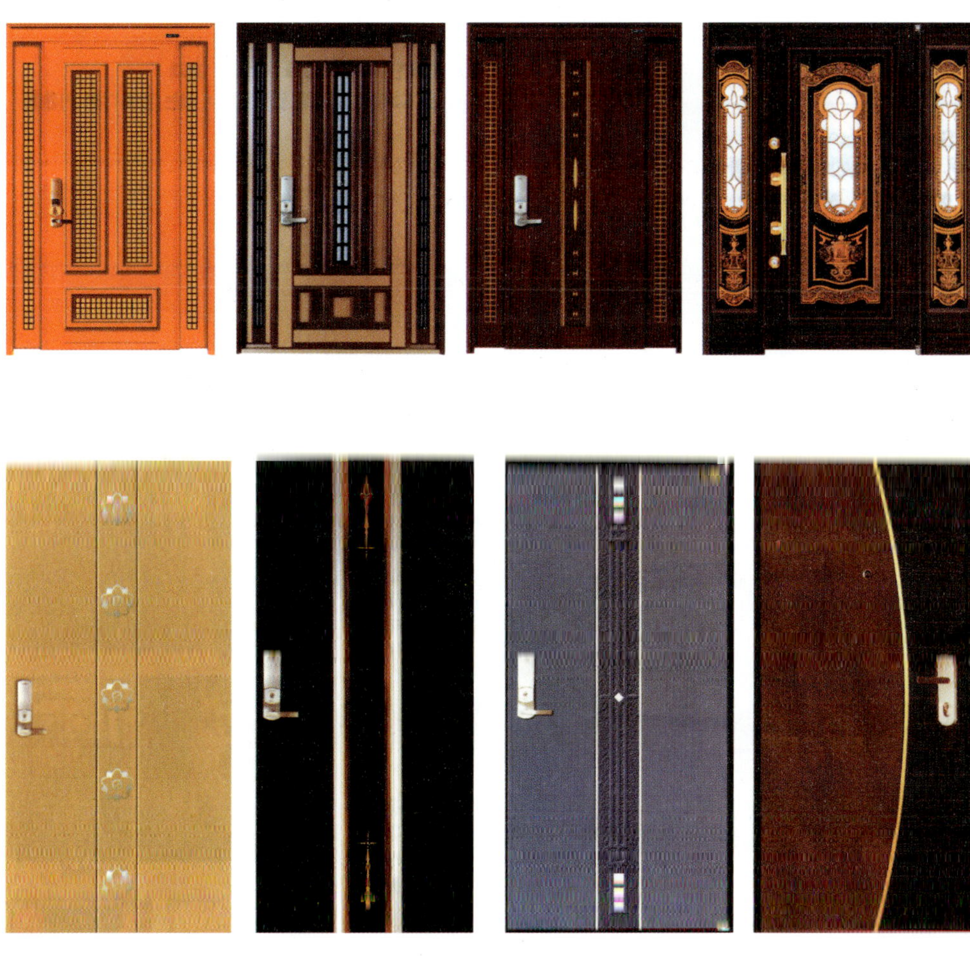

금속제 창호

17.4 특수창호

일반사항	◉ 특수창호 special doors and windows 는 일반적인 창호에 비해 특수 목적으로 사용하기 위하여 제작된 창호를 말한다. 근래에 와서는 창호를 사용하기 편리하도록 여러 형태를 갖춰 디자인된 창호가 개발되어 사용되고 있다. ◉ 특수창호에 해당된다고 볼 수 있는 것으로는 창보다는 문이 대부분이다. 종류로는 방화문, 방음문 및 창, 무테문, 주름문, 아코디언 도어, 차음문, 자동개폐문, 공기류문, 셔터 등이 있다.
특수 창호	◉ 방화문 fire door 은 건축법상 방화구획이나 방화지구 안의 건축물에 방화 목적으로 설치하는 문으로서 소정의 방화성능 fire protective performance 과 자동폐쇄기구 self-closing fixture 를 가진 문이다. 방화문은 문거미 및 살과 문틀을 철재로 하고 양면에 철판을 대는 등 방화성능을 갖는 구조로 제작한 것이다. 건축법상 방화문은 갑종방화문과 을종방화문이 있으며, 그 내용은 다음과 같다.

특수 창호

(갑종방화문)

- 골구를 철재로 하고 양면에 각각 두께 0.5㎜ 이상의 철판을 붙인 것.
- 철재로서 철판두께 1.5㎜ 이상인 것.
- 국토교통부 장관이 지정하는 자 또는 한국건설기술연구원장의 품질시험에서 그 성능이 확인된 것.

(을종방화문)

- 철재로서 철판두께 0.8㎜ 이상, 1.5㎜ 미만인 것.
- 철재 및 망입유리로 된 것.
- 골구 frame 를 목재로 하고 실내면에 두께 12㎜ 이상의 석고판 gypsum board 을 붙이고 실외 면에는 철판을 붙인 것.
- 국토교통부 장관이 지정하는 자 또는 한국건설기술연구원장의 품질시험에서 그 성능이 확인된 것.

◉ 방음문 sound proof door 은 음을 차단할 목적으로 설치하는 문으로서, 일반적으로 문의 내부는 진동 및 음향 차단을 위해 흡음재 및 진동 차단재의 2중 구조로 제작한다. 공조실, 기계실, 녹음실 등 음향의 반사나 외부소음의 차음이 요구되는 장소에 설치한다. 방음창 sound proof window 은 음의 전파를 차단할 목적으로 특별히 설계 · 제작된 창이다.

◉ 무테문 frameless door 은 문짝을 구성하는 울거미 및 살이 없는 문으로서 강화유리 tempered glass 또는 투명 아크릴판 transparent acrylate board 등으로 문짝을 구성하고 필요에 따라서 문짝의 상부와 하부에 스테인리스 스틸판 stainless steel board 또는 황동제 크롬도금판 brass chrome plating board 을 이용해 테 frame 를 설치하여 강화유리 또는 투명 아크릴판을 접착제 또는 나사못 등으로 고정시킨다. 무테문의 구성재료에 따라 유리 무테문과 아크릴 무테문으로 구분한다.

- 유리 무테문 glass frameless door : 강화유리(두께 10㎜, 12㎜)를 사용하여 문짝을 구성하고 상부와 하부에는 스테인리스 스틸판, 황동제 크롬도금판, 화이트 브론즈 등으로 테를 설치하여 강화유리를 고정시켜 규격에 제작한다. 문의 개폐는 플로어힌지 floor hinge 를 달거나 자동개폐장치 automatic switchgear 를 사용한다. 유리 무테문을 강화유리 도어 tempered glass door 라고도 하고 백화점, 호텔, 극장 등의 현관 출입문으로 주로 사용한다.

- 아크릴 무테문 acrylic frameless door : 강화유리 대신 투명 아크릴판(두께 12~20㎜ 정도)을 사용하여 문짝을 구성한 문으로서 구조 및 용도는 유리 무테문과 같다. 아크릴 무테문은 경량이므로 출입구의 크기 및 형태에 따라 자유롭게 제작할 수 있으나 재료의 성질상 내열 · 내화성이 적고 온도변화에 의한 팽창 · 수축으로 인하여 쉽게 변형될 가능성이 있다.

◉ 주름문 folding gate 은 금속성 창살형 glazing bar form 의 문으로서 문을 닫았을 때는 창살 glazing bar 처럼 되는 것이며 주로 방도용으로 사용한다. 세로살은 마름모형 rhombus form 의 레버 lever 로 연결하여 세로살 longitudinal rail sash bar 위에 설치된 문바퀴 sliding door sheave 를 줄였다 늘였다 하여 여닫을 수 있도록 제작된 것이다.

특수 창호

◉ 아코디언 도어 accordion door 는 아코디언의 몸통과 같이 접었다 늘릴 수 있게 되어 여닫는 문이다. 넓은 방을 필요에 따라 나누어 막거나 홀 등의 큰 방의 칸막이에 쓰인다. +자형으로 된 경량철재 light weight steel materials 로 만든 울거미 frame 에 비닐레더 vinyl leather 또는 천 fabric 등을 붙이고 상부는 홈대형 행거레일 hanger rail 에 행거롤러 hanger roller 를 매달아 접어 여닫게 하는 구조로 되어 있다.

◉ 차음문 sound insulating door 은 공기를 통한 공기전파음 air borne sound 을 차단하기 위해 암면, 유리섬유 등으로 문짝과 문틀 및 틀과 주위 구조체와의 사이, 즉 강판 또는 합판 사이에 끼워 여러 겹으로 흡음층 sound absorption layer 을 만들어 공기층 air space 을 형성하고 이 공기층으로 음을 차단한 문이다. 울거미와 표면과 접합부는 합성수지계 실링재 sealing materials 등으로 완전히 접착시켜 기밀성 air tightness, hermetic 을 유지해야 한다.

◉ 자동개폐문 automatic door 은 센서 sensor 및 전동장치 electro motion system 에 의해 자동개폐하는 자동문으로서 각 문짝마다 도어 엔진 door engine, 컨트롤 박스 control box, 레일 행거 롤러 rail hanger roller 가 설치되어 있으며, 개폐는 센서에 의하여 바닥에 매트 스위치 mat swich 를 설치하여 매트 스위치를 밟으면 열리고 지나가면 닫히게 자동적으로 작동 operation 하는 문이다. 자동 개폐문은 전원 power supply 이 차단되더라도 문이 자동으로 열리게 하거나 또는 닫히도록 하는 기능과 비상시 수동조작 hand operation 으로 개폐가 가능한 기능을 모두 갖도록 하여야 한다. 일반적으로 미닫이문 형식으로 사용하며, 문짝은 두께 12㎜의 강화유리를 사용한다.

◉ 회전문 revolving door 은 기밀한 원통형의 중심축에 서로 직교하는 4개의 회전 문짝을 달아 회전시켜 출입케 하는 문으로서 내·외부 차단막 interceptive membrane 역할을 하여 외부공기차단 효과를 발휘할 목적으로 은행·호텔·상점 등의 출입구에 설치한다. 문짝이 바닥과 동시에 자동적으로 회전시키는 것과 문짝만 설치하여 손으로 밀어 회전시켜 출입할 수 있도록 하는 것이 있다. 재질로는 알루미늄·황동·청동·스테인리스스틸 등의 제품이 있다.

◉ 공기류문 air current door 은 에어커튼 air curtain 이라고 하며, 개구부 상부에서 두꺼운 공기층을 형성하여 공기류 air current 를 내려 보내면서 밑에서 연속적으로 흡인 attraction 하도록 하는 장치를 하여 외기 또는 먼지가 유입 inflow 되는 것을 차단하는 장치를 하는 문이다.

◉ 셔터 shutter 는 철판을 구부려서 제작하는 연강판 mild steel plate, soft steel plate 의 쪽 slat 을 연결하여 감아서 만든 문으로서 상부에 축 shaft 을 설치하여 두루마리형식 rolling form 으로 감아 올려서 여는 문으로 감는 축, 가이드레일 guide rail, 감음장치 wind equipment 로 구성되어 있다. 셔터는 개폐방식에 따라 수동식 manuany operating system, 전동식 electrically operating system, 자동식 semi-operation system by spring gear 으로 분류한다. 건축법상 방화문의 성능이 있는 셔터를 방화셔터 fire proof shutter 라고 하며, 셔터는 방화, 도난방지 또는 점포, 차고, 창고 등의 이중문 double door 또는 덧문 storm door 으로 사용된다.

방화문

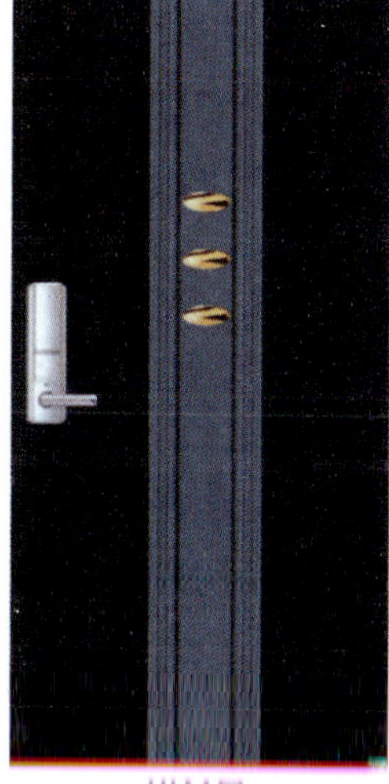
방음문

아코디언 도어

회전문

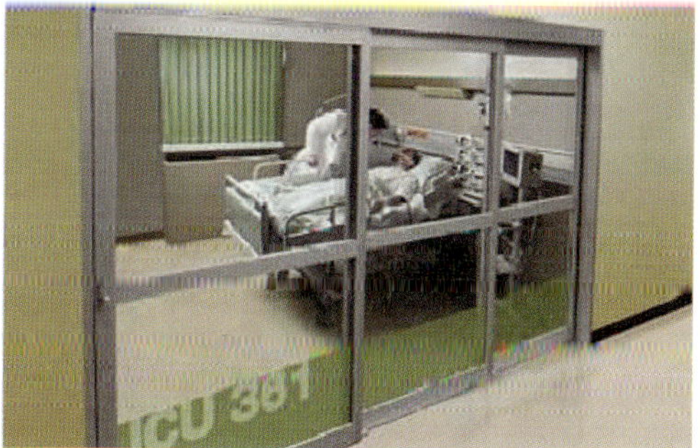

자동개폐문

셔터

17.5 창호철물

일반사항	◉ 창호철물 finish hardware 은 창짝, 문짝을 창문틀에 접착 · 설치하여 잠그거나 여닫을 때 사용하거나 장식 decoration 으로 쓰이는 철물 hardware 의 총칭이다. ◉ 창호철물은 용도, 구조, 모양, 재질 등에 따라 여러 종류가 있으나 일반적으로 목제 창호용과 철제 창호용으로 대별하지만 철물의 형식, 치수, 기타는 큰 차이가 없다. 목제 창호철물 wooden finish hardware 은 창호와 별도로 주문하여 달지만 강제 창호철물 steel finish hardware 은 창호 제작회사에서 달거나 준비하여 현장에 반입한다.
창호철물용 재료	◉ 창호철물용 재료의 재질은 강철 steel, 주철 castinon, 단철 wrought iron, 황동 brass, 청동 bronze, 구리 copper, 알루미늄 aluminum, 플라스틱 plastic, 스테인리스 스틸 stainless steel 등을 사용한다. ◉ 창호철물용 재료의 품질은 한국산업규격(KS)에 적합한 것을 사용한다.
창호철물의 종류	◉ 창호철물은 성능과 기능에 따라 지지철물 bearing hardware, 잠금철물 lock hardware, 개폐조정기 adjuster, casement adjuster, 손잡이 및 손걸이, 기타 창호철물로 분류한다. 지지철물에는 정첩, 힌지 hinge 와 문바퀴 및 레일 등이 있고, 잠금철물에는 자물쇠, 열쇠, 꽂이쇠, 걸쇠 등이 있다. 개폐조정기에는 도어클로저, 도어캐치, 도어홀더, 문버팀쇠, 창개폐조정기 등이 있고, 손잡이 및 손걸이로는 알손잡이, 레버핸들, 파이프손잡이, 오목손잡이 등이 있다. 기타 창호철물로는 밑판, 도어행거 등이 있다. ◉ 정첩 hinge, butt 은 문짝을 문틀에 달아 여닫는 축 axis 이 되는 것이며, 문짝은 이 축을 중심으로 축에 의하여 지지되고 정해진 방향으로 개폐된다. 정첩은 축이 되는 핀 pin 과 핀을 보호하기 위해 둘러감은 관형 tubular 으로 되어 있는 너클 knuckle 로 구성되어 있다. • 보통정첩 butt hinge : 핀이 고착되어 쉽게 해체되지 않으므로 특히 방범적인 곳에 설치한다. • 내민정첩 extension hinge : 축이 많이 내민 정첩으로 벽이 두꺼운 곳의 문을 180° 로 열기 힘들 때 사용한다. • 깃대정첩 ball bearing hinge : 두꺼운 날개를 반씩 갈라 깃대 모양으로 만들어 자유로 분리시킬 수 있게 된 정첩으로 무거운 철제 문짝 등에 사용한다. • 자유정첩 double acting spring hinge : 정첩에 스프링을 장치하여 안팍으로 자동개폐 automatic opening and sutting 작동 operation 을 할 수 있도록 한 것으로 비교적 출입이 번잡한 개구부에 사용된다. 용수철 spring 이 들어 있어 문을 열어서 용수철이 감아지면 되돌리는 힘으로 문짝을 자동적으로 닫게 된다하여 용수철 정첩 spring hinge 이라고도 한다. • 피벗힌지 pivot hinge : 창문을 상하에서 지도리 pivot 를 달아 회전되도록 하는 돌쩌귀 정첩 pivot hinge, loose joint hinge, floor pivot 의 일종으로 주로 철제 등의 중량문을 다는 데 사용한다.

창호철물의 종류	◉ 레버토리힌지 lavatory hinge : 자유정첩의 일종으로서 공중화장실, 공중전화기 출입문에 쓰이며, 저절로 닫혀지지만 15㎝ 정도는 열려 있게 된다. 즉 표시가 없어도 비어 있는 것이 판별되고 사용시에는 안에서 잠그게 되어 있다. ◉ 플로어힌지 floor hinge : 바닥지도리 pivot 라고도 하며, 한 쪽에서 열고나면 저절로 닫혀지는 장치이다. 바닥에 플로어힌지를 설치하고, 위는 지도리 pivot 를 축대로 하여 회전시키는 것으로 기능적인 측면에서 자유롭게 또는 일반정첩으로 지지하기 어려운 무거운 자재문(주로 현관용 강화유리문)에 사용한다. ◉ 문바퀴 sliding door sheave : 미서기, 미닫이 등의 창문 밑막이 bottom rail, kicking rail 에 파놓아 문이 레일 위를 구르게 하는 바퀴로서 호차 sash roller 라고도 한다. 볼 베어링 ball bearing 이 들어 있는 주철제 바퀴가 일반적으로 사용된다. ◉ 레일 rail : 문바퀴가 밑홈대 sill 위에서 원활하게 굴러가도록 하기 위해 원형 또는 평형으로 철제, 황동제, 플라스틱제 등으로 제작·설치하여 창호를 개폐할 수 있도록 문바퀴의 길을 만드는데 사용되는 것이다. ◉ 자물쇠 lock 및 걸쇠 key : 자물쇠는 창문 등을 닫아 잠그는 창호철물로서 함자물쇠, 실린더 자물쇠, 헛자물쇠, 본자물쇠, 나이트래치, 통자물쇠 등이 있다. 걸쇠는 창호가 열리지 않도록 돌리거나 꽂아서 거는 창호철물로서 넓적걸쇠, 도래걸쇠, 갈고리걸쇠, 크레센트 등이 있다. • 함자물쇠 bit key lock : 자물쇠를 작은 상자에 장치하여 출입문 등의 울거미 표면에 붙여 대는 자물쇠로 빗장자물쇠 bit key lock 또는 면붙이자물쇠 rim lock 라고도 한다. • 실린더 자물쇠 cylinder lock : 자물쇠 장치를 원통형의 실린더 속에 장치한 것으로 함자물쇠의 일종이다. 일반적으로 많이 사용되는 자물쇠로서 핀텀블러 자물쇠 pintumbler lock 라고도 한다. • 헛자물쇠 thumb latch : 문을 닫으면 잠기는 걸쇠 정도의 자물쇠로서 열쇠 key 를 쓰지 않고 걸어 잠글 수 있다. 실내 칸막이문 등 잠그는 것이 중요하지 않는 개소에 사용한다 • 본자물쇠 dead latch : 데드 볼트 dead bolt, 즉 자물채 lock, dead bolt 만이 있어 열쇠로만 잠그고 열 수 있는 자물쇠이나, 실의 외부에서 열쇠를 사용할 수 있으나 실내에서 손으로 돌려서 열게 되는 것도 있다. • 나이트래치 night latch : 외부에서는 열쇠로 열고 내부에서는 작은 손잡이 door handle, handle 를 틀어서 여는 것으로 화장실 문이나 대문 출입구 등에 쓰인다. • 통자물쇠 pad lock : 통으로 된 자물쇠로서 열쇠를 사용하여 한 쪽에서만 잠글 수 있다. 맹꽁이 자물쇠 pad lock 라고도 한다. ◉ 걸쇠 latch : 창호가 열리지 않게 돌리거나 꽂아서 거는 철물이다. • 넓적걸쇠 hasp : 통자물쇠로 채우기 위해 넓적하게 한 걸쇠이다. • 도래걸쇠 swing latch : 넓적걸쇠의 걸이쇠가 돌게 된 걸쇠로서 통자물쇠를 채우는데 주로 사용한다. • 갈고리걸쇠 hooked latch : 철선을 사용하여 갈고리모양으로 만들어 걸게 된 걸쇠이다. 내측에서 문짝을 걸 수 있게 되어 있다.

창호철물의 종류	• 크레센트 crescent : 오르내리창의 윗막이대 top rail 윗면에 대어 다른 창의 밑막이에 걸리게 되는 걸쇠로서 미서기 창문이나 오르내리창을 걸어 잠글 때 사용한다. 초생달 모양으로 되어 있다. ◉ 꽂이쇠 lock bolt : 미서기나 미닫이 창호의 안팎 여밈대 meeting stile 에 꿰뚫어 꽂아서 밖에서 열 수 없게 된 문걸쇠 door latch 이다. 종류로는 꽂이자물쇠 cat bar bolt, lock bolt, 도어볼트 door bolt, 양꽂이쇠 cremon bolt 등이 있다. ◉ 도어클로저 door closer : 열린 여닫이문이 저절로 닫히게 하는 장치의 철물로서 여닫이문의 윗막이대와 문틀 상부에 설치한다. 피스톤 장치 piston equipment 가 있어 개폐속도를 조절할 수 있으며, 유압식 oil pressure method 과 스프링식 spring method 이 있다. 도어체크 door check 라고도 한다. ◉ 도어캐치 door catch, door stop : 문을 열어 제자리에 머물게 하거나 벽 하부에 대어 문짝이 벽에 부딪히지 않게 하는 철물로 여닫이문에 사용하며 도움형 도어캐치와 바닥붙이식 도어캐치가 있다. ◉ 도어홀더 door holder : 열린 문을 버티어 고정시키는 철물로 여닫이문에 사용한다. 벽 붙이기식과 바닥 붙이기식이 있다. ◉ 문버팀쇠 door stay : 열린 문을 버티어 고정하는 철물로 문을 열면 부디치지 않게 받쳐 걸어 놓을 수 있게 된 것이다. ◉ 창 개폐조정기 sash adjuster : 여닫이창을 열어 젖혀 바람에 여닫히는 것을 방지하기 위해 열어서 고정시키는 철물이다. 여닫이창의 창짝 하부와 밑틀에 설치한다. ◉ 손잡이 handle 및 손걸이 sash lift : 창문을 열 때 손으로 잡게 된 철물이 손잡이이고 창문을 개폐할 때 손이 들어가 끼이게 된 철물을 말한다. • 알손잡이 door knob : 잡는 부분이 넓적한 알모양으로 둥글게 된 것으로 실린더 자물쇠의 손잡이로 주로 사용한다. • 레버핸들 lever handle : 손으로 레버를 돌려 개폐할 수 있도록 하는 손잡이로 병원 및 유아 교육시설의 출입문 손잡이로 주로 사용한다. • 파이프손잡이 pipe handle : 파이프를 길게 댄 손잡이로 주로 강화문에 사용한다. • 오목손잡이 flush pull : 손가락을 걸어 개폐할 수 있도록 하는 철물로서 미서기, 미닫이에 주로 사용한다. ◉ 밑판 push plate : 문을 손으로 미는 자리에 붙여 대는 판으로 문짝과 설치된 유리가 빈번히 여닫는 과정에서 발생되는 충돌에 의한 유리의 파손을 방지하고 문짝을 사전 보호하기 위해 설치된 것으로 현관 출입문 porch entrance door, entry hall entrance door 이 유리 무테문 glass frameless door 등에 사용된다. ◉ 챌판 kick plate : 문의 하부 발이 닿는 부분에 대어 문짝이 발에 차여 손상되는 것을 보호하는 금속판으로 장식용으로도 사용한다. ◉ 도어행거 door hanger : 접문 등 문 상부에 달아매는 철물 또는 미닫이 창호용 철물로 달아매는 문의 이동장치에 쓰는 것으로 문짝의 크기에 따라 2개나 4개의 바퀴 wheel 가 있는 것을 사용한다.

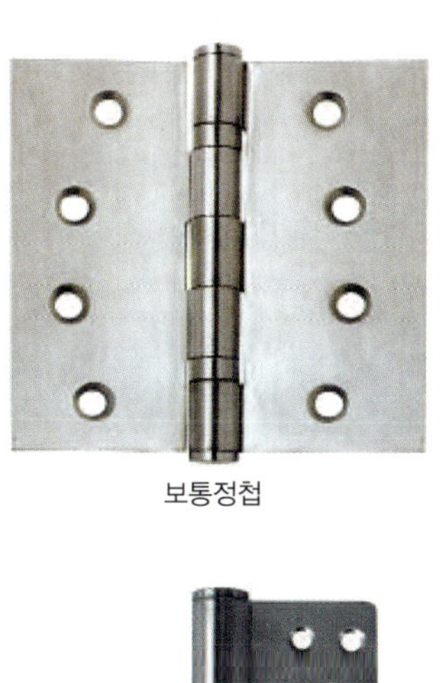
보통정첩

자유정첩

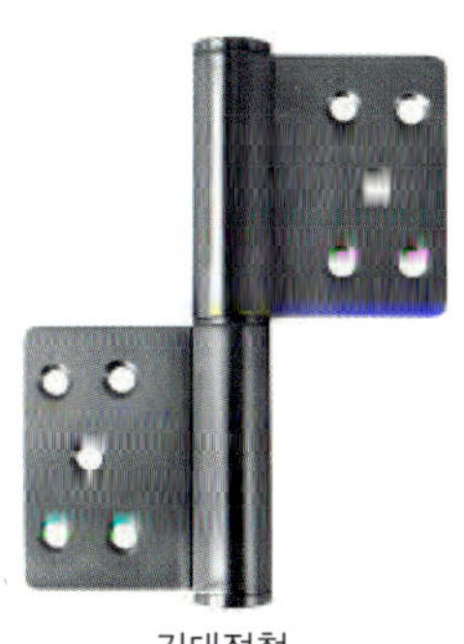
깃대정첩

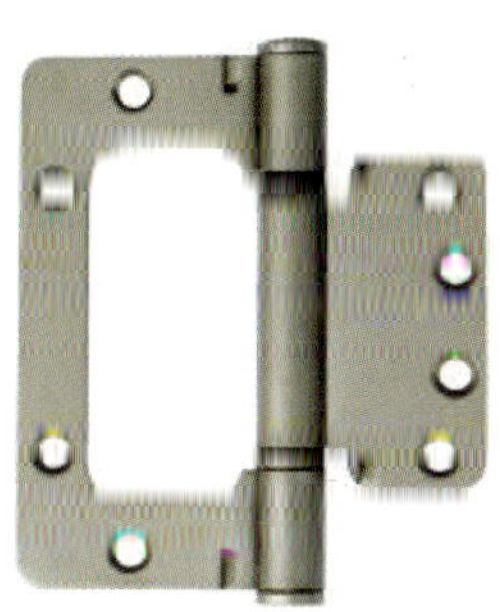
내민정첩

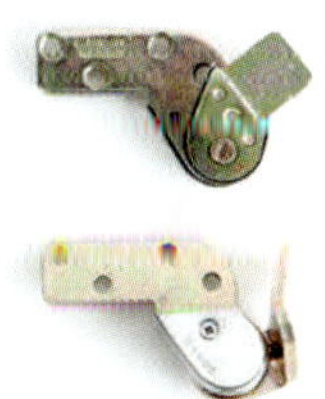

피벗힌지

각종 정첩

레버토리힌지

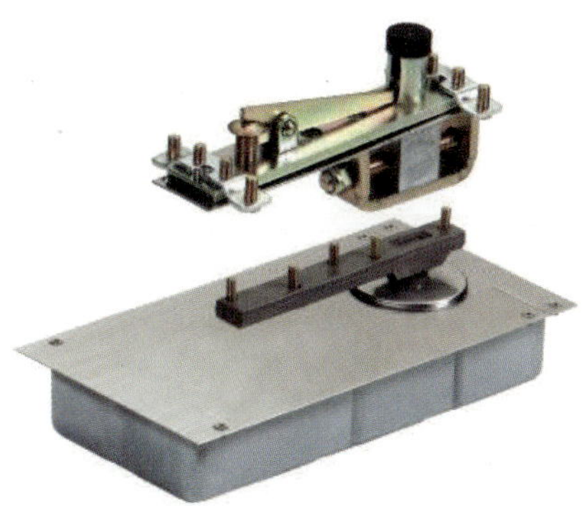
플로어힌지

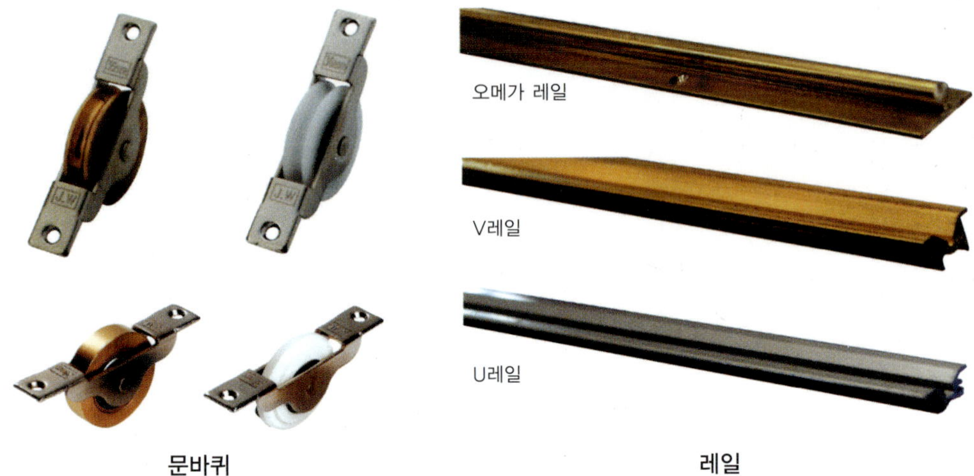

문바퀴 레일

실린더 자물쇠

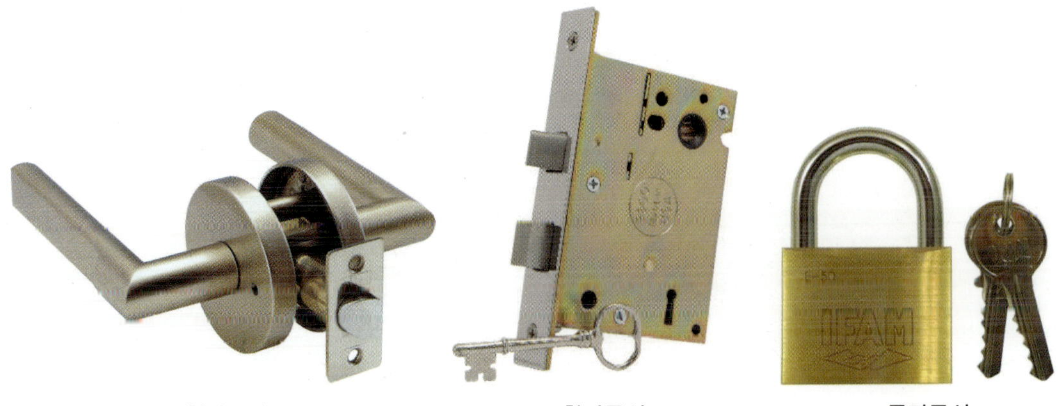

헛자물쇠 함자물쇠 통자물쇠

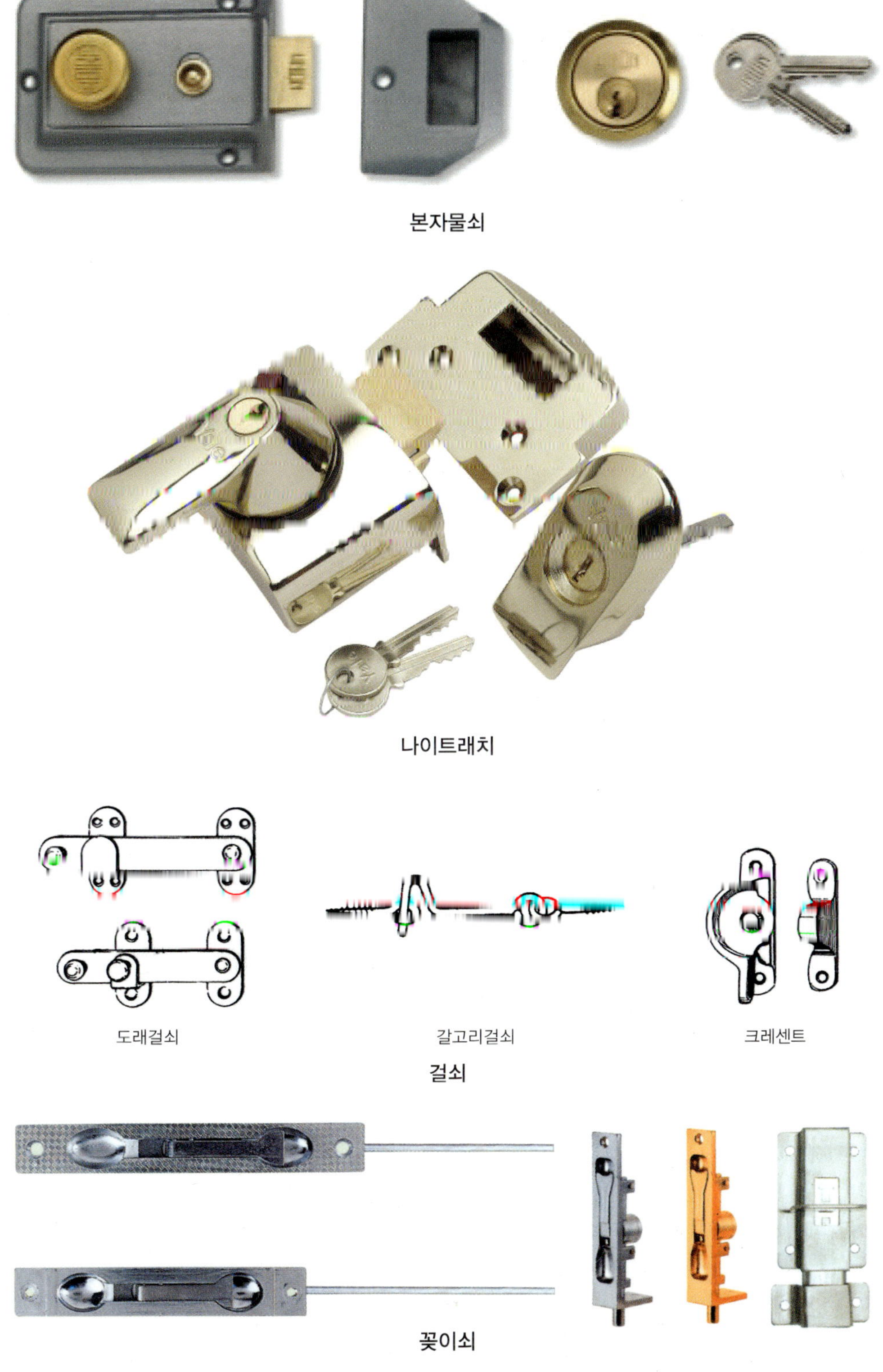

본자물쇠

나이트래치

도래걸쇠

갈고리걸쇠

크레센트

걸쇠

꽂이쇠

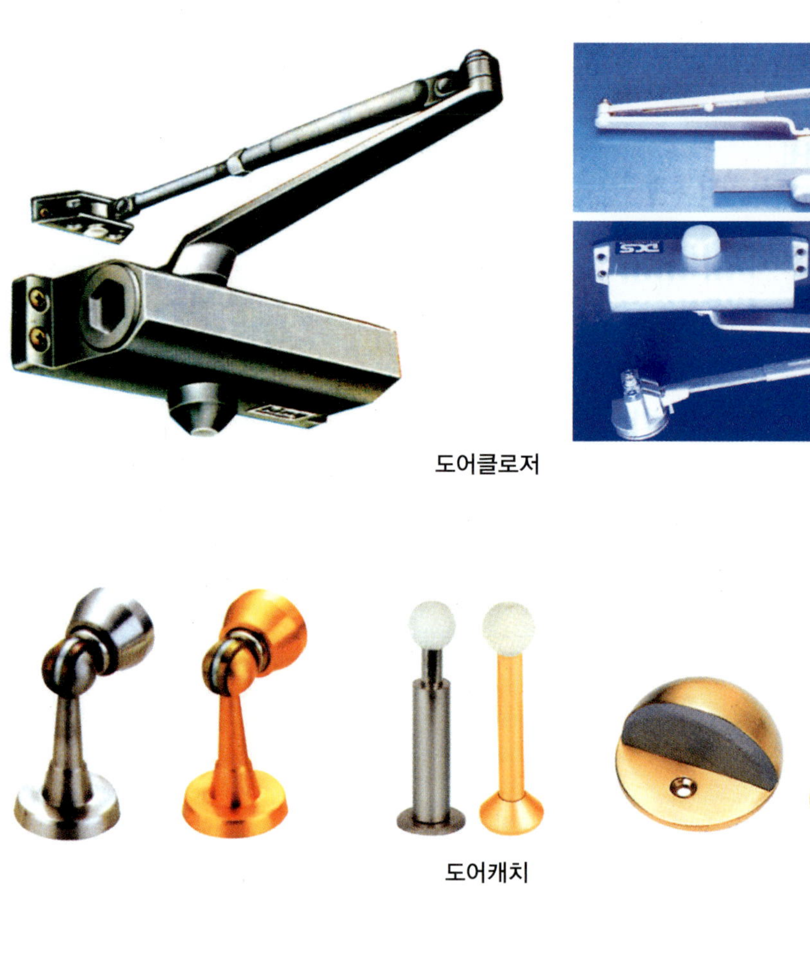

도어클로저

도어캐치

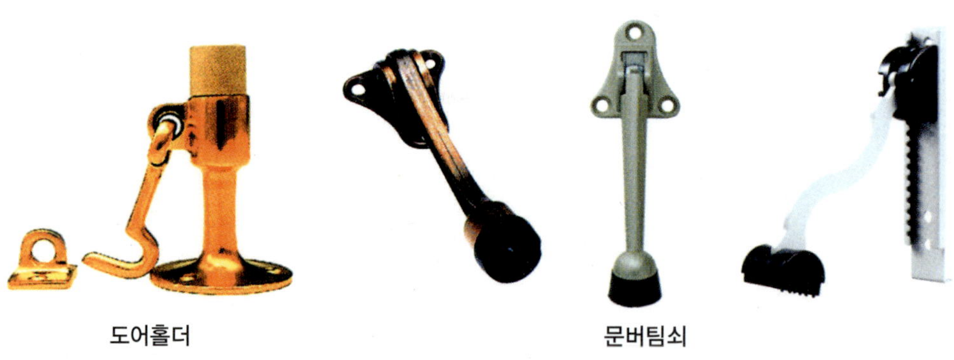

도어홀더

문버팀쇠

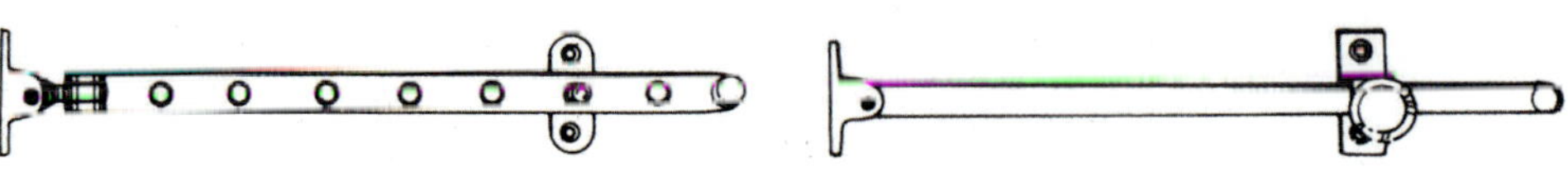

창 개폐조정기

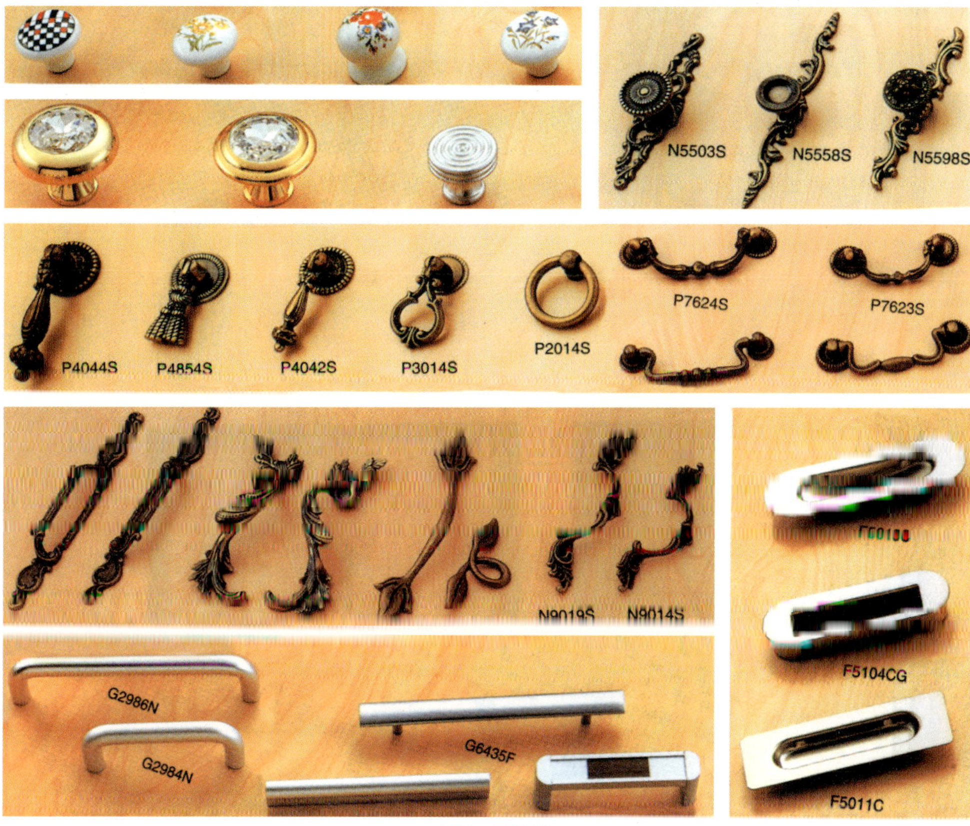

각종 손잡이

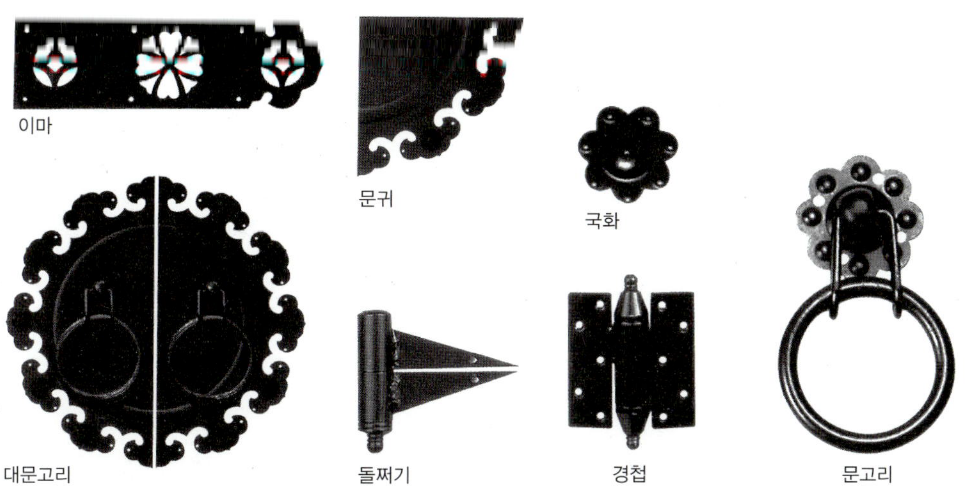

옛날 창호철물장식

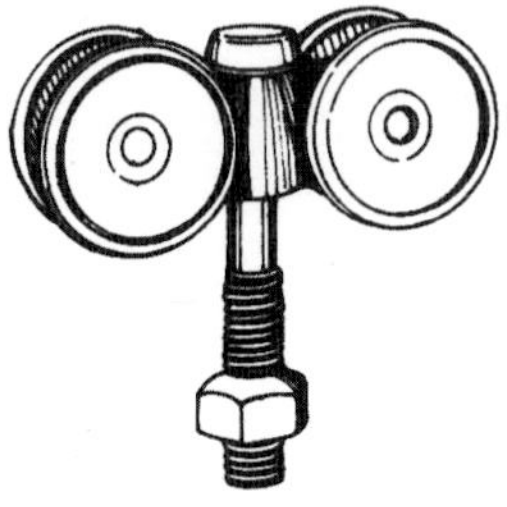
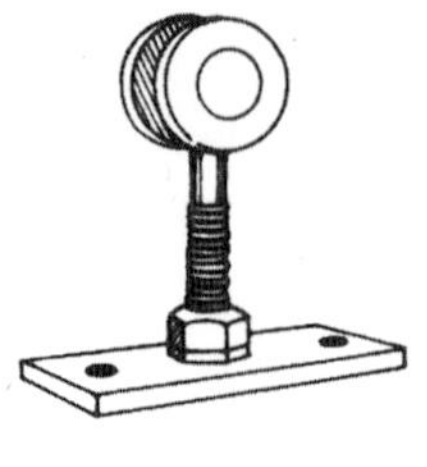

도어행거

참고문헌

1. 실내건축 재료학/ 임근환 외/ 도서출판 서우/ 2003.
2. 실내건축 재료/ 오도엽 외/ 도서출판 지음/ 2003.
3. 실내건축 재료학/ 서승하 외/ 광문각/ 1997.
4. 실내건축 재료학/ 박시환 외/ 기문당/ 2001.
5. 최신 건축 재료학/ 조준현 외/ 기문당/ 2011.
6. 실내건축 재료학/ 김명수 외/ 도서출판 신기원/ 2007.
7. [illegible]
8. 건축재료와 공법/ 김종원/ 기문당/ 2008.
9. 목재 디자인론/ 남철균/ 태학원/ 2002.
10. 실내공간의 이론과 실무/ [illegible]/ [illegible]/ 2000.
11. 건축디자인 재료/ 김국연 외/ 도서출판 서우/ 2003.
12. 디자인 재료학/ 임연웅/ 미진사/ 1995.
13. 벽지와 도배/ 김기성/ 도서출판 유림/ 1995.
14. 주택 실내건축/ 한혜련/ 도서출판 국제/ 1995.
15. [illegible]/ [illegible]/ 기문당/ [illegible]
16. 표면질감 안내서/ 윤갑근/ 도서출판 국제/ 2008.
17. 실내디자인 총론/ 김중근/ 기문당/ 1994.
18. 인테리어디자인 사전/ 인테리어디자인 사전편찬위원회/ 한국사전연구사/ 1995.
19. 실내디자인론/ 박홍/ 기문당/ 1990.
20. 현대건축시공/ 문승호/ 기문당/ 2009.
21. 건축용어 대사전/ 김평탁/ 기문당/ 1999.
22. 실내건축 용어대사전/ 황세옥 외/ 기문당/ 2015.

참고자료 협력업체

(가, 나, 다순으로 회사명을 명기하였고 회사명에 (주)는 생략하였음)

- 경향_ www.handle114.com
- 금남목재_ www.kumnamwood.co.kr
- 노벨텍_ www.nobel.com
- 대도세라믹_ www.brick.co.kr
- 대명세라믹_ www.dmceramic.co.kr
- 대진금속_ www.daejinmetal.co.kr
- 대림통상_ Daelim Trading Co., Ltd.
- 대호타일_ Daeho Tile Co., Ltd.
- 대통우드_ www.daitongmaru.co.kr
- 대평세라믹스산업_ www.dpceramics.co.kr
- 동남벽지_ www.dnwall.co.kr
- 동성_ www.dsdeco.co.kr
- 덕유_ www.dukyoo.co.kr
- 동양우드산업_ www.dyd.co.kr
- 동서산업_ Dong Su Industrial Co., Ltd.
- 디자인세상_ www.designsesang.co.kr
- 매직스톤코리아_ www.magicstone.co.kr
- 명품벽지_ www.didwallpaper.co.kr
- 보스텍_ www.bosstec.co.kr
- 벽산_ www.byucksan.com
- 상아타일_ www.sangahtile.co.kr
- 서중인터내셔날코리아_ www.seojoong.com
- 삼화페인트_ www.spi.co.kr
- 쌈곰_ www.ssangkom.com
- 삼영요업_ Sam Young Ceramics Co., Ltd.
- 우성세라믹공업_ www.wsbrick.co.kr
- 우닌숲몰닝노어_ www.iwoodin.co.kr
- 우드플러스 www.iwoodplus.com
- 우진페인트_ www.woojpaint.co.kr
- 우드라인_ www.woodinterior.co.kr
- 우진M.M_ www.woojinmnm.com
- 엔담_ www.bitzzang.com
- 유리창호목재_ www.yulimtimber.co.kr
- 윈스피아_ www.winspia.co.kr
- LG화학_ www.ikfilm.com
- 예림_ www.nubrik.co.kr
- LG데코빌_ www.lgdecovil.com
- 올림픽무역상사_ hychung@olympocstain.co.kr
- 유림_ www.biogla.co.kr
- 은하수유리인테리어_ www.glass114.co.kr
- 예성글라스트_ www.yesungglast.co.kr
- 이건창호_ www.eggon.co.kr
- 에이스산업_ www.iwood.net
- 이랜드체육산업_ www.elandzl.com
- 이화벽돌_ www.ihbrick.co.kr
- 제비표페인트_ www.jebi.co.kr
- 중앙벽돌_ www.joonganbrick.co.kr
- 조광종합목재_ www.chokwanglumber.co.kr
- 조광유리공업_ www.ckglass.co.kr
- 진영아트글라스_ www.jyglass.co.kr
- 타이거석재_ www.tigerstone.co.kr
- 코토세라믹_ www.cott.co.kr
- KTC KOREA_ www.ktckorea.co.kr
- 코담 Kodam Co., Ltd.
- 풍산마루_ www.poongsanmaru.com
- 현대정밀_ www.hyundae.co.kr
- 한그라스_ www.hanglas.co.kr
- 한국석재공업협동조합_ www.kostone.co.kr
- 현대금속_ www.hyundelock.com
- 황토세상_ www.hwangtosesang.co.kr
- 한화종합화학_ www.hanwha.co.kr
- 하이우드_ www.hiwoodm.com
- 황토_ www.loessboard.co.kr
- 한성카페트_ inf@hansungcarpet.co.kr

저자소개

조 준 현

· 한양대학교 공과대학 건축공학과 졸업
· 중앙대학교 건설대학원 수료(공학석사)
· 서울대학교 공과대학 건축과, 사무국 시설과
· 건설부 경주개발건설사무소(보문단지건축공사 총괄)
· 건설부 주택국, 기술관리실, 도시국(과장)
· 대전세계박람회조직위원회 건설부 파견(박람회장 건축공사 총괄)
  대한주택공사 주택연구소(건설교통부 파견관)
· 대한건축학회 이사
· 중앙대학 건설대학원, 건설산업교육원, 대림대학 강사
· 현재, 나아건축사사무소 상임고문
· 저서 : 현대건축재료, 건축재료학, 최신 건축재료학, 건축적산, 건축적산실습

조 민 석

· 홍익대학교 건축학과 졸업
· 홍익대학교 대학원 건축학과 수료(공학석사)
  일건종합건축사사무소 근무
· 희림건축사사무소 근무
· 무영건축사사무소 근무
  서울시 강남구・강동구 건축심의위원
  서울시 공공건축가
· 한국건축문화대상 우수상 수상
· 서울시건축상 우수상 수상
· 현재, 단아건축사사무소 대표(건축사)
  홍익대학교 건축학과 겸임교수
· 저서 : 건축재료학, 최신 건축재료학, 건축적산실습

인테리어 디자인을 위한

실내건축재료

2013년 3월 6일 1판 1쇄 발행
2020년 1월 26일 2판 1쇄 발행
2025년 2월 10일 2판 6쇄 발행

저　　자 조준현 조민석
발 행 처 기문당
주　　소 서울시 성동구 무학봉 28길 4-1
전　　화 02) 2295-6171~2
팩　　스 02) 6971-8188
홈페이지 www.kimoondang.com
I S B N 978-89-6225-836-3 93540